天津市房屋修缮工程预算基价

电气工程(上册)

DBD 29-704-2020

天津市住房和城乡建设委员会
天津市建筑市场服务中心　主编

中国计划出版社

图书在版编目（CIP）数据

天津市房屋修缮工程预算基价. 电气工程 ：上、下册 / 天津市建筑市场服务中心主编. -- 北京 ：中国计划出版社，2021.10
ISBN 978-7-5182-1280-4

Ⅰ. ①天… Ⅱ. ①天… Ⅲ. ①电气设备－修缮加固－建筑预算定额－天津 Ⅳ. ①TU723.34

中国版本图书馆CIP数据核字(2021)第060050号

天津市房屋修缮工程预算基价

电 气 工 程

DBD 29-704-2020

天津市住房和城乡建设委员会
天津市建筑市场服务中心　主编

中国计划出版社出版发行
网址：www.jhpress.com
地址：北京市西城区木樨地北里甲 11 号国宏大厦 C 座 3 层
邮政编码：100038　电话：(010)63906433(发行部)
三河富华印刷包装有限公司印刷

850mm×1168mm　横 1/16　29.75 印张　893 千字
2021 年 10 月第 1 版　2021 年 10 月第 1 次印刷
印数 1—1000 册

ISBN 978-7-5182-1280-4
定价：240.00 元(上、下册)

天津市住房和城乡建设委员会

津住建建市函〔2020〕30号

市住房城乡建设委关于发布2020《天津市建设工程计价办法》和天津市各专业工程预算基价的通知

各区住建委,各有关单位:

根据《天津市建筑市场管理条例》和《建设工程工程量清单计价规范》,在有关部门的配合和支持下,我委组织编制了2020《天津市建设工程计价办法》和《天津市建筑工程预算基价》、《天津市装饰装修工程预算基价》、《天津市安装工程预算基价》、《天津市市政工程预算基价》、《天津市仿古建筑及园林工程预算基价》、《天津市房屋修缮工程预算基价》、《天津市人防工程预算基价》、《天津市给水及燃气管道工程预算基价》、《天津市地铁及隧道工程预算基价》以及与其配套的各专业工程量清单计价指引和计价软件,现予以发布,自2020年4月1日起施行。2016《天津市建设工程计价办法》和天津市各专业工程预算基价同时废止。

特此通知。

2020年3月10日

主编部门： 天津市建筑市场服务中心

主编单位： 天津市房屋安全鉴定检测中心（天津市房屋修缮工程定额管理中心）

批准部门： 天津市住房和城乡建设委员会

专 家 组： 杨树海 宁培雄 兰明秀 李庆河 陈友林 袁守恒 马培祥 沈 萍 王海娜 潘 昕 程春爱 焦 进 杨连仓 周志良 张宇明 施水明 李春林 邵玉霞 柳向辉 张小红 聂 帆 徐 敏 李文同

综 合 组： 高 迎 赵 斌 袁永生 姜学立 顾雪峰 陈召忠 沙佩泉 张绪明 杨 军 邢玉军 戴全才

编制人员： 张学军 赵 亿 于 鹏 顾雪峰 马新颖 孙 雁 吴 琼 布 超 于晓红

费 用 组： 邢玉军 张绪明 关 彬 于会逢 崔文琴 张依琛 许宝林 苗 旺

电 算 组： 张绪明 于 堃 张 桐 苗 旺

审　　定： 杨瑞凡 华晓蕾 翟国利 黄 斌

发　　行： 倪效聃 贾 羽

总 说 明

一、天津市房屋修缮工程预算基价（以下简称“本基价”）是根据国家和本市有关法规、标准、规范等相关依据，按正常的施工工期和生产条件，考虑常规的施工工艺、合理的施工组织设计，结合本市实际编制的。本基价是完成单位合格产品所需人工、材料、机械台班及相应费用的基本标准，反映了社会平均水平。

二、本基价适用于天津市行政区域内已使用建筑物及其附属设备的修缮、翻建、房屋加固、改造、装饰装修工程以及随同房屋修缮工程施工的零星（$300m^2$ 以内）添建工程。

三、本基价是编制估算指标、概算定额和初步设计概算、施工图预算、竣工结算、招标控制价的基础，是建设项目投标报价的参考。

四、本基价各子目的预算基价由人工费、材料费和机械费组成。基价中的工作内容为主要施工工序，次要施工工序虽未做说明，但基价中已考虑。

五、本基价适用于采用一般计税方法计取增值税的安装工程，各子目中的材料和机械费为不含税的基期价格。

六、本基价人工费的规定和说明。

1. 人工消耗量是以现行《建设工程劳动定额》《房屋修缮工程消耗量定额》和《通用安装工程消耗量定额》为基础，结合本市实际确定，包括了施工操作的基本用工、辅助用工、材料在施工现场超运距用工及人工幅度差。人工效率按 8 小时工作制考虑。

2. 人工单价是根据《中华人民共和国劳动法》的有关规定，参照编制期天津市建筑市场劳动力价格水平综合测算的。按技术含量分为三类：一类工每工日 153 元，二类工每工日 135 元，三类工每工日 113 元。

3. 人工费是支付给从事建筑安装工程施工的生产工人和附属生产单位工人的各项费用以及生产工具用具使用费，其中包括按照国家和本市有关规定，职工个人缴纳的养老保险、失业保险、医疗保险及住房公积金。

七、本基价材料费的规定和说明。

1. 材料包括主要材料和零星材料，主要材料为构成工程实体且能够计量的材料、成品、半成品，按品种、规格列出消耗量；零星材料为不构成工程实体且用量较小的材料，以“元”为单位列出。

2. 材料费包括主要材料费、零星材料费。

3. 材料消耗量均按合格的标准规格产品编制，包括正常施工消耗和材料从工地仓库、现场集中堆放或加工地点运至施工操作、安装地点的堆放和运输损耗及不可避免的施工操作损耗。

4. 当设计要求采用的材料、成品或半成品的品种、规格型号与基价中不同时，可按各章规定调整。

5. 材料价格按本基价编制期建筑市场材料价格综合取定，包括由材料供应地点运至工地仓库或施工现场堆放地点的费用和材料的采购及保管费。材料采购及保管费包括施工单位在组织采购、供应和保管材料过程中所需各项费用和工地仓库的储存损耗。

6. 工程建设中部分材料由建设单位供料，结算时退还建设单位所购材料的材料款（包括材料采购及保管费），材料单价以施工合同中约定的材料价格为准，材料数量按实际领用量确定。

7. 周转材料费中的周转材料按摊销量编制，且已包括回库维修等相关费用。

8. 本基价部分材料或成品、半成品的消耗量带有括号，并列于无括号材料消耗量之前，表示该材料未计价，基价总价未包括其价值，计价时应以括号中的消耗量乘以其价格，计入本基价的材料费和总价中；列于无括号材料消耗量之后，表示基价总价和材料费中已经包括了该材料的价值，括号内的材料不再计价。

9. 本基价的材料费未包括不容易计量的次要材料费，不容易计量的次要材料费按材料总价的 1% 计算，列入预算基价内。

八、本基价机械费的规定和说明。

1. 机械台班消耗量是按照正常的施工程序、合理的机械配置确定的。

2. 机械台班单价按照《建设工程施工机械台班费用编制规则》及《天津市施工机械台班参考基价》确定。

3. 本基价中、小型机械费采取综合计费的方法计取，大型机械费根据施工需要，甲、乙双方协商认定，按实际发生计取。机械拆除按章说明执行。

4. 采用简易计税方法计取增值税时，本基价各子目中机械费按系数 1.0902 调整。

九、凡纳入重大风险源风险范围的分部分项工程均应按专家论证的专项方案另行计算相关费用。

十、本基价未包括施工用水费、电费，施工用水费、电费按实际发生计算。

十一、本基价凡注明“×× 以内”或“×× 以下”者，均包括 ×× 本身，注明“×× 以外”或“×× 以上”者，均不包括 ×× 本身。

十二、本基价材料、机械和构件的规格，用数值表示而未说明单位的，其计量单位为“mm”；工程量计算规则中，凡未说明计量单位的，按长度计算的以“m”为计量单位，按面积计算的以“m^2”为计量单位，按体积计算的以“m^3”为计量单位，按质量计算的以“kg”或“t”为计量单位。

上 册 目 录

第一章 拆除工程

第二章 变压器

第三章 配电装置

第四章 电机检查接线及调试

第五章 控制设备及低压电器

第六章　电　　缆

第七章　防雷及接地装置

第八章　10kV 以下架空配电线路

册 说 明

一、本册基价包括：拆除工程，变压器，配电装置，电机检查接线及调试，控制设备及低压电器，电缆，防雷及接地装置，10kV 以下架空配电线路，配管配线，照明器具安装，电气调整试验，弱电工程，电气附属工程，措施项目 14 章，共 1507 条基价子目。

二、本册基价适用于一般工业厂房、公共建筑及民用建筑拆除、翻修、大中修、改造、装饰装修工程电压在 10kV 以内的电气拆除、拆换、整修及安装工程。

三、本册基价是按正常施工条件、合理科学的施工组织及使用标准合格的建筑材料、成品、半成品编制的，并考虑到房屋修缮工程中普遍存在的工程规模相对较小且分散、室内不易全部腾空、场地狭小、连续作业差、要保护原有建筑物及周边景观环境等对施工作业不利因素的影响。除另有规定外，不得因具体的施工条件的差异而降低基价水平。

四、本册基价子目中不含电气设备带动机械设备的单体或联合试运转工作。

五、本册基价未包括工程用水、电的费用，其费用按实计取。

六、本册基价子目中未考虑大型机械费用，如发生按实计取。

七、本册基价所涉及的工程，单工种单项工程在 5 工日以内、多工种多项工程在 10 工日以内以分部分项工程费中的人工费、材料费、机械费合计为基数，乘以系数 1.05 计算。

八、本册基价中材料和机械的规格，未注明计量单位者均为毫米。

九、本册基价子目除各章说明中注明外，均未考虑超高作业增加费，已考虑超高作业因素的子目按各章说明计算。

十、本册基价中的脚手架搭拆费：按分部分项工程费中人工费的（不包括本册第十章“照明器具安装”中的人工费和第十一章“电气调整试验”中人工费）5% 计取，其费用中人工费占 35%。电压等级小于或等于 10kV 的架空配电线路工程、直埋敷设电缆工程、路灯工程不单独计算脚手架费用。

十一、本册基价中的操作高度增加费：安装高度距离楼面或地面大于 3.6m 时，操作高度增加费按超过部分的人工费乘以系数 0.10 计算（已经考虑了超高因素的基价子目除外，如小区路灯、投光灯、氙气灯、烟囱及水塔指示灯、装饰灯具等），全部为人工费。电缆敷设工程、电压等级小于或等于 10kV 的架空配电线路工程不执行本规定。

十二、本册基价中的建筑物超高增加费除各章说明中注明外，指在建筑物地上层数大于 6 层或建筑物地上高度大于 20m 以上的工业与民用建筑物上进行安装时所增加的费用。按下表计算建筑物超高增加的费用，其费用中人工费占 65%。

建筑物超高增加费（利用建设单位电梯不计取此项费用）

建筑物高度（m）	≤ 40	≤ 60	≤ 80	≤ 100	≤ 120	≤ 140	≤ 160	≤ 180	≤ 200
建筑层数（层）	≤ 12	≤ 18	≤ 24	≤ 30	≤ 36	≤ 42	≤ 48	≤ 54	≤ 60
按人工费的百分比（%）	2	5	9	14	20	26	32	38	44

十三、本册基价主要材料损耗率见下表。

主要材料损耗率

序号	材料名称	损耗率	序号	材料名称	损耗率	序号	材料名称	损耗率
1	裸软导线	2.0%	8	金属管件	4.0%	15	灯口、开关、插座	3.0%
2	绝缘导线	2.0%	9	金属板材	6.0%	16	刀开关、保险器	1.5%
3	电力电缆	2.0%	10	绝缘子类	2.5%	17	塑料制品(槽、板、管)	5.0%
4	控制电缆	2.0%	11	一般灯具及附件	1.0%	18	木杆类	1.0%
5	硬母线	2.5%	12	荧光灯、水银灯泡	2.0%	19	混凝土电杆及制品	1.0%
6	钢绞线、镀锌铁线	2.0%	13	白炽灯泡	4.0%	20	石棉水泥板及制品	9.0%
7	金属管材	3.5%	14	玻璃灯罩	6.0%	21	钢横担、桥架	0.5%

十四、本册基价中未列项的保护性拆除项目,除章节中另有说明外,工作内容均为本体及附件拆除。

本册基价未列项的保护性拆除费用,按下列公式计算:

保护性拆除费用 = 本册相应基价子目中(人工 + 机械)× 拆除系数

拆除系数按下表取值。

拆除系数

序号	名称	拆除系数	序号	名称	拆除系数
1	变压器及配电装置	0.50	6	控制电缆	0.45
2	母线及绝缘子	0.45	7	灯具	0.35
3	电缆桥架	0.40	8	开关插座	0.30
4	配电箱、盘、板	0.45	9	10kV 以下架空配电线路	0.55
5	10kV 以下电力电缆	0.50	10	防雷及接地装置	0.50

非保护性拆除按本册基价第一章“拆除工程”说明执行。

十五、在管井内、竖井内和封闭天棚内进行安装的工程,该部分基价中人工费乘以系数 1.16(竖井内敷设电缆项目除外)。

十六、本册基价子目的工作内容除各章说明外,均包括施工准备、设备器材工器具现场 50m 以内的水平运输,开箱检查、安装、调整试验、收尾清理,配合其他工种交叉作业。

十七、未尽事宜见各章说明。

第一章　拆 除 工 程

说　明

一、本章包括变压器拆除，高压成套配电柜拆除，断路器拆除，隔离开关、负荷开关拆除，户内支持绝缘子、穿墙套管拆除，互感器、熔断器、避雷器、电力电容器及组架拆除，母线拆除，低压封闭式插接母线槽、进出分线箱拆除，电动机接线拆除，低压开关柜及配电屏拆除，控制台、柜拆除，控制开关拆除，配电箱、盘拆除，小电器拆除，电缆拆除，桥架拆除，混凝土电缆槽拆除，避雷装置拆除，电杆及杆上变配电设备拆除，外线拆除，配管拆除，配线拆除，灯具拆除，弱电器件及线路拆除 24 节，共 283 条基价子目。

二、本章基价的拆除是保护性拆除，即均应按照工序拆除，保持原物基本完整。其中，管线损耗率不大于 10%，灯具及器具和设备损耗率不大于 20%。非保护性拆除，按本章定额相应项目乘以系数 0.50 计算。保护性拆除指被拆除的主要材料、设备基本保持完整，设备附着的建筑物结构没有或仅有轻度破坏，反之即为"非保护性拆除"。遇有破旧房屋倒塌或其他自然灾害，随建筑物共同拆除和灯器具、管线及设备等确无使用价值者，不执行本定额。

三、统一性规定及说明。

1. 本章基价适用于一般工业厂房、公共建筑及民用建筑的内线、外线的拆除工程。

2. 各项拆除工程应依照工序拆除，保持原物完整。

3. 本章基价除各节另有注明者外，均包括拆卸各项设备、管线、附属零件等，并分类整理好，集中到现场指定地点，以待验收。

4. 控制、继电、配电屏、柜、箱的拆除已包括了二次回路外部接线的拆除，不应再套用盘、柜拆线基价。

5. 电缆拆除工程：本节包括正常施工状况的 10kV 以下电力电缆拆除，未考虑在河流积水池、水底、井下等条件下的电缆拆除。

6. 计量单位中"跨"长度为：每跨 45m 以内。

工程量计算规则

一、变压器、高压成套配电柜、断路器、隔离开关、负荷开关、互感器、熔断器、避雷器的拆除以"台"为计量单位计算。

二、电抗器、电容器、单母线柜母线桥的拆除以"组"为计量单位计算。

三、绝缘子、穿墙套管拆除以"10 个"为计量单位计算。

四、配电箱、盘、板拆除以"套"为计量单位计算，盘上电器具拆除以"个"为计量单位计算。

五、开关、插座、风扇拆除等小电器以"台""10 套""10 台"为计量单位计算。

六、低压开关柜机控制闸器具拆除以"台"为计量单位计算。

七、接地母线拆除，以"10m"为计量单位计算。

八、避雷针拆除，以"根"为计量单位计算，避雷针的固定拉线（3 根内）拆除以"组"为计量单位进行计算。

九、拆除电杆、拉线、横担以"根"为计量单位计算。

十、拆除架空线以"100m"为计量单位计算。

十一、拆除导线,以“km/ 单线”为计量单位计算。

十二、各种配管拆除均以“100m”为计量单位计算,不扣除管路中的接线箱、接线盒、开关盒、插座盒及分线盒所占长度,遇管路变径及分支路时,以盒中心点计算。

十三、各种配线的拆除均以“100m”为计量单位计算。

十四、灯具拆除分别以“套”“个”“台”等为计量单位计算。

十五、弱电元件拆除依据不同器件,按数量以“套”或“10 个”计算。

第一节　变压器拆除

工作内容：断电、接地线拆除、附件拆除、变压器拆除、搬运至指定地点、清理现场等。

编　号				1-001	1-002	1-003	1-004	1-005
项目名称				油浸电力变压器拆除				
				容量（kV·A）				
				250 以内	500 以内	1000 以内	2000 以内	4000 以内
单　位				台				
总价（元）				**199.77**	**246.01**	**394.03**	**511.55**	**769.08**
其中	人工费（元）			198.88	234.48	394.03	511.55	769.08
	材料费（元）			—	—	—	—	—
	机械费（元）			0.89	11.53	—	—	—
名　称		单位	单价（元）	消　耗　量				
人工	综合工日	工日	113.00	1.760	2.075	3.487	4.527	6.806
机械	中小型机械费	元	—	0.89	11.53	—	—	—

工作内容：断电、接地线拆除、附件拆除、变压器拆除、搬运至指定地点、清理现场等。

编号				1-006	1-007	1-008	1-009	1-010	1-011
项目名称				干式变压器拆除					
				容量（kV·A）					
				100 以内	250 以内	500 以内	800 以内	1000 以内	2000 以内
单位				台					
总价（元）				**183.02**	**193.64**	**226.61**	**364.64**	**369.17**	**400.92**
其中	人工费（元）			174.59	185.21	216.85	352.22	369.17	400.92
	材料费（元）			—	—	—	—	—	—
	机械费（元）			8.43	8.43	9.76	12.42	—	—
名称		单位	单价（元）	消耗量					
人工	综合工日	工日	113.00	1.545	1.639	1.919	3.117	3.267	3.548
机械	中小型机械费	元	—	8.43	8.43	9.76	12.42	—	—

第二节　高压成套配电柜拆除

工作内容：断电、本体拆除、柜上母线一次性电源及接地母线拆除、控制小线拆除、搬运至指定地点、清理现场等。

编　号				1-012	1-013	1-014
项目名称				高压成套配电柜拆除		
				单母线柜	双母线柜	母线桥
单　位				台		
总价(元)				**63.39**	**78.75**	**38.40**
其中	人工费(元)			53.79	64.98	25.88
	材料费(元)			—	—	—
	机械费(元)			9.60	13.77	12.52
名　称		单位	单价(元)	消　耗　量		
人工	综合工日	工日	113.00	0.476	0.575	0.229
机械	中小型机械费	元	—	9.60	13.77	12.52

第三节　断路器拆除

工作内容：断电、接地线拆除、传动装置拆除、断路器拆除、搬运至指定地点、清理现场等。

编号				1-015	1-016	1-017	1-018	1-019	1-020
项目名称				油断路器拆除		真空断路器拆除		SF6 断路器拆除	
				电流（A）					
				1000 以内	3000 以内	2000 以内	4000 以内	2000 以内	4000 以内
单位				台					
总价（元）				**199.01**	**441.72**	**207.59**	**279.32**	**235.39**	**313.90**
其中	人工费（元）			197.30	409.51	174.92	227.13	202.72	261.71
	材料费（元）			1.71	2.94	3.40	3.40	3.40	3.40
	机械费（元）			—	29.27	29.27	48.79	29.27	48.79
名称		单位	单价（元）	消耗量					
人工	综合工日	工日	113.00	1.746	3.624	1.548	2.010	1.794	2.316
材料	氧气	m^3	2.88	0.273	0.431	0.431	0.431	0.431	0.431
	乙炔气	kg	14.66	0.063	0.116	0.147	0.147	0.147	0.147
机械	中小型机械费	元	—	—	29.27	29.27	48.79	29.27	48.79

第四节　隔离开关、负荷开关拆除

工作内容:断电、接地线拆除、附件拆除、开关拆除、搬运至指定地点、清理现场等。

编　号				1-021	1-022	1-023	1-024
项目名称				隔离开关、负荷开关拆除			
				电流(A)		二段传动另加	带一接地开关另加
				2000 以内	4000 以内		
单　位				台			
总价(元)				**44.75**	**104.30**	**31.41**	**26.89**
其中	人工费(元)			44.75	104.30	31.41	26.89
	材料费(元)			—	—	—	—
名　称		单位	单价(元)	消　耗　量			
人工	综合工日	工日	113.00	0.396	0.923	0.278	0.238

第五节　户内支持绝缘子、穿墙套管拆除

工作内容：断电、绝缘子、穿墙套管、瓷管及配线等拆除，搬运至指点地点、清理现场等。

编　　号				1-025	1-026	1-027	1-028
项目名称				户内支持绝缘子拆除			穿墙套管拆除
				低压	10kV 以下		
				1 孔	2 孔	4 孔	各种规格
单　　位				10 个			
总价（元）				**28.65**	**39.16**	**58.37**	**105.14**
其中	人工费（元）			27.12	37.63	56.84	102.27
	材料费（元）			1.53	1.53	1.53	2.87
名　　称		单位	单价（元）	消　耗　量			
人工	综合工日	工日	113.00	0.240	0.333	0.503	0.905
材料	氧气	m^3	2.88	0.102	0.102	0.102	0.191
	乙炔气	kg	14.66	0.084	0.084	0.084	0.158

第六节　互感器、熔断器、避雷器、电力电容器及组架拆除

工作内容：断电、放电、接地线拆除、本体拆除、搬运至指定地点、清理现场等。

编　号				1-029	1-030	1-031	1-032	1-033	1-034
项目名称				电流互感器拆除	电压互感器拆除	熔断器拆除	避雷器拆除		电力电容器
							1kV	10kV	移相及串联电容器
单　位				台					组
总价（元）				**6.78**	**7.57**	**32.66**	**13.90**	**36.16**	**14.58**
其中	人工费（元）			6.78	7.57	32.66	13.90	36.16	14.58
	材料费（元）			—	—	—	—	—	—
名　称		单位	单价（元）	消　耗　量					
人工	综合工日	工日	113.00	0.060	0.067	0.289	0.123	0.320	0.129

第七节　母线拆除

工作内容：断电、带形母线（软母线）拆除、搬运至指定地点、清理现场等。

<table>
<tr><td colspan="4">编　　号</td><td>1-035</td><td>1-036</td><td>1-037</td><td>1-038</td><td>1-039</td></tr>
<tr><td colspan="4" rowspan="3">项目名称</td><td colspan="4">带形母线拆除</td><td>软母线拆除</td></tr>
<tr><td colspan="4">母线截面（mm^2）</td><td>导线截面（mm^2）</td></tr>
<tr><td>250 以内</td><td>500 以内</td><td>800 以内</td><td>1200 以内</td><td>150 以内</td></tr>
<tr><td colspan="4">单　　位</td><td colspan="4">10m</td><td>跨 / 三相</td></tr>
<tr><td colspan="4">总价（元）</td><td>31.44</td><td>36.97</td><td>44.78</td><td>52.25</td><td>74.91</td></tr>
<tr><td rowspan="3">其中</td><td colspan="3">人工费（元）</td><td>30.74</td><td>35.93</td><td>43.39</td><td>50.51</td><td>68.14</td></tr>
<tr><td colspan="3">材料费（元）</td><td>—</td><td>—</td><td>—</td><td>—</td><td>—</td></tr>
<tr><td colspan="3">机械费（元）</td><td>0.70</td><td>1.04</td><td>1.39</td><td>1.74</td><td>6.77</td></tr>
<tr><td colspan="2">名　　称</td><td>单位</td><td>单价（元）</td><td colspan="5">消　耗　量</td></tr>
<tr><td>人工</td><td>综合工日</td><td>工日</td><td>113.00</td><td>0.272</td><td>0.318</td><td>0.384</td><td>0.447</td><td>0.603</td></tr>
<tr><td>机械</td><td>中小型机械费</td><td>元</td><td>—</td><td>0.70</td><td>1.04</td><td>1.39</td><td>1.74</td><td>6.77</td></tr>
</table>

工作内容：断电、软母线(组合软母线)拆除、搬运至指定地点、清理现场等。

编　　号				1-040	1-041	1-042	1-043	1-044
项目名称				软母线拆除		组合软母线拆除		
				导线截面(mm²)		母线(根)		
				240 以内	400 以内	3	14	26
单　　位				跨/三相		组/三相		
总价(元)				**78.85**	**86.67**	**229.34**	**712.43**	**1046.20**
其中	人工费(元)			71.19	80.34	207.36	661.50	985.81
	材料费(元)			—	—	—	—	—
	机械费(元)			7.66	6.33	21.98	50.93	60.39
名　　称		单位	单价(元)	消　耗　量				
人工	综合工日	工日	113.00	0.630	0.711	1.835	5.854	8.724
机械	中小型机械费	元	—	7.66	6.33	21.98	50.93	60.39

第八节　低压封闭式插接母线槽、进出分线箱拆除

工作内容：断电、本体拆除、搬运至指定地点、清理现场等。

编　号				1-045	1-046	1-047	1-048	1-049	1-050	1-051
项目名称				低压封闭式插接母线槽拆除			低压封闭式进出分线箱拆除			
				每相电流（A）			电流（A）			
				800 以内	2000 以内	5000 以内	100 以内	300 以内	600 以内	1000 以内
单　位				10m			台			
总价（元）				**62.12**	**110.09**	**196.42**	**16.05**	**24.75**	**27.35**	**34.24**
其中	人工费（元）			54.13	96.62	175.94	16.05	24.75	27.35	34.24
	材料费（元）			—	—	—	—	—	—	—
	机械费（元）			7.99	13.47	20.48	—	—	—	—
名　称		单位	单价（元）	消　耗　量						
人工	综合工日	工日	113.00	0.479	0.855	1.557	0.142	0.219	0.242	0.303
机械	中小型机械费	元	—	7.99	13.47	20.48	—	—	—	—

工作内容：断电、软母线引下线、跳线及设备连线拆除、搬运至指定地点、清理现场等。

编　号				1-052	1-053	1-054
项目名称				软母线引下线、跳线及设备连线拆除		
				导线截面（mm^2）		
				150 以内	240 以内	400 以内
单　位				跨 / 三相		
总价（元）				**34.01**	**35.60**	**39.66**
其中	人工费（元）			34.01	35.60	39.66
	材料费（元）			—	—	—
名　称		单位	单价（元）	消　耗　量		
人工	综合工日	工日	113.00	0.301	0.315	0.351

第九节 电动机接线拆除

工作内容：断电、接线拆除、搬运至指定地点、清理现场等。

编号				1-055	1-056	1-057	1-058	1-059	1-060
项目名称				普通电动机接线拆除					
				3个接线头			6个接线头		
				导线截面（mm^2）					
				25以内	95以内	240以内	25以内	95以内	240以内
单位				台					
总价（元）				**11.53**	**20.34**	**29.83**	**12.88**	**23.05**	**33.90**
其中	人工费（元）			11.53	20.34	29.83	12.88	23.05	33.90
	材料费（元）			—	—	—	—	—	—
名称		单位	单价（元）	消耗量					
人工	综合工日	工日	113.00	0.102	0.180	0.264	0.114	0.204	0.300

第十节　低压开关柜及配电屏拆除

工作内容：断电、配件拆除、柜体拆除、搬运至指定地点、清理现场等。

编　号				1-061	1-062	1-063
项目名称				低压柜拆除	继电屏信号屏拆除	弱电控制返回屏拆除
单　位				台		
总价（元）				**52.12**	**61.50**	**54.16**
其中	人工费（元）			42.71	52.09	44.75
	材料费（元）			1.90	1.90	1.90
	机械费（元）			7.51	7.51	7.51
名　称		单位	单价（元）	消 耗 量		
人工	综合工日	工日	113.00	0.378	0.461	0.396
材料	氧气	m^3	2.88	0.231	0.231	0.231
	乙炔气	kg	14.66	0.084	0.084	0.084
机械	中小型机械费	元	—	7.51	7.51	7.51

第十一节　控制台、柜拆除

工作内容：断电、配件拆除、柜体拆除、搬运至指定地点、清理现场等。

编　号				1-064	1-065	1-066	1-067	1-068	1-069
项目名称				控制柜拆除	同期小屏控制箱拆除	控制口拆除		集中控制台拆除	控制台立式盘拆除
						宽（m）		长（m）	
						1 以内	2 以内	2~4 以内	
单　位				台					
总价（元）				**52.73**	**23.85**	**52.59**	**81.41**	**117.34**	**28.32**
其中	人工费（元）			44.75	14.92	42.71	71.53	107.46	20.34
	材料费（元）			—	0.95	1.90	1.90	1.90	—
	机械费（元）			7.98	7.98	7.98	7.98	7.98	7.98
名　称		单位	单价（元）	消　耗　量					
人工	综合工日	工日	113.00	0.396	0.132	0.378	0.633	0.951	0.180
材料	氧气	m^3	2.88	—	0.116	0.231	0.231	0.231	—
	乙炔气	kg	14.66	—	0.042	0.084	0.084	0.084	—
机械	中小型机械费	元	—	7.98	7.98	7.98	7.98	7.98	7.98

第十二节　控制开关拆除

工作内容：断电、开关拆除、搬运至指定地点、清理现场等。

编　号				1-070	1-071	1-072	1-073	1-074	1-075	1-076
项目名称				盘上电器具拆除				开关拆除		
				盘上开关	单相胶盖闸	三相胶盖闸	铁壳开关	刀型开关	断路器	组合开关
单　位				个				台		
总价(元)				**4.41**	**7.92**	**9.05**	**13.70**	**26.36**	**18.77**	**17.64**
其中	人工费(元)			4.41	7.57	8.70	13.00	24.97	18.42	17.29
	材料费(元)			—	—	—	—	—	—	—
	机械费(元)			—	0.35	0.35	0.70	1.39	0.35	0.35
名　称		单位	单价(元)	消　耗　量						
人工	综合工日	工日	113.00	0.039	0.067	0.077	0.115	0.221	0.163	0.153
机械	中小型机械费	元	—	—	0.35	0.35	0.70	1.39	0.35	0.35

第十三节　配电箱、盘拆除

工作内容：断电、配件拆除、箱体拆除、搬运至指定地点、清理现场等。

编　号				1-077	1-078	1-079	1-080	1-081	1-082
项目名称				配电箱、盘拆除					
				半周长（m）					落地式
				0.7 以内	1.1 以内	1.5 以内	1.9 以内	2.5 以内	
单　位				台					
总价（元）				**45.48**	**49.89**	**53.96**	**63.80**	**70.93**	**75.22**
其中	人工费（元）			43.39	47.46	51.53	61.02	67.80	72.09
	材料费（元）			—	—	—	—	—	—
	机械费（元）			2.09	2.43	2.43	2.78	3.13	3.13
名　称		单位	单价（元）	消　耗　量					
人工	综合工日	工日	113.00	0.384	0.420	0.456	0.540	0.600	0.638
机械	中小型机械费	元	—	2.09	2.43	2.43	2.78	3.13	3.13

第十四节　小电器拆除

工作内容：圆台、支持物、开关、接线等拆除，本体拆除，搬运至指定地点，清理现场等。

				1-083	1-084	1-085	1-086	1-087	1-088	1-089
编　号				1-083	1-084	1-085	1-086	1-087	1-088	1-089
项目名称				小电器拆除						其他小电器拆除
				吊扇	排风扇	照明开关	行程开关	万能转换开关	插座	
单　位				台		10 套				
总价（元）				**34.53**	**48.90**	**34.44**	**35.35**	**61.71**	**34.88**	**37.21**
其中	人工费（元）			19.89	29.38	33.11	22.04	38.65	33.11	33.22
	材料费（元）			—	—	—	—	—	—	—
	机械费（元）			14.64	19.52	1.33	13.31	23.06	1.77	3.99
名　称		单位	单价（元）	消　耗　量						
人工	综合工日	工日	113.00	0.176	0.260	0.293	0.195	0.342	0.293	0.294
机械	中小型机械费	元	—	14.64	19.52	1.33	13.31	23.06	1.77	3.99

第十五节　电 缆 拆 除

工作内容：断电、拆封头、拆号牌、电缆拆除、搬运至指定地点、清理现场等。

编　　号				1-090	1-091	1-092	1-093
项目名称				电力电缆拆除			
				截面（mm^2）			
				35 以内	120 以内	240 以内	400 以内
单　　位				100m			
总价（元）				**93.67**	**179.60**	**259.06**	**407.83**
其中	人工费（元）			93.23	176.05	244.87	372.79
	材料费（元）			—	—	—	—
	机械费（元）			0.44	3.55	14.19	35.04
名　　称		单位	单价（元）	消　耗　量			
人工	综合工日	工日	113.00	0.825	1.558	2.167	3.299
机械	中小型机械费	元	—	0.44	3.55	14.19	35.04

工作内容：断电、拆封头、拆号牌、电缆拆除、搬运至指定地点、清理现场等。

编号				1-094	1-095	1-096	1-097
项目名称				竖直通道电缆拆除			
				截面（mm^2）			
				35 以内	120 以内	240 以内	400 以内
单位				100m			
总价（元）				**549.97**	**835.30**	**1166.73**	**1633.19**
其中	人工费（元）			549.97	835.30	1166.73	1633.19
	材料费（元）			—	—	—	—
名称		单位	单价（元）	消耗量			
人工	综合工日	工日	113.00	4.867	7.392	10.325	14.453
机械	中小型机械费	元	—	—	—	—	—

工作内容：断电、拆封头、拆号牌、电缆拆除、搬运至指定地点、清理现场等。

编号				1-098	1-099	1-100	1-101	1-102	1-103
项目名称				控制电缆拆除			竖直通道控制电缆拆除		
				电缆（芯）					
				6 以内	24 以内	48 以内	14 以内	24 以内	48 以内
单位				100m					
总价（元）				**64.41**	**73.66**	**119.40**	**291.39**	**441.68**	**626.40**
其中	人工费（元）			64.41	73.22	117.63	289.62	439.91	616.64
	材料费（元）			—	—	—	—	—	—
	机械费（元）			—	0.44	1.77	1.77	1.77	9.76
名称		单位	单价（元）	消耗量					
人工	综合工日	工日	113.00	0.570	0.648	1.041	2.563	3.893	5.457
机械	中小型机械费	元	—	—	0.44	1.77	1.77	1.77	9.76

第十六节　桥架拆除

工作内容：配件拆除、桥架拆除、搬运至指定地点、清理现场等。

编号				1-104	1-105	1-106	1-107
项目名称				钢制槽式桥架拆除			
				宽＋高（mm）			
				200 以内	600 以内	1000 以内	1500 以内
单位				10m			
总价（元）				**60.46**	**151.76**	**275.61**	**397.42**
其中	人工费（元）			60.46	151.76	275.61	397.42
	材料费（元）			—	—	—	—
名称		单位	单价（元）	消耗量			
人工	综合工日	工日	113.00	0.535	1.343	2.439	3.517
机械	中小型机械费	元	—	—	—	—	—

工作内容：配件拆除、桥架拆除、搬运至指定地点、清理现场等。

编号				1-108	1-109	1-110	1-111
项目名称				玻璃钢槽式桥架拆除			
				宽＋高（mm）			
				200 以内	400 以内	600 以内	1000 以内
单位				10m			
总价（元）				**66.78**	**95.94**	**161.25**	**283.74**
其中	人工费（元）			66.78	95.94	161.25	283.74
	材料费（元）			—	—	—	—
名称		单位	单价（元）	消耗量			
人工	综合工日	工日	113.00	0.591	0.849	1.427	2.511
机械	中小型机械费	元	—	—	—	—	—

工作内容：配件拆除、桥架拆除、搬运至指定地点、清理现场等。

编号				1-112	1-113	1-114	1-115
项目名称				铝合金梯式桥架拆除			
				宽+高(mm)			
				200以内	400以内	600以内	1000以内
单位				10m			
总价(元)				**40.79**	**69.39**	**140.58**	**250.21**
其中	人工费(元)			40.79	68.14	139.33	246.45
	材料费(元)			—	—	—	—
	机械费(元)			—	1.25	1.25	3.76
名称		单位	单价(元)	消耗量			
人工	综合工日	工日	113.00	0.361	0.603	1.233	2.181
机械	中小型机械费	元	—	—	1.25	1.25	3.76

工作内容：桥架盖板拆除、搬运至指定地点、清理现场等。

编　号				1–116	1–117	1–118	1–119
项目名称				桥架盖板拆除			
				宽（mm）			
				200 以内	400 以内	700 以内	1000 以内
单　位				10m			
总价（元）				**11.19**	**18.42**	**40.12**	**50.96**
其中	人工费（元）			11.19	18.42	40.12	50.96
	材料费（元）			—	—	—	—
名　称		单位	单价（元）	消　耗　量			
人工	综合工日	工日	113.00	0.099	0.163	0.355	0.451

第十七节　混凝土电缆槽拆除

工作内容：混凝土盖板拆除、混凝土电缆槽拆除、搬运至指定地点、清理现场等。

编　号				1-120	1-121
项目名称				混凝土电缆槽	
				宽（mm）	
				430	820
单　位				10m	
总价（元）				**135.26**	**223.85**
其中	人工费（元）			135.26	223.85
	材料费（元）			—	—
名　称		单位	单价（元）	消　耗　量	
人工	综合工日	工日	113.00	1.197	1.981

第十八节　避雷装置拆除

工作内容：1. 接地母线拆除、搬运至指定地点、清理现场等。2. 避雷针拆除、搬运至指定地点、清理现场等。

<table>
<tr><td colspan="4">编　号</td><td>1-122</td><td>1-123</td><td>1-124</td><td>1-125</td><td>1-126</td><td>1-127</td><td>1-128</td></tr>
<tr><td colspan="4" rowspan="4">项目名称</td><td>接地母线拆除</td><td colspan="6">避雷针拆除</td></tr>
<tr><td rowspan="3">户内接地母线</td><td colspan="3">装在平屋面上</td><td colspan="3">装在墙上</td></tr>
<tr><td colspan="6">针高（m）</td></tr>
<tr><td>5 以内</td><td>10 以内</td><td>14 以内</td><td>5 以内</td><td>10 以内</td><td>14 以内</td></tr>
<tr><td colspan="4">单　位</td><td>10m</td><td colspan="6">根</td></tr>
<tr><td colspan="4">总价（元）</td><td>44.18</td><td>25.65</td><td>39.44</td><td>56.39</td><td>26.44</td><td>41.92</td><td>59.78</td></tr>
<tr><td rowspan="2">其中</td><td colspan="3">人工费（元）</td><td>44.18</td><td>25.65</td><td>39.44</td><td>56.39</td><td>26.44</td><td>41.92</td><td>59.78</td></tr>
<tr><td colspan="3">材料费（元）</td><td>—</td><td>—</td><td>—</td><td>—</td><td>—</td><td>—</td><td>—</td></tr>
<tr><td colspan="2">名　称</td><td>单位</td><td>单价（元）</td><td colspan="7">消　耗　量</td></tr>
<tr><td>人工</td><td>综合工日</td><td>工日</td><td>113.00</td><td>0.391</td><td>0.227</td><td>0.349</td><td>0.499</td><td>0.234</td><td>0.371</td><td>0.529</td></tr>
</table>

工作内容：避雷针拆除、搬运至指定地点、清理现场等。

编　号				1-129	1-130	1-131	1-132
项目名称				避雷针拆除			
				装在金属容器壁上		装在金属容器顶上	
				针长（m）	针高（m）	针长（m）	
				3 以内	7 以内	3 以内	7 以内
单　位				根			
总价（元）				**39.32**	**52.55**	**23.50**	**36.39**
其中	人工费（元）			39.32	52.55	23.50	36.39
	材料费（元）			—	—	—	—
名　称		单位	单价（元）	消　耗　量			
人工	综合工日	工日	113.00	0.348	0.465	0.208	0.322

工作内容：避雷针拆除、搬运至指定地点、清理现场等。

编号				1-133	1-134	1-135
项目名称				避雷针拆除		
				装在构筑物上木杆、水泥杆上	装在构筑物、金属构筑物上	避雷针的固定拉线（3 根内）
单位				根		组
总价（元）				**38.42**	**17.40**	**53.22**
其中	人工费（元）			38.42	17.40	53.22
	材料费（元）			—	—	—
名称		单位	单价（元）	消耗量		
人工	综合工日	工日	113.00	0.340	0.154	0.471

工作内容：避雷针拆除、搬运至指定地点、清理现场等。

编号				1-136	1-137	1-138	1-139	1-140
项目名称				独立避雷针拆除				装在避雷网上，避雷小短针拆除
				避雷针长度（m）				
				18 以内	24 以内	30 以内	40 以内	
单位				根				
总价（元）				**540.78**	**306.62**	**334.76**	**390.11**	**29.66**
其中	人工费（元）			248.04	280.01	308.15	350.19	3.05
	材料费（元）			—	—	—	—	—
	机械费（元）			292.74	26.61	26.61	39.92	26.61
名称		单位	单价（元）	消耗量				
人工	综合工日	工日	113.00	2.195	2.478	2.727	3.099	0.027
机械	中小型机械费	元	—	292.74	26.61	26.61	39.92	26.61

第十九节　电杆及杆上变配电设备拆除

工作内容：挖土，电杆、横担、担上器具、抱箍、接线拆除，回填坑、搬运至指定地点、清理现场等。

编　号				1-141	1-142	1-143	1-144	1-145
项目名称				10kV 以下架空配电线路单杆拆除				
				木杆（m）		混凝土杆（m）		
				9 以内	13 以内	9 以内	13 以内	18 以内
单　位				根				
总价（元）				**25.09**	**29.83**	**64.59**	**55.26**	**93.90**
其中	人工费（元）			25.09	29.83	39.55	55.26	93.90
	材料费（元）			—	—	—	—	—
	机械费（元）			—	—	25.04	—	—
名　称		单位	单价（元）	消　耗　量				
人工	综合工日	工日	113.00	0.222	0.264	0.350	0.489	0.831
机械	中小型机械费	元	—	—	—	25.04	—	—

工作内容:挖土,本体拆除,回填坑、搬运至指定地点、清理现场等。

编号				1-146	1-147	1-148	1-149	1-150	1-151	1-152
项目名称				10kV 以下架空配电线路接腿杆拆除			10kV 以下架空配电线路撑杆拆除		10kV 以下横担拆除	
				单腿接杆	双腿接杆	混合接腿杆	木撑杆	混凝土撑杆	铁、木横担	瓷横担
单位				根						
总价(元)				**28.91**	**57.83**	**27.46**	**27.90**	**44.91**	**7.59**	**6.01**
其中	人工费(元)			25.43	54.35	22.94	23.73	37.40	6.89	5.31
	材料费(元)			—	—	—	—	—	—	—
	机械费(元)			3.48	3.48	4.52	4.17	7.51	0.70	0.70
名称		单位	单价(元)	消耗量						
人工	综合工日	工日	113.00	0.225	0.481	0.203	0.210	0.331	0.061	0.047
机械	中小型机械费	元	—	3.48	3.48	4.52	4.17	7.51	0.70	0.70

工作内容：断电、配件及杆上设备拆除、搬运至指定地点、清理现场等。

编号				1-153	1-154	1-155
项目名称				杆上变配电设备拆除		
				容量（kV·A）		
				100 以内	320 以内	630 以内
单位				台		
总价（元）				**108.48**	**172.21**	**221.03**
其中	人工费（元）			108.48	172.21	221.03
	材料费（元）			—	—	—
名称		单位	单价（元）	消耗量		
人工	综合工日	工日	113.00	0.960	1.524	1.956
机械	中小型机械费	元	—	—	—	—

工作内容: 断电、配件及杆上设备拆除、搬运至指定地点、清理现场等。

编号				1-156	1-157	1-158	1-159	1-160
项目名称				杆上变配电设备拆除				
				跌落式熔断器	避雷器、故障指示器	隔离开关	油开关、智能开关	配电箱
单位				套				
总价(元)				**19.66**	**21.13**	**40.91**	**42.71**	**49.95**
其中	人工费(元)			19.66	21.13	40.91	42.71	49.95
	材料费(元)			—	—	—	—	—
名称		单位	单价(元)	消耗量				
人工	综合工日	工日	113.00	0.174	0.187	0.362	0.378	0.442
机械	中小型机械费	元	—	—	—	—	—	—

第二十节　外线拆除

工作内容：断电、配件及架空线拆除、搬运至指定地点、清理现场等。

编　　号				1–161	1–162	1–163
项目名称				架空线拆除（截面 mm^2）		
				50 以内	120 以内	185 以内
单　　位				100m		
总价（元）				**10.51**	**17.74**	**28.14**
其中	人工费（元）			10.51	17.74	28.14
	材料费（元）			—	—	—
名　　称		单位	单价（元）	消　耗　量		
人工	综合工日	工日	113.00	0.093	0.157	0.249

工作内容：断电、配件及架空线拆除、搬运至指定地点、清理现场等。

编号				1-164	1-165	1-166	1-167	1-168
项目名称				架空引入线拆除（截面 mm^2）				
				二线	四线		六线	
				35 以内	50 以内	120 以内	50 以内	120 以内
单位				100m				
总价（元）				**52.09**	**74.58**	**104.07**	**87.12**	**130.18**
其中	人工费（元）			52.09	74.58	104.07	87.12	130.18
	材料费（元）			—	—	—	—	—
名称		单位	单价（元）	消耗量				
人工	综合工日	工日	113.00	0.461	0.660	0.921	0.771	1.152

工作内容：断电、配件及拉线（导线）拆除、搬运至指定地点、清理现场等。

编号				1-169	1-170	1-171	1-172	1-173	1-174	1-175
项目名称				拉线拆除（截面 mm^2）			导线拆除（截面 mm^2）			
				35 以内	70 以内	120 以内	35 以内	95 以内	150 以内	240 以内
单位				根			km/ 单线			
总价（元）				**6.33**	**10.40**	**12.66**	**77.97**	**155.94**	**235.38**	**344.09**
其中	人工费（元）			6.33	10.40	12.66	77.97	155.94	235.38	344.09
	材料费（元）			—	—	—	—	—	—	—
名称		单位	单价（元）	消耗量						
人工	综合工日	工日	113.00	0.056	0.092	0.112	0.690	1.380	2.083	3.045

第二十一节 配管拆除

工作内容：管卡子、管、接线盒、接地及支持物等拆除，搬运至指定地点，清理现场等。

编号				1–176	1–177	1–178
项目名称				电线管拆除		
				外径（mm）		
				20	32	50
单位				100m		
总价（元）				**468.93**	**505.86**	**536.69**
其中	人工费（元）			444.09	479.69	503.42
	材料费（元）			—	—	—
	机械费（元）			24.84	26.17	33.27
名称		单位	单价（元）	消耗量		
人工	综合工日	工日	113.00	3.930	4.245	4.455
机械	中小型机械费	元	—	24.84	26.17	33.27

工作内容：管卡子、管、接线盒、接地及支持物等拆除，搬运至指定地点，清理现场等。

编号				1-179	1-180	1-181	1-182	1-183
项目名称				钢管拆除				
				公称直径（mm）				
				20 以内	32 以内	50 以内	70 以内	100 以内
单位				100m				
总价（元）				**448.59**	**539.31**	**643.85**	**962.82**	**1356.64**
其中	人工费（元）			417.54	501.16	595.06	900.72	1277.69
	材料费（元）			—	—	—	—	—
	机械费（元）			31.05	38.15	48.79	62.10	78.95
名称		单位	单价（元）	消耗量				
人工	综合工日	工日	113.00	3.695	4.435	5.266	7.971	11.307
机械	中小型机械费	元	—	31.05	38.15	48.79	62.10	78.95

工作内容：管卡子、管、接线盒、接地及支持物等拆除，搬运至指定地点，清理现场等。

编　　号				1-184	1-185	1-186	1-187
项目名称				钢索配电线管拆除		钢索配钢管拆除	
				公称直径（mm）			
				20 以内	32 以内	20 以内	32 以内
单　　位				100m			
总价（元）				**503.98**	**604.39**	**524.34**	**677.65**
其中	人工费（元）			474.71	566.24	490.19	635.96
	材料费（元）			—	—	—	—
	机械费（元）			29.27	38.15	34.15	41.69
名　　称		单位	单价（元）	消　耗　量			
人工	综合工日	工日	113.00	4.201	5.011	4.338	5.628
机械	中小型机械费	元	—	29.27	38.15	34.15	41.69

工作内容：管卡子、管、接线盒、接地及支持物等拆除，搬运至指定地点，清理现场等。

编　　号				1-188	1-189	1-190	1-191	1-192
项目名称				硬塑料管拆除				
				外径（mm）				
				20 以内	32 以内	50 以内	70 以内	100 以内
单　　位				100m				
总价（元）				**371.50**	**443.51**	**568.39**	**627.39**	**793.42**
其中	人工费（元）			351.54	418.67	538.67	592.35	753.94
	材料费（元）			—	—	—	—	—
	机械费（元）			19.96	24.84	29.72	35.04	39.48
名　　称		单位	单价（元）	消　耗　量				
人工	综合工日	工日	113.00	3.111	3.705	4.767	5.242	6.672
机械	中小型机械费	元	—	19.96	24.84	29.72	35.04	39.48

工作内容：管卡子、管、接线盒、接地及支持物等拆除，搬运至指定地点，清理现场等。

编号				1-193	1-194	1-195
项目名称				金属软管拆除		
				内径（mm）		
				20 以内	32 以内	50 以内
单位				根		
总价（元）				**3.15**	**3.60**	**4.49**
其中	人工费（元）			2.26	2.71	3.16
	材料费（元）			—	—	—
	机械费（元）			0.89	0.89	1.33
名称		单位	单价（元）	消耗量		
人工	综合工日	工日	113.00	0.020	0.024	0.028
机械	中小型机械费	元	—	0.89	0.89	1.33

第二十二节 配线拆除

工作内容：1. 夹板配线拆除：夹板、瓷管及配线等拆除，搬运至指定地点，清理现场等。2. 鼓形绝缘子配线拆除：鼓形绝缘子、过墙管及配线等拆除，搬运至指定地点，清理现场等。

编号				1-196	1-197	1-198	1-199	1-200	1-201
项目名称				夹板配线拆除			鼓形绝缘子配线拆除		
				导线截面（mm^2）					
				2.5 以内	6 以内	10 以内	2.5 以内	6 以内	10 以内
单位				100m					
总价（元）				**65.09**	**81.36**	**97.63**	**65.09**	**81.36**	**97.63**
其中	人工费（元）			65.09	81.36	97.63	65.09	81.36	97.63
	材料费（元）			—	—	—	—	—	—
名称		单位	单价（元）	消耗量					
人工	综合工日	工日	113.00	0.576	0.720	0.864	0.576	0.720	0.864

工作内容：绝缘子、过墙管、配线等拆除，搬运至指定地点，清理现场等。

编号				1-202	1-203	1-204	1-205
项目名称				针式绝缘子配线拆除			
				导线截面（mm^2）			
				2.5 以内	6 以内	16 以内	35 以内
单位				100m			
总价（元）				**81.36**	**89.50**	**97.63**	**117.97**
其中	人工费（元）			81.36	89.50	97.63	117.97
	材料费（元）			—	—	—	—
名称		单位	单价（元）	消耗量			
人工	综合工日	工日	113.00	0.720	0.792	0.864	1.044

工作内容：绝缘子、过墙管、配线等拆除，搬运至指定地点，清理现场等。

编号				1-206	1-207	1-208	1-209
项目名称				针式绝缘子配线拆除			
				导线截面（mm^2）			
				70 以内	120 以内	185 以内	240 以内
单位				100m			
总价（元）				**141.02**	**168.14**	**202.04**	**242.72**
其中	人工费（元）			141.02	168.14	202.04	242.72
	材料费（元）			—	—	—	—
名称		单位	单价（元）	消耗量			
人工	综合工日	工日	113.00	1.248	1.488	1.788	2.148

工作内容：配线拆除、搬运至指定地点、清理现场等。

编号				1-210	1-211	1-212	1-213
项目名称				铅皮线及塑料护套线拆除			
				导线截面（mm^2）			
				2.5 以内	4 以内	6 以内	10 以内
单位				100m			
总价（元）				**105.77**	**127.46**	**141.02**	**168.14**
其中	人工费（元）			105.77	127.46	141.02	168.14
	材料费（元）			—	—	—	—
名称		单位	单价（元）	消耗量			
人工	综合工日	工日	113.00	0.936	1.128	1.248	1.488

工作内容:槽板、配线等拆除、搬运至指定地点、清理现场等。

编号				1-214	1-215	1-216	1-217
项目名称				槽板及配线拆除			
				二芯		三芯	
				导线截面(mm²)			
				6以内	16以内	6以内	16以内
单位				100m			
总价(元)				**366.12**	**477.31**	**501.72**	**602.06**
其中	人工费(元)			366.12	477.31	501.72	602.06
	材料费(元)			—	—	—	—
名称		单位	单价(元)	消耗量			
人工	综合工日	工日	113.00	3.240	4.224	4.440	5.328

工作内容：配线拆除、搬运至指定地点、清理现场等。

编号				1-218	1-219	1-220	1-221	1-222	1-223
项目名称				管内配线拆除					
				导线截面（mm^2）					
				4 以内	10 以内	50 以内	95 以内	150 以内	240 以内
单位				100m					
总价（元）				**40.68**	**63.73**	**100.34**	**154.58**	**241.37**	**376.97**
其中	人工费（元）			40.68	63.73	100.34	154.58	241.37	376.97
	材料费（元）			—	—	—	—	—	—
名称		单位	单价（元）	消耗量					
人工	综合工日	工日	113.00	0.360	0.564	0.888	1.368	2.136	3.336

工作内容：配线拆除、搬运至指定地点、清理现场等。

编号				1-224	1-225	1-226	1-227	1-228	1-229	1-230
项目名称				线槽配线拆除						
				导线截面（mm^2）						
				6 以内	16 以内	35 以内	70 以内	120 以内	185 以内	240 以内
单位				100m						
总价（元）				**52.88**	**71.87**	**89.50**	**105.77**	**241.37**	**337.64**	**593.93**
其中	人工费（元）			52.88	71.87	89.50	105.77	241.37	337.64	593.93
	材料费（元）			—	—	—	—	—	—	—
名称		单位	单价（元）	消耗量						
人工	综合工日	工日	113.00	0.468	0.636	0.792	0.936	2.136	2.988	5.256

第二十三节　灯具拆除

工作内容：接头线、灯具、配件拆除，搬运至指定地点，清理现场等。

编　　号				1-231	1-232	1-233	1-234	1-235
项目名称				普通灯具拆除				
				软线吊灯	链式吊灯	座灯头	吊杆灯	弯脖灯
单　　位				套				
总价（元）				**2.83**	**6.67**	**3.39**	**2.37**	**2.37**
其中	人工费（元）			2.83	6.67	3.39	2.37	2.37
	材料费（元）			—	—	—	—	—
名　　称		单位	单价（元）	消　耗　量				
人工	综合工日	工日	113.00	0.025	0.059	0.030	0.021	0.021

工作内容：接头线、浴霸、灯具、配件拆除，搬运至指定地点，清理现场等。

编　号				1-236	1-237	1-238	1-239	1-240
项目名称				吸顶灯拆除	墙壁灯拆除			红外线浴霸拆除
					单叉	双叉	三叉	
单　位				套				
总价（元）				**2.37**	**2.03**	**3.05**	**4.07**	**4.41**
其中	人工费（元）			2.37	2.03	3.05	4.07	4.41
	材料费（元）			—	—	—	—	—
名　称		单位	单价（元）	消　耗　量				
人工	综合工日	工日	113.00	0.021	0.018	0.027	0.036	0.039

工作内容：接头线、灯具、配件拆除，搬运至指定地点，清理现场等。

编号				1-241	1-242	1-243	1-244	1-245
项目名称				工厂灯拆除				防水防爆灯拆除
				吸顶式	弯杆式	悬挂式	吊链式	
单位				套				
总价（元）				**3.62**	**4.07**	**4.41**	**4.86**	**3.28**
其中	人工费（元）			3.62	4.07	4.41	4.86	3.28
	材料费（元）			—	—	—	—	—
名称		单位	单价（元）	消耗量				
人工	综合工日	工日	113.00	0.032	0.036	0.039	0.043	0.029

工作内容：接头线、灯具、配件拆除，搬运至指定地点，清理现场等。

编　号				1-246	1-247	1-248
项目名称				点光源灯具拆除		
				点光源艺术装饰灯具	滑轨式射灯	滑轨
单　位				套		
总价（元）				**3.39**	**1.36**	**1.24**
其中	人工费（元）			3.39	1.36	1.24
	材料费（元）			—	—	—
名　称		单位	单价（元）	消　耗　量		
人工	综合工日	工日	113.00	0.030	0.012	0.011

工作内容：接头线、灯具、配件拆除，搬运至指定地点，清理现场等。

编号				1-249	1-250	1-251	1-252	1-253	1-254
项目名称				标志、诱导装饰灯具拆除			草坪灯具灯拆除		
				吸顶（墙壁）式	吊杆式	嵌入式	立柱式	墙壁式	地板（地坪）下
单位				套					
总价（元）				**4.07**	**4.41**	**4.75**	**21.13**	**8.93**	**12.43**
其中	人工费（元）			4.07	4.41	4.75	21.13	8.93	12.43
	材料费（元）			—	—	—	—	—	—
名称		单位	单价（元）	消耗量					
人工	综合工日	工日	113.00	0.036	0.039	0.042	0.187	0.079	0.110

工作内容：接头线、灯具、配件拆除，搬运至指定地点，清理现场等。

编号				1-255	1-256	1-257	1-258	1-259	1-260	1-261
项目名称				吊花灯拆除				荧光灯拆除		
				≤七火	≤十五火	≤二十四火	≤三十六火	吸顶式	吊装式	嵌入式
单位				套						
总价（元）				**11.07**	**27.80**	**49.16**	**97.97**	**2.26**	**2.60**	**4.63**
其中	人工费（元）			11.07	27.80	49.16	97.97	2.26	2.60	4.63
	材料费（元）			—	—	—	—	—	—	—
名称		单位	单价（元）	消耗量						
人工	综合工日	工日	113.00	0.098	0.246	0.435	0.867	0.020	0.023	0.041

工作内容：接头线、灯具、配件拆除，搬运至指定地点，清理现场等。

编号				1-262	1-263	1-264	1-265	1-266	1-267	1-268
项目名称				医疗专用灯拆除				庭院灯拆除		
				病房指示灯	病房暗脚灯	紫外线杀菌灯	无影灯	≤二火	≤五火	≤十火
单位				套						
总价（元）				**3.73**	**3.73**	**2.49**	**4.41**	**18.65**	**34.47**	**54.24**
其中	人工费（元）			3.73	3.73	2.49	4.41	18.65	34.47	54.24
	材料费（元）			—	—	—	—	—	—	—
名称		单位	单价（元）	消耗量						
人工	综合工日	工日	113.00	0.033	0.033	0.022	0.039	0.165	0.305	0.480

工作内容：接头线、灯具、配件拆除，搬运至指定地点，清理现场等。

编号				1-269	1-270	1-271	1-272
项目名称				杆上灯具拆除			
				混凝土杆上马路弯灯	木杆上马路弯灯	角铁型路灯	投光灯、探照灯
单位				套			
总价(元)				**10.06**	**5.09**	**10.51**	**4.75**
其中	人工费(元)			10.06	5.09	10.51	4.75
	材料费(元)			—	—	—	—
名称		单位	单价(元)	消耗量			
人工	综合工日	工日	113.00	0.089	0.045	0.093	0.042

第二十四节　弱电器件及线路拆除

工作内容：尽量保持原器件完好落地、整理、集中清运。

编　　号				1–273	1–274	1–275	1–276	1–277
项目名称				弱电器件拆除		电话线（缆）拆除		
				扬声器（箱）	消防按钮及模块	2×0.5mm 以内	2×1.0mm 以内	20 对以内
单　　位				套		100m		
总价（元）				**11.30**	**10.17**	**35.03**	**70.06**	**83.62**
其中	人工费（元）			11.30	10.17	35.03	70.06	83.62
	材料费（元）			—	—	—	—	—
名　　称		单位	单价（元）	消　耗　量				
人工	综合工日	工日	113.00	0.100	0.090	0.310	0.620	0.740

工作内容：尽量保持原器件完好落地、整理、集中清运。

编号				1-278	1-279	1-280	1-281	1-282	1-283
项目名称				弱电终端拆除			弱电线（缆）拆除		
				电话	电视	网络	广播线	视（射）频线	超五类双绞线
单位				10个			100m		
总价（元）				**33.90**	**33.90**	**33.90**	**70.06**	**53.11**	**39.55**
其中	人工费（元）			33.90	33.90	33.90	70.06	53.11	39.55
	材料费（元）			—	—	—	—	—	—
名称		单位	单价（元）	消耗量					
人工	综合工日	工日	113.00	0.300	0.300	0.300	0.620	0.470	0.350

第二章　变　压　器

说　明

一、本章包括杆上变压器安装，室内变压器安装，变压器干燥、油过滤 3 节，共 21 条基价子目。

二、统一性规定及说明。

1. 室外杆上变压器安装不包括电杆及拉线安装，使用时可套用 10kV 以下架空配电线路拆除、安装定额。

2. 变压器安装及干燥中的枕木、绝缘导线、石棉布是按一定的折旧率摊销的，使用时不做换算。

3. 设备中注入或补充的绝缘油，应视为原设备带有考虑。但施工中变压器油的过滤损耗及操作损耗已包括在相关定额中。

4. 本章不包括。

（1）变压器干燥棚、油过滤棚的搭拆工作。

（2）变压器铁梯及母线铁件的制作、安装。

（3）油样的试验、化验及色谱分析。

（4）变压器及其他高压设备的试验费及试验所耗用的工日。

（5）各种设备安装需用金属支架的制作。

工程量计算规则

一、各种型号变压器安装以“台”为计量单位计算。

二、变压器干燥以“台”为计量单位计算。

三、油过滤以“t/次”为计量单位计算。

第一节 杆上变压器安装

工作内容: 支架、横担、支撑铁安装,变压器吊装固定、配线、接线、接地、单体调试、清理现场等。

编号					2-001	2-002	2-003
项目名称					油浸式变压器		
					容量(kV·A)		
					100 以内	200 以内	320 以内
单位					台		
总价(元)					**2191.27**	**2318.23**	**2451.03**
其中	人工费(元)				1701.00	1822.50	1944.00
	材料费(元)				99.35	104.81	116.11
	机械费(元)				390.92	390.92	390.92
名称			单位	单价(元)	消耗量		
人工	综合工日		工日	135.00	12.600	13.500	14.400
材料	镀锌圆钢 D10~25		kg	4.80	4.020	4.020	4.020
	镀锌钢丝(综合)		kg	7.16	4.000	4.000	5.000
	钢垫板(综合)		kg	6.72	4.080	4.080	4.080
	钢锯条		条	4.33	1.500	1.500	1.500
	醇酸防锈漆 C53-1		kg	13.20	0.300	0.500	0.600
	电力复合脂		kg	22.43	0.100	0.100	0.100
	调和漆		kg	14.11	0.600	0.800	1.000
	棉纱		kg	16.11	0.100	0.100	0.100
	汽油 100#		kg	8.11	0.150	0.150	0.150
机械	中小型机械费		元	—	390.92	390.92	390.92

第二节　室内变压器安装

工作内容： 开箱检查、本体就位、器身检查；套管、油枕及散热器清洗，油柱试验、风扇油泵电机检查接线、附件安装、垫铁制作与安装、补充注油及安装后整体密封试验、接地、补漆、单体调试、清理现场等。

编号				2-004	2-005	2-006	2-007	2-008
项目名称				油浸式变压器安装				
				容量（kV·A）				
				250 以内	500 以内	1000 以内	2000 以内	4000 以内
单位				台				
总价（元）				**1746.24**	**2061.51**	**3593.16**	**4210.50**	**6155.68**
其中	人工费（元）			1319.49	1598.40	2906.15	3395.39	5104.49
	材料费（元）			130.41	149.92	202.13	255.05	334.90
	机械费（元）			296.34	313.19	484.88	560.06	716.29
名称		单位	单价（元）	消耗量				
人工	综合工日	工日	135.00	9.774	11.840	21.527	25.151	37.811
材料	镀锌扁钢（综合）	kg	5.32	4.500	4.500	4.500	4.500	4.500
	镀锌钢丝 *D*2.5~4.0	kg	6.91	1.000	1.000	1.000	2.500	2.500
	钢垫板 δ1~2	kg	6.72	5.000	5.000	6.000	6.000	8.000
	低碳钢焊条（综合）	kg	6.01	0.300	0.300	0.300	0.400	0.400
	白布	kg	12.98	0.450	0.450	0.540	0.630	0.900
	白纱布带 20mm×20m	卷	2.88	1.000	1.500	1.500	2.000	2.000

续前

编号				2-004	2-005	2-006	2-007	2-008
项目名称				油浸式变压器安装				
				容量(kV·A)				
				250 以内	500 以内	1000 以内	2000 以内	4000 以内
单位				台				
名称		单位	单价(元)	消耗量				
材料	电力复合脂	kg	22.43	0.050	0.050	0.050	0.050	0.050
	防锈漆 C53-1	kg	13.20	0.600	0.900	1.300	1.600	2.200
	酚醛磁漆	kg	14.23	0.200	0.200	0.200	0.300	0.300
	酚醛调和漆	kg	10.70	1.000	1.200	1.800	2.500	3.000
	聚乙烯薄膜 δ0.05	m^2	2.98	1.500	1.500	3.000	3.000	6.000
	滤油纸 300×300	张	0.93	20.000	30.000	50.000	70.000	100.000
	棉纱	kg	16.11	0.400	0.500	0.600	0.800	1.200
	汽油(综合)	kg	7.74	0.300	0.400	0.600	1.200	1.500
	青壳纸 δ0.1~1.0	kg	4.80	0.150	0.150	0.200	0.200	0.300
	铁砂布 0#~2#	张	1.15	0.250	0.500	0.500	0.500	0.750
	氧气	m^3	2.88	—	—	0.408	0.408	0.624
	乙炔气	kg	14.66	—	—	0.340	0.340	0.520
机械	中小型机械费	元	—	296.34	313.19	484.88	560.06	716.29

工作内容：开箱检查、本体就位、垫铁及止轮器制作与安装、附件安装、接地、补漆、单体调试、清理现场等。

编号				2-009	2-010	2-011	2-012	2-013	2-014
项目名称				干式变压器安装					
				容量（kV·A）					
				100 以内	250 以内	500 以内	800 以内	1000 以内	2000 以内
单位				台					
总价（元）				**1477.48**	**1548.92**	**1775.47**	**2929.21**	**2994.71**	**3223.38**
其中	人工费（元）			1158.98	1229.04	1439.37	2337.66	2449.85	2661.12
	材料费（元）			104.69	106.07	113.86	134.62	150.03	161.75
	机械费（元）			213.81	213.81	222.24	456.93	394.83	400.51
名称		单位	单价（元）	消耗量					
人工	综合工日	工日	135.00	8.585	9.104	10.662	17.316	18.147	19.712
材料	镀锌扁钢（综合）	kg	5.32	4.500	4.500	4.500	4.500	4.500	4.500
	镀锌钢丝 $D2.5\sim4.0$	kg	6.91	0.800	1.000	1.000	1.500	2.000	2.650
	钢垫板 $\delta1\sim2$	kg	6.72	4.000	4.000	4.000	6.000	6.000	6.500
	低碳钢焊条（综合）	kg	6.01	0.300	0.300	0.300	0.300	0.300	0.300

续前

编号				2-009	2-010	2-011	2-012	2-013	2-014
项目名称				干式变压器安装					
				容量（kV·A）					
				100 以内	250 以内	500 以内	800 以内	1000 以内	2000 以内
单位				台					
名称		单位	单价（元）	消耗量					
材料	钢锯条	条	4.33	1.000	1.000	1.000	1.000	1.000	1.000
	白布	kg	12.98	—	—	0.100	0.100	0.100	0.100
	电力复合脂	kg	22.43	0.050	0.050	0.050	0.050	0.050	0.050
	防锈漆 C53-1	kg	13.20	0.300	0.300	0.500	0.500	1.000	1.000
	酚醛调和漆	kg	10.70	2.500	2.500	2.500	2.500	3.000	3.000
	棉纱	kg	16.11	0.500	0.500	0.500	0.500	0.500	0.500
	汽油（综合）	kg	7.74	0.300	0.300	0.500	1.000	1.000	1.500
	铁砂布 0#~2#	张	1.15	—	—	2.000	2.000	2.000	2.000
机械	中小型机械费	元	—	213.81	213.81	222.24	456.93	394.83	400.51

第三节　变压器干燥、油过滤

工作内容：1. 变压器干燥：准备、干燥及维护、检查、记录整理、清扫、收尾、注油、清理现场等。2. 变压器油过滤：过滤前的准备及过滤后的清理、油过滤、取油样、配合试验、清理现场等。

编　号				2-015	2-016	2-017	2-018	2-019	2-020	2-021
项目名称				变压器干燥						变压器油过滤
				容量（kV·A）						
				315 以内	400 以内	630 以内	800 以内	1000 以内	2000 以内	
单　位				台						t/ 次
总价（元）				**1753.17**	**1855.77**	**2369.77**	**3154.45**	**3748.88**	**4617.85**	**759.61**
其中	人工费（元）			1437.89	1540.49	1912.95	2332.80	2754.00	3497.99	254.07
	材料费（元）			275.28	275.28	416.82	781.65	954.88	1079.86	345.78
	机械费（元）			40.00	40.00	40.00	40.00	40.00	40.00	159.76
名　称		单位	单价（元）	消　耗　量						
人工	综合工日	工日	135.00	10.651	11.411	14.170	17.280	20.400	25.911	1.882
材料	铜芯塑料绝缘电线 BV-2.5mm^2	m	1.61	—	—	—	15.020	15.020	20.030	—
	钢板（综合）	kg	4.18	—	—	—	—	—	—	26.530
	变压器油	kg	8.87	—	—	—	—	—	—	18.000
	镀锌钢丝 *D*2.5~4.0	kg	6.91	—	—	—	—	—	—	0.400
	低碳钢焊条（综合）	kg	6.01	—	—	—	—	—	—	0.050
	板方材 Ⅲ等	m^3	2716.33	0.050	0.050	0.100	0.150	0.200	0.200	—
	白布	m^2	10.34	0.270	0.270	0.270	0.270	0.270	0.270	—

编号				2-015	2-016	2-017	2-018	2-019	2-020	2-021
项目名称				变压器干燥						变压器油过滤
				容量（kV·A）						
				315 以内	400 以内	630 以内	800 以内	1000 以内	2000 以内	
单位				台						t/ 次
名称		单位	单价（元）	消耗量						
材料	白纱布带 20mm × 20m	卷	2.88	0.300	0.300	0.300	0.500	0.500	0.500	—
	电气绝缘胶带 18mm × 10m × 0.13mm	卷	4.55	—	—	—	—	—	—	0.080
	焊锡丝（综合）	kg	60.79	—	—	—	0.100	0.150	0.200	—
	焊锡膏 50g 瓶装	kg	49.90	—	—	—	0.060	0.060	0.060	—
	黑铁丝 8#~12#	kg	6.91	1.500	1.500	1.500	2.600	3.650	6.200	—
	黑胶布 20mm × 20m	卷	2.74	0.300	0.300	0.300	0.500	0.500	0.500	—
	胶木板 δ20	kg	10.37	—	—	—	0.100	0.100	0.100	—
	脚手杆 D100 × 6000 杉木	根	135.61	—	—	—	1.000	1.200	1.400	—
	滤油纸 300 × 300	张	0.93	54.000	54.000	54.000	54.000	54.000	54.000	72.000
	棉纱	kg	16.11	—	—	—	—	—	—	0.300
	棉丝	kg	16.11	0.300	0.300	0.300	0.400	0.400	0.500	—
	砂布	张	0.93	1.000	1.000	1.000	1.500	1.500	2.000	—
	石棉布 δ3	m^2	57.20	1.200	1.200	1.300	1.600	1.600	2.500	—
	石棉水泥板 δ10	m^2	31.15	—	—	—	1.000	1.000	1.500	—
机械	中小型机械费	元	—	40.00	40.00	40.00	40.00	40.00	40.00	159.76

第三章　配 电 装 置

说　明

一、本章包括高压成套配电柜安装，断路器安装，隔离、负荷开关安装，母线安装，低压封闭式插接母线槽安装 5 节，共 79 条基价子目。

二、统一性规定及说明。

1. 二次回路（小线）需压接头者，可按盘柜配线、端子板接线相应项目执行。

2. 配电间隔板未包括板材及油漆。

3. 高压设备安装未包括设备的试验费及试验所耗用的工日。

4. 高压成套配电柜、断路器安装未包括金属支架的制作。

5. 母线安装、低压封闭式插接母线槽安装不包括支架、铁构件的制作与安装，工程实际发生时，执行本册基价相关子目。

6. 变配电部分的接地均未包括接地极的安装。

7. 组合软母线安装子目不包括两端铁构件制作与安装及支持瓷瓶、矩形母线的安装，工程实际发生时，应执行相关基价子目。安装的跨距是按标准跨距综合编制的，如实际安装跨距与基价子目不符时，执行相应子目不做调整。

8. 软母线安装子目是按照单串绝缘子编制的，如设计为双串绝缘子，其基价人工乘以系数 1.14。耐张绝缘子串的安装与调整已包含在软母线安装子目内。

9. 软母线引下线、跳线、经终端张线夹引下（不经过 T 形线夹或并沟线夹引下）与设备连接的部分应按照导线截面分别执行相应子目。软母线跳线安装子目综合考虑了耐张线夹的连接方式，执行基价时不做调整。

10. 计量单位中“跨”长度为：每跨 45m 以内。

工程量计算规则

一、高压开关柜安装以“台”为计量单位计算。

二、各种型号隔离开关、负荷开关、断路器、互感器、操作机构、现场配制延长轴以“台”为计量单位计算。

三、穿通板、隔板、网门、保护网以“块”为计量单位计算。

四、支持绝缘子以“10 个”为计量单位计算。

五、穿墙套管以“个”为计量单位计算，含各种规格。

六、电抗器、熔断器安装以“组”为计量单位计算。

七、电容器安装以“个”“台”为计量单位计算。

八、带形母线安装以“10m”为计量单位计算。

九、单母线安装以“跨／三相”为计量单位，组合母线安装、软母线引下线、跳线、设备连线安装以“组／三相”为计量单位。软母线安装预留长度见下表。

软母线安装预留长度 **单位：m/ 根**

项目	耐张	跳线	引下线	设备连接线
预留长度	2.5	0.6	0.6	0.6

十、重型母线安装以“t”为计量单位。

十一、重型母线安装，根据母线材质及截面面积或用途，按照设计图示安装成品重量以“t”为计量单位。计算重量时，不计算安装损耗量。

十二、低压封闭式母线槽安装以“m”为计量单位计算。

十三、封闭母线槽进出分线箱安装以“台”为计量单位计算。

第一节 高压成套配电柜安装

工作内容：安装固定、调整操作机构、校线压头、断路器解体检查、注油、压地线、接触面检查、单体调试、清理现场等。

编号				3-001	3-002	3-003	3-004	3-005	3-006
项目名称				高压成套单母线柜					
				附油断路器柜	附真空断路器柜	附 SF6 断路器柜	电压互感器、避雷器柜	电容器柜	其他电气柜
单位				台					
总价（元）				**2242.72**	**2054.16**	**2261.11**	**1028.95**	**923.41**	**697.47**
其中	人工费（元）			2096.28	1904.18	2111.13	886.95	782.19	563.22
	材料费（元）			75.38	78.92	78.92	70.94	70.16	63.19
	机械费（元）			71.06	71.06	71.06	71.06	71.06	71.06
名称		单位	单价（元）	消耗量					
人工	综合工日	工日	135.00	15.528	14.105	15.638	6.570	5.794	4.172
材料	镀锌扁钢（综合）	kg	5.32	4.773	4.773	4.773	4.773	4.773	4.773
	铜芯塑料绝缘电线 BV-3×2.5mm^2	m	4.66	1.909	1.909	1.909	0.955	0.955	—
	低碳钢焊条 J422（综合）	kg	3.60	0.286	0.286	0.286	0.286	0.286	0.286
	平垫铁（综合）	kg	7.42	0.477	0.477	0.477	0.477	0.477	0.477
	砂轮片 *D*400	片	19.56	0.477	0.477	0.477	0.477	0.477	0.477

续前

编号				3-001	3-002	3-003	3-004	3-005	3-006
项目名称				高压成套单母线柜					
				附油断路器柜	附真空断路器柜	附 SF6 断路器柜	电压互感器、避雷器柜	电容器柜	其他电气柜
单位				台					
名称		单位	单价（元）	消耗量					
材料	电池 1#	节	1.90	0.191	0.191	0.191	0.191	0.191	0.191
	电力复合脂	kg	22.43	0.286	0.286	0.286	0.286	0.286	0.191
	电珠 2.5V	个	0.37	0.095	0.095	0.095	0.095	0.095	0.095
	调和漆	kg	14.11	0.477	0.477	0.477	0.477	0.477	0.477
	红丹防锈漆	kg	21.35	0.477	0.477	0.477	0.477	0.477	0.477
	酒精 工业用 99.5%	kg	7.42	—	0.477	0.477	—	—	—
	棉纱	kg	16.11	0.095	0.095	0.095	0.095	0.095	0.095
	汽油 100#	kg	8.11	0.239	0.239	0.239	0.239	0.143	0.095
机械	中小型机械费	元	—	71.06	71.06	71.06	71.06	71.06	71.06

工作内容:安装固定、调整操作机构、校线压头、断路器解体检查、注油、压地线、接触面检查、单体调试、清理现场等。

编　号				3-007	3-008	3-009	3-010	3-011	3-012
项目名称				高压成套双母线柜					
				附油断路器柜	附真空断路器柜	附 SF6 断路器柜	电压互感器、避雷器柜	电容器柜	其他电气柜
单　位				台					
总价(元)				**2683.50**	**2457.28**	**2706.22**	**1232.66**	**1106.43**	**831.29**
其中	人工费(元)			2515.32	2285.01	2533.95	1064.48	938.25	677.16
	材料费(元)			86.90	90.99	90.99	86.90	86.90	72.85
	机械费(元)			81.28	81.28	81.28	81.28	81.28	81.28
名　称		单位	单价(元)	消　耗　量					
人工	综合工日	工日	135.00	18.632	16.926	18.770	7.885	6.950	5.016
材料	镀锌扁钢(综合)	kg	5.32	5.500	5.500	5.500	5.500	5.500	5.500
	砂轮片 *D*400	片	19.56	0.550	0.550	0.550	0.550	0.550	0.550
	低碳钢焊条 J422(综合)	kg	3.60	0.330	0.330	0.330	0.330	0.330	0.330
	平垫铁(综合)	kg	7.42	0.550	0.550	0.550	0.550	0.550	0.550
	铜芯塑料绝缘电线 BV-3 × 2.5mm^2	m	4.66	2.200	2.200	2.200	2.200	2.200	—

编号				3-007	3-008	3-009	3-010	3-011	3-012
项目名称				高压成套双母线柜					
				附油断路器柜	附真空断路器柜	附 SF6 断路器柜	电压互感器、避雷器柜	电容器柜	其他电气柜
单位				台					
名称		单位	单价（元）	消耗量					
材料	电池 1#	节	1.90	0.220	0.220	0.220	0.220	0.220	0.220
	电力复合脂	kg	22.43	0.330	0.330	0.330	0.330	0.330	0.220
	电珠 2.5V	个	0.37	0.110	0.110	0.110	0.110	0.110	0.110
	调和漆	kg	14.11	0.550	0.550	0.550	0.550	0.550	0.550
	红丹防锈漆	kg	21.35	0.550	0.550	0.550	0.550	0.550	0.550
	酒精 工业用 99.5%	kg	7.42	—	0.550	0.550	—	—	—
	棉纱	kg	16.11	0.110	0.110	0.110	0.110	0.110	0.110
	汽油 100#	kg	8.11	0.275	0.275	0.275	0.275	0.275	0.110
机械	中小型机械费	元	—	81.28	81.28	81.28	81.28	81.28	81.28

工作内容：1. 穿通板制作与安装：穿通板平直、下料、制作、焊接、打洞、安装、接地、油漆、清理现场等。2. 隔板、网门制作与安装：制作、平直、划线、下料、钻孔、组对、焊接、刷漆、安装、补刷漆、清理现场等。

编　号				3-013	3-014	3-015	3-016	3-017	3-018
项目名称				穿通板制作与安装			隔板、网门制作与安装		
				石棉水泥板	塑料板	钢板	隔板	网门	保护网
单　位				块					
总价（元）				**397.24**	**453.98**	**379.03**	**44.60**	**482.17**	**62.72**
其中	人工费（元）			322.65	245.30	263.66	37.80	337.50	13.64
	材料费（元）			59.62	197.27	103.18	5.05	128.97	34.17
	机械费（元）			14.97	11.41	12.19	1.75	15.70	14.91
名　称		单位	单价（元）	消　耗　量					
人工	综合工日	工日	135.00	2.390	1.817	1.953	0.280	2.500	0.101
材料	角钢 63mm 以内	kg	3.47	7.713	7.713	8.820	—	29.877	0.095
	扁钢 60mm 以内	kg	3.67	1.613	1.604	—	—	—	—
	热轧薄钢板 δ2.6~3.2	kg	3.72	—	—	12.027	—	—	—
	紫铜板 δ0.25~0.5	kg	73.20	—	—	—	—	0.067	0.067
	电焊条 L-60 D3.2	kg	7.59	0.267	0.267	0.267	0.057	0.057	0.191
	镀锌钢丝 D1.2~2.2	kg	7.13	—	—	—	—	0.191	0.191
	镀锌钢丝网 $D2\times22$	m^2	12.55	—	—	—	—	1.050	0.095

编号				3-013	3-014	3-015	3-016	3-017	3-018
项目名称				穿通板制作与安装			隔板、网门制作与安装		
				石棉水泥板	塑料板	钢板	隔板	网门	保护网
单位				块					
名称		单位	单价（元）	消耗量					
材料	防锈漆	kg	15.51	0.124	0.124	0.286	—	0.095	0.496
	锯条（各种规格）	根	0.42	2.005	2.005	2.005	—	0.496	0.067
	棉丝	kg	16.11	—	—	—	0.095	—	—
	调和漆	kg	14.11	0.210	0.105	0.095	—	0.095	1.050
	破布	kg	5.07	0.095	0.095	0.095	—	0.191	0.191
	清油	kg	15.06	—	—	—	—	0.095	0.095
	砂布	张	0.93	—	—	—	0.477	—	—
	石棉水泥板 $\delta10$	m^2	31.15	0.296	4.983	0.382	—	—	—
	氧气	m^3	2.88	0.388	—	0.388	—	—	—
	乙炔气	m^3	16.13	0.354	—	0.353	—	—	—
	六角螺栓 M（10~14）×100	套	0.34	7.789	7.789	—	7.789	—	—
机械	中小型机械费	元	—	14.97	11.41	12.19	1.75	15.70	14.91

工作内容：1. 高压支持绝缘子：开箱、检查、清扫、绝缘遥测、安装固定、刷漆、接地、单体调试、清理现场等。2. 穿墙套管：制作、平直、划线、下料、焊接、安装、清理现场等。

编号				3-019	3-020	3-021	3-022
项目名称				高压支持绝缘子			穿墙套管
				1 孔	2 孔	4 孔	10kV 以下
单位				10 个			个
总价（元）				**233.41**	**389.82**	**516.59**	**78.20**
其中	人工费（元）			175.64	311.99	400.95	44.55
	材料费（元）			35.72	35.23	60.64	31.54
	机械费（元）			22.05	42.60	55.00	2.11
名称		单位	单价（元）	消耗量			
人工	综合工日	工日	135.00	1.301	2.311	2.970	0.330
材料	支持绝缘子	个	—	（10.100）	（10.100）	（10.100）	—
	穿墙套管	个	—	—	—	—	（1.010）
	扁钢 60mm 以内	kg	3.67	7.617	7.617	7.617	7.617
	电焊条 L-60 *D*3.2	kg	7.59	0.267	0.267	0.267	0.057
	破布	kg	5.07	0.095	0.191	0.286	0.029
	砂布	张	0.93	—	—	—	0.095
	镀锌六角螺栓 M10×30	套	0.22	—	19.473	—	—
	镀锌六角螺栓 M12×50	套	0.54	9.736	—	—	—
	镀锌六角螺栓 M16×（30~50）	套	0.75	—	—	38.945	3.895
机械	中小型机械费	元	—	22.05	42.60	55.00	2.11

第二节　断路器安装

工作内容：1. 油断路器安装：开箱、解体检查、组合、安装及调整、传动装置安装调整、动作检查、消弧室干燥、注油、接地、单体调试、清理现场等。2. 真空断路器、SF6 断路器安装：开箱清点检查、安装及调整、传动装置安装调整、动作检查、接地、单体调试、清理现场等。

编　　号				3-023	3-024	3-025	3-026	3-027	3-028
项目名称				油断路器 电流（A）		真空断路器 电流（A）		SF6 断路器 电流（A）	
				1000 以内	3000 以内	2000 以内	4000 以内	2000 以内	4000 以内
单　　位				台					
总价（元）				**1385.31**	**2020.84**	**1231.33**	**1423.00**	**1345.93**	**1580.52**
其中	人工费（元）			1269.54	1816.29	1163.70	1290.33	1231.47	1374.98
	材料费（元）			79.91	149.27	61.77	83.31	108.60	156.18
	机械费（元）			35.86	55.28	5.86	49.36	5.86	49.36
名　　称		单位	单价（元）	消　耗　量					
人工	综合工日	工日	135.00	9.404	13.454	8.620	9.558	9.122	10.185
材料	镀锌钢丝 $D2.5\sim4.0$	kg	6.91	1.241	1.432	1.241	1.909	1.241	1.909
	镀锌扁钢（综合）	kg	5.32	2.386	2.386	2.386	2.386	2.386	2.386
	棉纱	kg	16.11	0.239	0.334	0.191	0.239	0.191	0.239
	钢锯条	条	4.33	0.955	1.909	1.909	1.909	1.909	1.909
	钢管 $D25$	kg	3.85	—	4.773	—	—	—	—
	钢垫板 $\delta1\sim2$	kg	6.72	0.955	2.005	0.955	1.909	0.955	1.909

编号				3-023	3-024	3-025	3-026	3-027	3-028
项目名称				油断路器 电流（A）		真空断路器 电流（A）		SF6 断路器 电流（A）	
				1000 以内	3000 以内	2000 以内	4000 以内	2000 以内	4000 以内
单位				台					
	名称	单位	单价（元）	消耗量					
材料	变压器油	kg	8.87	1.909	3.818	—	—	—	—
	低碳钢焊条（综合）	kg	6.01	0.210	0.525	0.095	0.143	0.095	0.143
	电力复合脂	kg	22.43	0.048	0.095	0.067	0.095	0.067	0.095
	防锈漆 C53-1	kg	13.20	0.095	0.334	0.115	0.172	0.115	0.172
	酚醛调和漆	kg	10.70	0.095	0.334	0.115	0.172	0.115	0.172
	焊锡膏 50g 瓶装	kg	49.90	0.029	0.048	0.038	0.057	0.038	0.057
	焊锡丝（综合）	kg	60.79	0.134	0.239	0.191	0.286	0.191	0.286
	六氟化硫	kg	27.26	—	—	—	—	1.718	2.673
	汽油（综合）	kg	7.74	0.477	0.764	0.286	0.382	0.286	0.382
	铁砂布 0#~2#	张	1.15	1.909	1.909	1.909	1.909	1.909	1.909
	液压油	kg	9.44	0.764	0.955	—	—	—	—
机械	中小型机械费	元	—	35.86	55.28	5.86	49.36	5.86	49.36

第三节 隔离、负荷开关安装

工作内容：开箱、清扫、检查、打眼、埋螺栓、安装固定、接线、接地、清理现场等。

编号				3-029	3-030	3-031	3-032	3-033	3-034
项目名称				户内隔离、负荷开关二段式传动装置	户内隔离、负荷开关带一接地开关安装	户外隔离开关安装	户内隔离、负荷开关安装		
						电流（A）			
						1000以内	600以内	2000以内	4000以内
单位				台					
总价（元）				**625.53**	**463.58**	**1012.63**	**714.97**	**861.72**	**1241.23**
其中	人工费（元）			410.67	394.74	806.22	542.84	681.08	969.03
	材料费（元）			172.87	68.84	185.70	157.34	165.85	236.70
	机械费（元）			41.99	—	20.71	14.79	14.79	35.50
名称		单位	单价（元）	消耗量					
人工	综合工日	工日	135.00	3.042	2.924	5.972	4.021	5.045	7.178
材料	型钢（综合）	kg	3.79	5.727	4.773	6.205	24.818	24.818	29.591
	镀锌扁钢（综合）	kg	5.32	2.978	—	4.773	3.055	3.055	4.773
	钢管 $D32$	kg	3.84	11.684	—	11.455	4.582	4.582	6.014
	钢垫板 $\delta 1\sim2$	kg	6.72	6.205	5.250	8.114	0.955	0.955	3.818
	轴承 $D32$	个	35.69	0.955	—	—	—	—	—
	钢锯条	条	4.33	0.955	0.477	1.432	0.955	0.955	1.432

编号				3-029	3-030	3-031	3-032	3-033	3-034
项目名称				户内隔离、负荷开关二段式传动装置	户内隔离、负荷开关带一接地开关安装	户外隔离开关安装	户内隔离、负荷开关安装		
						电流（A）			
						1000 以内	600 以内	2000 以内	4000 以内
单位				台					
名称		单位	单价（元）	消耗量					
材料	低碳钢焊条（综合）	kg	6.01	0.191	—	0.477	0.286	0.286	0.955
	电力复合脂	kg	22.43	—	0.019	0.048	0.048	0.076	0.095
	防锈漆 C53-1	kg	13.20	0.095	—	0.286	0.191	0.191	0.286
	酚醛调和漆	kg	10.70	0.095	—	0.286	0.191	0.191	0.286
	焊锡膏 50g 瓶装	kg	49.90	—	0.010	0.038	0.019	0.038	0.057
	焊锡丝（综合）	kg	60.79	—	0.048	0.191	0.095	0.191	0.286
	机油	kg	7.21	0.095	0.048	0.143	0.095	0.095	0.095
	棉纱	kg	16.11	—	0.477	0.191	0.095	0.095	0.191
	汽油（综合）	kg	7.74	—	0.191	0.334	0.191	0.191	0.286
	双叉连接器 $D32$	个	3.37	1.909	—	—	—	—	—
	铁砂布 $0^{\#}$~$2^{\#}$	张	1.15	—	0.048	0.955	0.955	1.909	2.864
机械	中小型机械费	元	—	41.99	—	20.71	14.79	14.79	35.50

工作内容：开箱、清扫、检查、打眼、埋螺栓、连接杆配制、组合安装、机构调整、清理现场等。

编号				3-035	3-036	3-037	3-038
项目名称				操作机构安装			现场配制延长轴
				一段	二段	三段	
单位				台			
总价（元）				**347.84**	**525.60**	**736.86**	**203.56**
其中	人工费（元）			300.92	457.65	634.50	162.00
	材料费（元）			32.91	46.70	72.96	34.01
	机械费（元）			14.01	21.25	29.40	7.55
名称		单位	单价（元）	消耗量			
人工	综合工日	工日	135.00	2.229	3.390	4.700	1.200
材料	操作机构	台	—	（1.010）	（1.010）	（1.010）	—
	电缆支架 1250×60×6	根	—	—	（1.030）	（2.060）	（1.030）
	轴承 203	个	—	—	（1.030）	（2.060）	（1.030）
	低碳钢焊条（综合）	kg	6.01	0.278	0.422	0.585	0.150
	焊接钢管 *DN*20	m	6.32	3.280	4.958	8.246	—
	圆钢 *D*10~14	kg	3.93	—	—	—	7.767
	地脚螺栓 M12×150	个	1.97	3.895	5.842	7.789	0.974
	六角螺栓 M8×30	套	0.17	3.895	3.895	3.895	—
	六角螺栓 M10×50	套	0.34	6.395	1.947	3.895	1.947
机械	中小型机械费	元	—	14.01	21.25	29.40	7.55

工作内容：定位、开箱、清扫、检查、本体安装固定、调试、接线、接地、清理现场等。

编号				3-039	3-040	3-041	3-042	3-043	3-044	3-045
项目名称				电压互感器安装		电流互感器安装		熔断器安装	避雷器安装（kV）	
				三相	单相	户内式	户外式		1以内	10以内
单位				台				组		
总价（元）				**664.35**	**380.02**	**413.29**	**474.94**	**139.71**	**166.73**	**441.61**
其中	人工费（元）			599.27	342.50	374.09	402.30	99.77	90.72	362.48
	材料费（元）			54.70	31.66	33.34	66.78	31.07	70.15	73.27
	机械费（元）			10.38	5.86	5.86	5.86	8.87	5.86	5.86
名称		单位	单价（元）	消耗量						
人工	综合工日	工日	135.00	4.439	2.537	2.771	2.980	0.739	0.672	2.685
材料	镀锌扁钢（综合）	kg	5.32	3.675	2.100	2.100	4.773	2.100	2.100	2.100
	低碳钢焊条（综合）	kg	6.01	0.167	0.095	0.095	0.095	0.143	0.095	0.095
	钢垫板 δ1~2	kg	6.72	0.835	0.477	—	1.909	0.286	1.145	1.145
	钢锯条	条	4.33	—	—	0.095	0.477	0.477	0.477	0.955
	硬铜绞线 TJ-35mm^2	kg	65.49	—	—	—	—	—	0.477	0.477

续前

编号				3-039	3-040	3-041	3-042	3-043	3-044	3-045
项目名称				电压互感器安装		电流互感器安装		熔断器安装	避雷器安装（kV）	
				三相	单相	户内式	户外式		1以内	10以内
单位				台					组	
名称		单位	单价（元）	消耗量						
材料	电力复合脂	kg	22.43	0.084	0.048	0.076	0.095	0.057	0.048	0.095
	酚醛调和漆	kg	10.70	0.167	0.095	0.115	—	0.095	0.095	0.095
	防锈漆 C53-1	kg	13.20	0.167	0.095	0.115	—	0.095	0.095	0.095
	焊锡膏 50g 瓶装	kg	49.90	0.051	0.038	0.038	0.057	0.029	0.029	0.029
	焊锡丝（综合）	kg	60.79	0.251	0.143	0.191	0.286	0.143	0.143	0.143
	棉纱	kg	16.11	0.117	0.067	0.095	0.095	0.048	0.191	0.191
	汽油（综合）	kg	7.74	0.334	0.191	0.191	0.191	0.048	0.095	0.095
	铁砂布 0#~2#	张	1.15	0.334	0.191	0.191	0.477	0.191	0.095	0.095
机械	中小型机械费	元	—	10.38	5.86	5.86	5.86	8.87	5.86	5.86

工作内容：开箱检查、安装固定、接地、清理现场等。

编号				3-046	3-047	3-048	3-049
项目名称				移相及串联电容器 质量（kg/个）			
				30以内	60以内	120以内	200以内
单位				个			
总价（元）				**47.08**	**58.29**	**75.42**	**83.67**
其中	人工费（元）			24.44	35.10	49.14	56.84
	材料费（元）			19.92	20.47	23.56	24.11
	机械费（元）			2.72	2.72	2.72	2.72
名称		单位	单价（元）	消耗量			
人工	综合工日	工日	135.00	0.181	0.260	0.364	0.421
材料	低碳钢焊条（综合）	kg	6.01	0.054	0.054	0.054	0.054
	电力复合脂	kg	22.43	0.010	0.010	0.019	0.019
	镀锡裸铜软绞线 TJRX16mm^2	kg	50.05	0.286	0.286	0.286	0.286
	钢锯条	条	4.33	0.477	0.477	0.955	0.955
	防锈漆 C53-1	kg	13.20	0.048	0.048	0.095	0.095
	酚醛调和漆	kg	10.70	0.048	0.048	0.010	0.010
	焊锡膏 50g 瓶装	kg	49.90	0.010	0.010	0.010	0.010
	焊锡丝（综合）	kg	60.79	0.010	0.019	0.029	0.038
	汽油（综合）	kg	7.74	0.095	0.095	0.095	0.095
机械	中小型机械费	元	—	2.72	2.72	2.72	2.72

第四节　母 线 安 装

工作内容：打眼、绝缘子灌注、安装、母线平直、摵弯、钻孔、连接、架设、夹具、木夹板制作与安装、刷分相漆、清理现场等。

编　　号				3-050	3-051	3-052	3-053
项目名称				带形铜母线截面（mm^2）			
				250 以内	500 以内	800 以内	1200 以内
单　　位				10m			
总价（元）				**290.45**	**352.01**	**435.09**	**525.38**
其中	人工费（元）			244.89	285.80	346.01	402.30
	材料费（元）			39.96	57.56	77.01	106.75
	机械费（元）			5.60	8.65	12.07	16.33
名　　称		单位	单价（元）	消　耗　量			
人工	综合工日	工日	135.00	1.814	2.117	2.563	2.980
材料	铜母线	m	—	（10.230）	（10.230）	（10.230）	（10.230）
	矩形母线金具 JNP102	套	—	（4.220）	—	—	—
	矩形母线金具 JNP103	套	—	—	（4.220）	—	—
	矩形母线金具 JNP104	套	—	—	—	（4.220）	—
	矩形母线金具 JNP105	套	—	—	—	—	（4.220）
	弹簧垫圈 M12~22	10 个	1.40	0.239	0.354	0.469	0.708
	低碳钢焊条 J422 *D*3.2	kg	3.60	0.029	0.077	0.077	0.115

编号				3-050	3-051	3-052	3-053
项目名称				带形铜母线截面（mm^2）			
				250 以内	500 以内	800 以内	1200 以内
单位				10m			
名称		单位	单价（元）	消耗量			
材料	钢锯条	条	4.33	0.115	0.134	0.143	0.191
	绝缘子及灌注螺栓 WX-01	套	4.22	4.065	4.065	4.065	4.065
	防锈漆 C53-1	kg	13.20	0.124	—	—	—
	焊锡	kg	59.85	0.067	0.105	0.105	0.153
	硼砂	kg	4.46	0.010	0.010	0.019	0.029
	汽油（综合）	kg	7.74	0.048	0.048	0.048	0.182
	铅油（厚漆）	kg	11.17	0.067	0.182	0.182	0.191
	清油	kg	15.06	0.038	0.096	0.096	0.143
	铜焊丝（综合）	kg	66.41	0.057	0.115	0.201	0.306
	氧气	m^3	2.88	0.012	0.023	—	0.058
	乙炔气	kg	14.66	0.010	0.019	0.029	0.048
	油漆溶剂油	kg	6.10	0.029	0.086	0.086	0.086
	氩气	m^3	18.60	0.143	0.287	0.402	0.603
	钸钨棒	g	16.37	0.469	0.918	1.607	2.410
机械	中小型机械费	元	—	5.60	8.65	12.07	16.33

工作内容：检查下料、压接、组装、悬挂、调整弛度、紧固、补漆、绝缘子单体调试、清理现场等。

编号				3-054	3-055	3-056
项目名称				软母线 单母线安装 导线截面（mm^2）		
				150 以内	240 以内	400 以内
单位				跨 / 三相		
总价（元）				**628.28**	**705.69**	**845.35**
其中	人工费（元）			594.00	621.00	702.00
	材料费（元）			18.58	14.92	19.57
	机械费（元）			15.70	69.77	123.78
名称		单位	单价（元）	消耗量		
人工	综合工日	工日	135.00	4.400	4.600	5.200
材料	单母线	跨 / 三相	—	（1.010）	（1.010）	（1.010）
	镀锌钢丝 *D*0.7~0.9	kg	7.34	0.096	0.096	0.096
	尼龙砂轮片 *D*400	片	15.64	0.300	0.200	0.300
	电力复合脂	kg	22.43	0.096	0.096	0.143
	防锈漆 C53-1	kg	13.20	0.191	0.191	0.191
	酚醛磁漆	kg	14.23	0.048	0.048	0.057
	铝包带 1×10	kg	20.99	0.191	—	—
	棉纱	kg	16.11	0.191	0.287	0.382
	汽油（综合）	kg	7.74	0.096	0.143	0.191
机械	中小型机械费	元	—	15.70	69.77	123.78

工作内容：检查下料、压接、组装、悬挂紧固、调整弛度、横联装置安装、补漆、绝缘子单体调试、清理现场等。

编号				3-057	3-058	3-059	3-060	3-061	3-062
项目名称				软母线 组合母线安装（根）					
				2	3	10	14	18	26
单位				组 / 三相					
总价（元）				**1848.81**	**2434.54**	**5714.37**	**7319.47**	**8714.42**	**11048.72**
其中	人工费（元）			1578.15	2042.55	5051.70	6497.55	7663.95	9548.55
	材料费（元）			51.35	68.82	191.61	259.46	330.48	463.23
	机械费（元）			219.31	323.17	471.06	562.46	719.99	1036.94
名称		单位	单价（元）	消耗量					
人工	综合工日	工日	135.00	11.690	15.130	37.420	48.130	56.770	70.730
材料	组合母线	组 / 三相	—	（1.010）	（1.010）	（1.010）	（1.010）	（1.010）	（1.010）
	镀锌钢丝 *D*0.7~0.9	kg	7.34	0.143	0.191	0.382	0.478	0.573	0.669
	尼龙砂轮片 *D*400	片	15.64	0.400	0.600	1.200	1.400	1.800	2.000

编号				3-057	3-058	3-059	3-060	3-061	3-062
项目名称				软母线 组合母线安装（根）					
				2	3	10	14	18	26
单位				组 / 三相					
名称		单位	单价（元）	消耗量					
材料	防锈漆 C53-1	kg	13.20	0.172	0.201	0.401	0.516	0.631	0.860
	酚醛磁漆	kg	14.23	0.086	0.134	0.430	0.602	0.774	1.118
	酚醛调和漆	kg	10.70	0.191	0.191	0.287	0.287	0.382	0.478
	电力复合脂	kg	22.43	0.191	0.287	0.478	0.573	0.669	0.956
	铝包带 1×10	kg	20.99	1.433	1.911	6.402	8.982	11.466	16.626
	棉纱	kg	16.11	0.143	0.143	0.191	0.287	0.287	0.382
	汽油（综合）	kg	7.74	0.096	0.191	0.669	0.956	1.433	1.911
	铁砂布 0#~2#	张	1.15	0.956	0.956	1.911	1.911	2.867	2.867
机械	中小型机械费	元	—	219.31	323.17	471.06	562.46	719.99	1036.94

工作内容：测量、下料、压接、安装连接、调整弛度、补漆、清理现场等。

编　号				3-063	3-064	3-065
项目名称				软母线引下线、跳线、设备连线安装 导线截面（mm^2）		
				150 以内	240 以内	400 以内
单　位				组 / 三相		
总价（元）				**332.86**	**381.86**	**431.10**
其中	人工费（元）			297.00	310.50	345.60
	材料费（元）			34.21	44.20	49.73
	机械费（元）			1.65	27.16	35.77
名　称		单位	单价（元）	消　耗　量		
人工	综合工日	工日	135.00	2.200	2.300	2.560
材料	镀锌钢丝 *D*0.7~0.9	kg	7.34	0.096	0.096	0.096
	尼龙砂轮片 *D*400	片	15.64	0.200	0.200	0.300
	防锈漆 C53-1	kg	13.20	0.191	0.191	0.191
	电力复合脂	kg	22.43	—	0.096	0.096
	焊锡膏 50g 瓶装	kg	49.90	0.067	0.076	0.086
	焊锡丝（综合）	kg	60.79	0.382	0.478	0.526
	棉纱	kg	16.11	—	0.096	0.096
	汽油（综合）	kg	7.74	0.096	0.096	0.096
	铁砂布 $0^{\#}$~$2^{\#}$	张	1.15	0.478	0.478	0.956
机械	中小型机械费	元	—	1.65	27.16	35.77

工作内容：平直、下料、摵弯、钻孔、接触面搪锡、焊接、组合、安装、清理现场等。

编号				3-066	3-067	3-068	3-069
项目名称				重型铜母线安装 截面（mm^2）			
				2500 以内	3500 以内	5000 以内	7500 以内
单位				t			
总价（元）				**8633.43**	**8360.31**	**7599.10**	**7610.00**
其中	人工费（元）			6210.00	5535.00	4995.00	4725.00
	材料费（元）			1647.59	1674.88	1238.71	1365.57
	机械费（元）			775.84	1150.43	1365.39	1519.43
名称		单位	单价（元）	消耗量			
人工	综合工日	工日	135.00	46.000	41.000	37.000	35.000
材料	重型铜母线	t	—	（1.005）	（1.005）	（1.005）	（1.005）
	紫铜电焊条 T107 *D*3.2	kg	51.27	10.702	15.479	18.489	20.543
	白布	kg	12.98	1.433	1.147	0.946	0.956
	电极棒	根	1.95	1.653	1.749	3.397	3.803
	电力复合脂	kg	22.43	0.191	0.191	0.172	0.239
	焊锡膏 50g 瓶装	kg	49.90	1.032	0.764	—	—
	焊锡丝（综合）	kg	60.79	10.319	7.940	—	—
	机油	kg	7.21	0.956	0.860	0.688	0.669
	木炭	kg	4.76	57.330	42.042	18.919	19.110
	石墨块	kg	7.44	5.055	4.300	3.698	3.994
	铜焊粉	kg	40.09	1.911	2.484	3.629	4.032
机械	中小型机械费	元	—	775.84	1150.43	1365.39	1519.43

第五节　低压封闭式插接母线槽安装

工作内容：开箱检查、接头清洗处理、绝缘测试、吊装就位、母线槽连接、配件连接、固定、接地、补漆、清理现场等。

编　号				3-070	3-071	3-072	3-073	3-074	3-075
项目名称				低压封闭式插接母线槽 每相电流（A）					
				400 以内	800 以内	1250 以内	2000 以内	4000 以内	5000 以内
单　位				m					
总价（元）				**70.47**	**86.75**	**106.74**	**146.58**	**191.15**	**227.83**
其中	人工费（元）			40.50	54.00	67.50	101.25	138.51	167.54
	材料费（元）			20.02	20.82	24.84	29.94	34.28	38.31
	机械费（元）			9.95	11.93	14.40	15.39	18.36	21.98
名　称		单位	单价（元）	消　耗　量					
人工	综合工日	工日	135.00	0.300	0.400	0.500	0.750	1.026	1.241
材料	母线槽	m	—	（1.000）	（1.000）	（1.000）	（1.000）	（1.000）	（1.000）
	镀锌扁钢（综合）	kg	5.32	0.315	0.440	1.147	2.007	2.771	3.373
	镀锌钢丝 $D2.5\sim4.0$	kg	6.91	0.029	0.029	0.029	0.029	0.029	0.029

编　号				3-070	3-071	3-072	3-073	3-074	3-075
项目名称				低压封闭式插接母线槽 每相电流（A）					
				400 以内	800 以内	1250 以内	2000 以内	4000 以内	5000 以内
单　位				m					
名　称		单位	单价（元）	消　耗　量					
材料	低碳钢焊条（综合）	kg	6.01	0.191	0.191	0.191	0.210	0.210	0.256
	铜芯塑料绝缘软电线 BVR-35mm^2	m	23.45	0.233	0.233	0.233	0.233	0.233	0.233
	铜接线端子 DT-35	个	13.06	0.776	0.776	0.776	0.776	0.776	0.776
	电力复合脂	kg	22.43	0.010	0.010	0.014	0.014	0.019	0.023
	酚醛调和漆	kg	10.70	0.012	0.015	0.019	0.024	0.029	0.035
	棉纱	kg	16.11	0.038	0.038	0.038	0.057	0.057	0.070
	汽油（综合）	kg	7.74	0.041	0.041	0.050	0.050	0.050	0.060
	铁砂布 0#~2#	张	1.15	0.096	0.191	0.239	0.287	0.382	0.478
机械	中小型机械费	元	—	9.95	11.93	14.40	15.39	18.36	21.98

工作内容：开箱检查、触头检查及清洗处理、绝缘测试、交流耐压实验、开关安装、接线、接地、清理现场等。

编号				3-076	3-077	3-078	3-079
项目名称				封闭母线槽分线箱（电流 A）			
				100 以内	300 以内	600 以内	1000 以内
单位				台			
总价（元）				**160.46**	**219.86**	**244.48**	**295.57**
其中	人工费（元）			113.40	172.80	194.40	243.00
	材料费（元）			47.06	47.06	50.08	52.57
名称		单位	单价（元）	消耗量			
人工	综合工日	工日	135.00	0.840	1.280	1.440	1.800
材料	分线箱	个	—	（1.000）	（1.000）	（1.000）	（1.000）
	钢锯条	条	4.33	1.003	1.003	1.433	2.007
	铜芯塑料绝缘软电线 BVR-35mm^2	m	23.45	0.592	0.592	0.592	0.592
	铜接线端子 DT-35	个	13.06	1.940	1.940	1.940	1.940
	白布	kg	12.98	0.096	0.096	0.143	0.143
	电力复合脂	kg	22.43	0.010	0.010	0.010	0.010
	汽油（综合）	kg	7.74	0.191	0.191	0.191	0.191
	铁砂布 0#~2#	张	1.15	0.478	0.478	0.956	0.956

第四章　电机检查接线及调试

说　　明

一、本章包括电机解体检查及换轴承、交流电动机检查接线及调试、防爆电动机检查接线 3 节，共 27 条基价子目。

二、工程计价时应注意的问题。

1. 电动机接线，除注明者外均未包括焊压接线端子。

2. 基价中的电动机干燥，实际操作中不论电动机是否干燥或干燥的时间长短、所需用工及用电量均不调整，但基价中只包括一次干燥。

3. 电动机调试子目均包括调试所需电力、材料的消耗及仪表使用费，试验仪表及试验机构的转移费用不包括在子目内。

4. 本基价中不包括各种电动机的抽芯检查以及由于设备元件缺陷造成的更换、修理和修改。

5. 本基价调试范围只限于电气设备本身的调整试验，不包括电动机带动机械设备的试运行工作。

6. 工作内容除已注明者外，均应包括整理填写检验记录、报告等附属工作。

7. 电动机调试是按一个系统一台电动机考虑的。

工程量计算规则

一、异步电动机调试以“台”为计量单位计算。

二、低压电机解体清洗以“台”为计量单位计算，换轴承以“台”为计量单位计算。

三、电动机检查接线以“台”为计量单位计算。

第一节　电机解体检查及换轴承

工作内容：电机解体、检查、清洗、清理现场等。

编　号				4-001	4-002	4-003	4-004	4-005	4-006
项目名称				低压电动机解体检查、清洗					
				容量（kW）					
				3 以内	10 以内	20 以内	40 以内	75 以内	100 以内
单　位				台					
总价（元）				**426.37**	**642.64**	**872.41**	**1302.80**	**1677.87**	**1731.08**
其中	人工费（元）			415.40	631.67	857.52	1281.02	1651.73	1701.54
	材料费（元）			10.97	10.97	14.89	21.78	26.14	29.54
名　称		单位	单价（元）	消　耗　量					
人工	综合工日	工日	135.00	3.077	4.679	6.352	9.489	12.235	12.604
材料	汽油（综合）	kg	7.74	1.003	1.003	1.510	2.007	2.570	3.010
	棉丝	kg	16.11	0.096	0.096	0.096	0.191	0.191	0.191
	黄油	kg	15.77	0.105	0.105	0.105	0.201	0.201	0.201

工作内容:解体检查、换轴承、研磨和调整电刷、测量空气间隙、电动机干燥、接地、绝缘测量及空载试运行、清理现场等。

编号				4-007	4-008	4-009
项目名称				低压电动机换轴承		
				容量(kW)		
				10 以内	45 以内	100 以内
单位				台		
总价(元)				**24.30**	**48.60**	**196.29**
其中	人工费(元)			24.30	48.60	196.29
	材料费(元)			—	—	—
名称		单位	单价(元)	消耗量		
人工	综合工日	工日	135.00	0.180	0.360	1.454

第二节　交流电动机检查接线及调试

工作内容：遥测绝缘、记录、检查定子、转子和轴承，吹扫，测量空气间隙，手动盘车检查电机转动情况，包缠绝缘带，接线，接地，空载试运行、清理现场等。

编　号				4-010	4-011	4-012	4-013	4-014	4-015
项目名称				交流电动机检查接线					
				电动机容量（kW）					
				3 以内	13 以内	30 以内	100 以内	220 以内	360 以内
单　位				台					
总价（元）				**162.91**	**282.26**	**425.26**	**639.77**	**812.44**	**1081.46**
其中	人工费（元）			110.30	210.33	329.40	525.69	692.55	957.29
	材料费（元）			46.52	64.09	85.11	103.33	109.14	113.42
	机械费（元）			6.09	7.84	10.75	10.75	10.75	10.75
名　称		单位	单价（元）	消　耗　量					
人工	综合工日	工日	135.00	0.817	1.558	2.440	3.894	5.130	7.091
材料	镀锌扁钢（综合）	kg	5.32	1.433	2.293	2.293	2.293	2.293	2.293
	低碳钢焊条（综合）	kg	6.01	0.038	0.067	0.096	0.096	0.096	0.096
	金属软管 *D*25	m	5.50	0.787	0.787	—	—	—	—
	金属软管 *D*40	m	9.59	—	—	0.787	—	—	—
	金属软管 *D*50	m	12.90	—	—	—	0.787	0.787	0.787

编号				4-010	4-011	4-012	4-013	4-014	4-015
项目名称				交流电动机检查接线					
				电动机容量(kW)					
				3 以内	13 以内	30 以内	100 以内	220 以内	360 以内
单位				台					
名称		单位	单价(元)	消耗量					
材料	金属软管活接头 *D*25	套	8.50	1.949	1.949	—	—	—	—
	金属软管活接头 *D*40	套	16.40	—	—	1.949	—	—	—
	金属软管活接头 *D*50	套	22.50	—	—	—	1.949	1.949	1.949
	电力复合脂	kg	22.43	0.019	0.029	0.038	0.057	0.076	0.096
	电气绝缘胶带 18mm×10m×0.13mm	卷	4.55	0.143	0.191	0.239	0.478	0.669	0.860
	焊锡膏 50g 瓶装	kg	49.90	0.019	0.029	0.038	0.038	0.057	0.057
	焊锡丝(综合)	kg	60.79	0.076	0.134	0.019	0.019	0.029	0.029
	黄腊带 20mm×10m	卷	13.40	0.764	1.338	1.911	1.911	1.911	1.911
	汽油(综合)	kg	7.74	0.115	0.201	0.287	0.573	0.956	1.338
机械	中小型机械费	元	—	6.09	7.84	10.75	10.75	10.75	10.75

工作内容：测量接地，电动机干燥，绝缘测量，接线及空载试运转，启动设备及一、二次回路的调试，清理现场等。

编号				4-016	4-017	4-018	4-019	4-020	4-021	4-022
项目名称				异步电动机调试 低压笼型				异步电动机调试 低压绕线型		
				刀开关控制	电磁控制	非电量联锁	带过流保护	电磁控制	速断、过流保护	反时限过流保护
单位				台						
总价（元）				**220.91**	**436.67**	**529.61**	**1011.82**	**1411.46**	**2475.82**	**2790.58**
其中	人工费（元）			143.64	287.15	377.87	574.29	793.67	1209.20	1435.73
	材料费（元）			4.42	8.83	11.05	19.88	22.10	28.72	35.35
	机械费（元）			72.85	140.69	140.69	417.65	595.69	1237.90	1319.50
名称		单位	单价（元）	消耗量						
人工	综合工日	工日	135.00	1.064	2.127	2.799	4.254	5.879	8.957	10.635
材料	铜芯橡皮绝缘电线 BX-2.5mm^2	m	1.56	0.382	0.764	0.956	1.720	1.911	2.484	3.058
	自粘性橡胶带 25mm×20m	卷	20.00	0.191	0.382	0.478	0.860	0.956	1.242	1.529
机械	中小型机械费	元	—	72.85	140.69	140.69	417.65	595.69	1237.90	1319.50

第三节 防爆电动机检查接线

工作内容: 检查定子、转子和轴承,吹扫,测量空气间隙,手动盘车检查电机转动情况,包缠绝缘带,接线,接地,空载试运行、清理现场等。

编号				4-023	4-024	4-025	4-026	4-027
项目名称				防爆电动机检查接线				
				电机容量(kW)				
				3以内	13以内	30以内	100以内	200以内
单位				台				
总价(元)				**366.68**	**473.53**	**637.52**	**852.13**	**1096.92**
其中	人工费(元)			289.04	383.54	520.83	698.22	920.03
	材料费(元)			68.05	80.40	105.94	143.16	166.14
	机械费(元)			9.59	9.59	10.75	10.75	10.75
名称		单位	单价(元)	消耗量				
人工	综合工日	工日	135.00	2.141	2.841	3.858	5.172	6.815
材料	镀锌扁钢(综合)	kg	5.32	1.433	2.293	2.293	2.293	2.293
	低碳钢焊条(综合)	kg	6.01	0.096	0.096	0.096	0.096	0.096
	金属软管 *D*25	m	5.50	0.787	0.787	—	—	—
	金属软管 *D*40	m	9.59	—	—	0.787	—	—
	金属软管 *D*50	m	12.90	—	—	—	0.787	0.787

编号				4-023	4-024	4-025	4-026	4-027
项目名称				防爆电动机检查接线				
				电机容量(kW)				
				3 以内	13 以内	30 以内	100 以内	200 以内
单位				台				
名称		单位	单价(元)	消耗量				
材料	金属软管活接头 *D*25	套	8.50	1.949	1.949	—	—	—
	金属软管活接头 *D*40	套	16.40	—	—	1.949	—	—
	金属软管活接头 *D*50	套	22.50	—	—	—	1.949	1.949
	电气绝缘胶带 18mm×10m×0.13mm	卷	4.55	0.239	0.287	0.382	0.717	0.956
	电力复合脂	kg	22.43	0.019	0.029	0.038	0.057	0.076
	焊锡膏 50g 瓶装	kg	49.90	0.038	0.038	0.038	0.057	0.076
	焊锡丝(综合)	kg	60.79	0.191	0.191	0.191	0.287	0.382
	黄腊带 20mm×10m	卷	13.40	1.720	2.217	2.637	3.516	4.395
	汽油(综合)	kg	7.74	0.115	0.201	0.287	0.573	0.956
机械	中小型机械费	元	—	9.59	9.59	10.75	10.75	10.75

第五章　控制设备及低压电器

说　　明

一、本章包括整流柜安装，控制屏安装、继电屏安装、信号屏安装、低压开关柜、电容器柜安装，控制箱、控制台、控制柜安装，控制开关安装，成套配电箱安装，熔断器、限位开关安装，启动器、仪表、继电器安装，低压电器装置接线，小电器安装，焊压铜接线端子，端子板安装及接线，盘柜配线，阀类接线，基础型钢、铁构件制作与安装 14 节，共 172 条基价子目。

二、工程计价时应注意的问题。

1. 各种配电箱安装不包括其本身的刷油及包铁皮。

2. 控制设备接线，除注明者外均未包括焊、压接线端子。

3. 基价中凡充油设备的注入或补充，绝缘油均按设备自带考虑。

4. 设备安装均未包括支架及基础型钢的制作与安装。

5. 水位电气信号装置安装未包括水泵房电气控制及管线敷设。

6. 配电箱、电气设备的预留线，按半周长计算。

7. 凡使用的闸器具设备与基价中规格、型号不符时，可按实调整，但人工不做调整。

8. 如果是单独安装风扇调速开关，执行“跷板暗开关双控≤ 6 联”子目。

9. 各章节工作内容已包含的项目除另有注明外，不得执行本章基价子目。

10. 盘柜配线为箱柜电元件之间连线，只有施工单位自行组装箱柜电元件的情况下才需要计算，而施工单位购买成套箱柜的情况，盘柜配线视为含在箱柜出厂价中而不需要计算。

11. 接线端子子目只适用于导线，电力电缆终端头制作与安装子目中包括压接线端子，控制电缆终端头制作与安装子目中包括终端头制作及接线至端子板，不得重复计算。

12. 轻型铁构件是指结构厚度在 3mm 以内的铁构件。

13. 压、焊铜接线端子的规格，按实际使用规格进行选用，其他不做调整。

14. 阀类接线，按接线阀门个数考虑。

工程量计算规则

一、单极空气开关、双极空气开关、三极空气开关、快速自动开关及用电控制按钮、仪表、继电器、低压电器装置接线、开关、插座、电铃、按钮、风扇、烘手器等安装分别以“套”“个”“台”为计量单位计算。

二、成套配电箱、配电屏、低压柜、配电台、磁卡电度表箱以“台”为计量单位计算。

三、铁壳开关、自动空气开关、支持绝缘子、双投刀开关、组合开关、万能转换开关、换相开关、漏电保护器等以“个”为计量单位计算。

四、配电箱以“台”为计量单位计算。
五、闸器具以“台”“个”为计量单位计算。
六、水位电气信号装置以“套”为计量单位计算。
七、焊压铜接线端子以“个”为计量单位计算。
八、盘柜配线以“10m”为计量单位计算。
九、端子板安装及接线以“组”“个”为计量单位计算。
十、阀类接线以“个”为计量单位计算。
十一、基础型钢制作、安装以“100kg”为计量单位计算。
十二、支架制作、安装以“t”为计量单位计算。
十三、金属箱盒以“kg”为计量单位计算。

第一节　整流柜安装

工作内容：开箱、检查、安装、一次接线、接地、补漆、清理现场等。

编　号				5-001	5-002	5-003	5-004	5-005	5-006	5-007
项目名称				整流柜额定电流(A)			单相可控硅柜安装(kW)		三相可控硅柜安装(kW)	
				100以内	500以内	1000以内	2.2以内	3.7以内	7.5以内	37以内
单　位				台						
总价(元)				**263.91**	**401.99**	**428.79**	**160.12**	**206.98**	**493.44**	**727.22**
其中	人工费(元)			214.79	351.27	377.06	69.80	116.24	232.47	464.81
	材料费(元)			30.30	31.90	32.91	71.50	71.92	242.15	243.59
	机械费(元)			18.82	18.82	18.82	18.82	18.82	18.82	18.82
名　称		单位	单价(元)	消　耗　量						
人工	综合工日	工日	135.00	1.591	2.602	2.793	0.517	0.861	1.722	3.443
材料	镀锌扁钢(综合)	kg	5.32	2.500	2.500	2.500	—	—	—	—
	镀锌扁钢 40×4	kg	4.51	—	—	—	1.510	1.510	1.500	1.500
	钢垫板(综合)	kg	6.72	—	—	—	—	—	0.200	0.300
	钢垫板 δ1~2	kg	6.72	0.250	0.250	0.300	—	—	—	—
	低碳钢焊条(综合)	kg	6.01	0.110	0.110	0.110	—	—	—	—
	电焊条 L-60 *D*3.2	kg	7.59	—	—	—	0.100	0.100	0.100	0.100
	白布	kg	12.98	0.500	0.500	0.500	—	—	—	—
	电力复合脂	kg	22.43	0.050	0.050	0.080	0.010	0.010	0.030	0.030

编号				5-001	5-002	5-003	5-004	5-005	5-006	5-007
项目名称				整流柜额定电流（A）			单相可控硅柜安装（kW）		三相可控硅柜安装（kW）	
				100 以内	500 以内	1000 以内	2.2 以内	3.7 以内	7.5 以内	37 以内
单位				台						
名称		单位	单价（元）	消耗量						
材料	电气绝缘胶带 18mm×10m×0.13mm	卷	4.55	0.075	0.075	0.075	—	—	—	—
	调和漆	kg	14.11	—	—	—	—	0.030	0.050	0.050
	酚醛调和漆	kg	10.70	0.050	0.050	0.050	—	—	—	—
	黄腊带 20mm×10m	卷	13.40	0.400	0.520	0.520	—	—	—	—
	黄漆布带 20mm×40m	卷	19.00	—	—	—	0.100	0.100	0.200	0.200
	棉布 400g/m^2	kg	21.94	—	—	—	0.050	0.050	0.100	0.100
	塑料带 20mm×40m	卷	4.73	—	—	—	0.100	0.100	0.350	0.400
	铜接线端子 DT-10	个	9.10	—	—	—	6.150	6.150	—	—
	铜接线端子 DT-95	个	26.24	—	—	—	—	—	8.200	8.200
	自粘性橡胶带 20mm×5m	卷	10.50	—	—	—	0.100	0.100	0.100	0.150
	地脚螺栓 M12×160	10套	1.97	0.410	0.410	0.410	—	—	—	—
	地脚螺栓 M12×150	个	1.97	—	—	—	—	—	4.080	4.080
	镀锌六角螺栓带螺母 M6×（30~50）	套	0.79	—	—	—	4.080	4.080	—	—
机械	中小型机械费	元	—	18.82	18.82	18.82	18.82	18.82	18.82	18.82

第二节　控制、断电、信号屏、低压开关柜、电容器柜安装

工作内容：1. 控制屏，断电、信号屏：开箱、检查、安装、电器、表计及继电器等附件的拆装、送交试验、盘内整理及一次校线、接线、补漆，清理现场等。2. 低压柜、低压电容器柜：开箱清点检查、就位、找正、固定、柜间连接、开关及机构调整、接地、单体调试、清理现场等。

编　号				5-008	5-009	5-010	5-011	5-012
项目名称				控制屏安装	继电、信号屏	低压柜		低压电容器柜
						有空气开关	无空气开关	
单　位				台				
总价(元)				421.32	506.49	396.47	365.84	316.68
其中	人工费(元)			365.18	446.99	304.43	274.32	243.41
	材料费(元)			25.66	29.02	70.49	69.97	26.93
	机械费(元)			30.48	30.48	21.55	21.55	46.34
名　称		单位	单价(元)	消　耗　量				
人工	综合工日	工日	135.00	2.705	3.311	2.255	2.032	1.803
材料	镀锌扁钢(综合)	kg	5.32	1.432	1.432	1.315	1.315	3.055
	垫铁	kg	8.61	—	—	0.308	0.308	
	低碳钢焊条(综合)	kg	6.01	0.143	0.143	—	—	0.095
	铜芯塑料绝缘电线 BV-25mm^2	m	14.93	—	—	1.966	1.966	—
	钢线卡子 D10~20	个	4.33	—	—	2.950	2.950	—
	防锈漆 C53-1	kg	13.20	—	—	—	—	0.048
	钢垫板 δ1~2	kg	6.72	0.191	0.191	—	—	0.286
	钢锯条	条	4.33	—	—	—	—	0.477

编号				5-008	5-009	5-010	5-011	5-012
项目名称				控制屏安装	继电、信号屏	低压柜		低压电容器柜
						有空气开关	无空气开关	
单位				台				
名称		单位	单价（元）	消耗量				
材料	酚醛调和漆	kg	10.70	0.095	0.095	—	—	0.048
	胶木线夹	个	0.68	9.546	14.318	—	—	—
	塑料软管 *De*5	m	0.41	1.145	1.432	—	—	—
	电力复合脂	kg	22.43	0.048	0.048	—	—	0.095
	白布	kg	12.98	—	—	—	—	0.095
	棉纱	kg	16.11	0.095	0.095	—	—	—
	棉丝	kg	16.11	—	—	0.105	0.105	—
	塑料带 20mm×40m	卷	4.73	—	—	0.515	0.515	—
	汽油（综合）	kg	7.74	—	—	—	—	0.095
	电气绝缘胶带 18mm×10m×0.13mm	卷	4.55	0.048	0.048	—	—	0.072
	铁砂布 0#~2#	张	1.15	—	—	—	—	0.477
	异型塑料管 *D*2.5~5.0	m	0.89	5.727	5.727	—	—	—
	支持绝缘子	个	2.31	—	—	3.914	3.914	—
	镀锌六角螺栓 M12×50	套	0.54	—	—	4.868	3.895	—
	镀锌六角螺栓 M16×（30~50）	套	0.75	—	—	3.895	3.895	—
机械	中小型机械费	元	—	30.48	30.48	21.55	21.55	46.34

第三节　控制箱、控制台、控制柜安装

工作内容：开箱、检查、安装，各种电器、表计等附件的拆装、送交试验、盘内整理、一次接线、补漆、清理现场等。

编　号				5-013	5-014	5-015	5-016	5-017
项目名称				控制箱安装	控制台安装		电动机控制柜	
					宽（m）		容量（kW）	
					1 以内	2 以内	55 以内	130 以内
单　位				台				
总价（元）				**272.21**	**556.84**	**923.25**	**393.12**	**490.18**
其中	人工费（元）			246.38	495.18	835.52	322.79	419.85
	材料费（元）			12.55	32.67	43.30	28.59	28.59
	机械费（元）			13.28	28.99	44.43	41.74	41.74
名　称		单位	单价（元）	消　耗　量				
人工	综合工日	工日	135.00	1.825	3.668	6.189	2.391	3.110
材料	镀锌扁钢（综合）	kg	5.32	1.010	3.000	3.000	0.680	0.680
	钢垫板（综合）	kg	6.72	0.100	—	—	—	—
	低碳钢焊条（综合）	kg	6.01	—	0.100	0.100	—	—
	电焊条 L-60 $D3.2$	kg	7.59	0.100	—	—	—	—
	钢垫板 $\delta 1\sim2$	kg	6.72	—	0.300	0.300	—	—

续前

编号				5-013	5-014	5-015	5-016	5-017
项目名称				控制箱安装	控制台安装		电动机控制柜	
					宽（m）		容量（kW）	
					1 以内	2 以内	55 以内	130 以内
单位				台				
名称		单位	单价（元）	消耗量				
材料	调和漆	kg	14.11	0.030	—	—	—	—
	酚醛调和漆	kg	10.70	—	0.100	0.200	—	—
	酚醛磁漆	kg	14.23	0.010	0.030	0.050		—
	胶木线夹	个	0.68	—	8.000	12.000	—	—
	接地编织铜线	m	3.54	—	—	—	0.510	0.510
	棉纱	kg	16.11	—	0.100	0.150	—	—
	棉丝	kg	16.11	0.030	—	—	—	—
	塑料软管 *De*5	m	0.41	—	0.500	1.500	—	—
	铜端子 10mm^2	个	9.10	—	—	—	2.030	2.030
	异型塑料管 *D*2.5~5.0	m	0.89	—	6.000	12.000	—	—
	镀锌六角螺栓带螺母 M10×100	套	1.15	4.080	—	—	4.080	4.080
机械	中小型机械费	元	—	13.28	28.99	44.43	41.74	41.74

第四节　控制开关安装

工作内容：开箱、检查、接线、接地、清理现场等。

编　号				5-018	5-019	5-020	5-021	5-022
项目名称				铁壳开关安装（A）				
				15 以内	30 以内	60 以内	100 以内	200 以内
单　位				个				
总价（元）				**41.82**	**47.62**	**67.33**	**77.05**	**101.35**
其中	人工费（元）			36.05	41.85	59.27	63.86	88.16
	材料费（元）			5.77	5.77	8.06	13.19	13.19
名　称		单位	单价（元）	消　耗　量				
人工	综合工日	工日	135.00	0.267	0.310	0.439	0.473	0.653
材料	铁壳开关	个	—	（1.000）	（1.000）	（1.000）	（1.000）	（1.000）
	铜芯塑料绝缘电线 BV-2.5mm^2	m	1.61	1.550	1.550	1.550	1.550	1.550
	保险链	条	1.66	—	—	—	3.090	3.090
	橡胶护套圈 *D*15~20	个	0.52	3.300	3.300	7.700	7.700	7.700
	圆机螺钉 M6×（12~50）	套	0.51	3.060	3.060	3.060	3.060	3.060

工作内容：开箱、检查、测位、装开关、接线、试闸、清理现场等。

编　号				5-023	5-024	5-025	5-026
项目名称				单极空气开关（A）			
				10 以内	25 以内	50 以内	100 以内
单　位				套			
总价（元）				**30.77**	**35.36**	**41.01**	**70.98**
其中	人工费（元）			18.63	23.22	28.08	58.05
	材料费（元）			12.14	12.14	12.93	12.93
名　称		单位	单价（元）	消　耗　量			
人工	综合工日	工日	135.00	0.138	0.172	0.208	0.430
材料	成套开关	套	—	（1.000）	（1.000）	（1.000）	（1.000）
	塑料带 20mm×40m	kg	19.85	0.040	0.040	0.080	0.080
	橡胶护套圈 *D*15~20	个	0.52	2.200	2.200	2.200	2.200
	镀锌六角螺栓（综合）	kg	5.00	2.040	2.040	2.040	2.040

工作内容：开箱、检查、测位、装开关、接线、试闸、清理现场等。

编号				5-027	5-028	5-029	5-030	5-031	5-032	5-033
项目名称				双极空气开关（A）				三极空气开关（A）		
				15 以内	25 以内	50 以内	100 以内	50 以内	100 以内	250 以内
单位				套						
总价（元）				**36.04**	**41.98**	**48.71**	**77.87**	**61.16**	**73.18**	**96.94**
其中	人工费（元）			23.90	29.84	35.78	64.94	52.92	64.94	88.70
	材料费（元）			12.14	12.14	12.93	12.93	8.24	8.24	8.24
名称		单位	单价（元）	消耗量						
人工	综合工日	工日	135.00	0.177	0.221	0.265	0.481	0.392	0.481	0.657
材料	成套开关	套	—	（1.000）	（1.000）	（1.000）	（1.000）	（1.000）	（1.000）	（1.000）
	塑料带 20mm×40m	kg	19.85	0.040	0.040	0.080	0.080	0.080	0.080	0.080
	橡胶护套圈 *D*15~20	个	0.52	2.200	2.200	2.200	2.200	6.600	6.600	6.600
	镀锌六角螺栓（综合）	kg	5.00	2.040	2.040	2.040	2.040	—	—	—
	镀锌六角螺栓带螺母 M8×（40~45）	套	0.79	—	—	—	—	4.080	4.080	4.080

工作内容：开箱、检查、测位、装开关、接线、试闸、清理现场等。

编号				5-034	5-035	5-036
项目名称				自动空气开关		
				DW 万能式	电动式	手动式
单位				个		
总价(元)				**284.22**	**245.79**	**71.53**
其中	人工费(元)			247.86	209.12	70.74
	材料费(元)			30.69	31.00	0.79
	机械费(元)			5.67	5.67	—
名称		单位	单价(元)	消耗量		
人工	综合工日	工日	135.00	1.836	1.549	0.524
材料	自动空气开关 DW 万能式	个	—	(1.000)	—	—
	自动空气开关 电动	个	—	—	(1.000)	—
	自动空气开关 手动	个	—	—	—	(1.000)
	镀锌扁钢(综合)	kg	5.32	0.940	0.940	—

编号				5-034	5-035	5-036
项目名称				自动空气开关		
				DW 万能式	电动式	手动式
单位				个		
名称		单位	单价（元）	消耗量		
材料	低碳钢焊条(综合)	kg	6.01	0.100	0.200	—
	电力复合脂	kg	22.43	0.050	0.030	0.020
	白布	kg	12.98	0.050	—	—
	棉纱	kg	16.11	—	0.050	—
	汽油(综合)	kg	7.74	0.200	0.200	—
	铁砂布 0#~2#	张	1.15	0.500	0.500	0.300
	铜接线端子 DT-10	个	9.10	2.030	2.030	—
	硬铜绞线 TJ-10mm^2	kg	54.36	0.050	0.050	—
机械	中小型机械费	元	—	5.67	5.67	—

工作内容：清扫、检查、划线、钻孔、上瓷嘴或护圈、安装固定、导线整理、绑扎、设备压头、接地线、清理现场等。

编号				5-037	5-038	5-039	5-040	5-041	5-042	5-043
项目名称				双投刀开关（A 以内）			组合开关（A）			防爆型组合开关
				30 铁盘	60 铁盘	100 铁盘	25 以内	60 以内	100 以内	
单位				个						
总价（元）				**47.53**	**57.81**	**77.70**	**28.28**	**35.19**	**44.39**	**94.09**
其中	人工费（元）			39.69	49.95	69.80	28.08	34.97	44.15	72.77
	材料费（元）			7.75	7.75	7.75	0.14	0.14	0.14	18.91
	机械费（元）			0.09	0.11	0.15	0.06	0.08	0.10	2.41
名称		单位	单价（元）	消耗量						
人工	综合工日	工日	135.00	0.294	0.370	0.517	0.208	0.259	0.327	0.539
材料	双投刀开关	个	—	（1.000）	（1.000）	（1.000）	—	—	—	—
	组合控制开关 防爆型	个	—	—	—	—	—	—	—	（1.010）
	组合控制开关 普通型	个	—	—	—	—	（1.010）	（1.010）	（1.010）	—

编号				5-037	5-038	5-039	5-040	5-041	5-042	5-043
项目名称				双投刀开关（A 以内）			组合开关（A）			防爆型组合开关
				30 铁盘	60 铁盘	100 铁盘	25 以内	60 以内	100 以内	
单位				个						
名称		单位	单价（元）	消耗量						
材料	镀锌扁钢（综合）	kg	5.32	—	—	—	—	—	—	0.300
	电焊条 L-60 *D*3.2	kg	7.59	—	—	—	—	—	—	0.050
	钢管用塑料护口 *D*15~20	个	0.20	2.160	2.160	2.160	—	—	—	—
	绝缘导线	m	3.63	0.520	0.520	0.520	—	—	—	0.310
	铜端子 $6mm^2$	个	5.58	—	—	—	—	—	—	2.030
	橡胶护套圈 *D*15~20	个	0.52	9.900	9.900	9.900	—	—	—	—
	镀锌六角螺栓 M5 × 25	套	0.07	4.080	4.080	4.080	2.040	2.040	2.040	1.020
	镀锌六角螺栓带螺母 M12 × 150	套	1.44	—	—	—	—	—	—	3.060
机械	中小型机械费	元	—	0.09	0.11	0.15	0.06	0.08	0.10	2.41

工作内容：定位、划线、打眼、钻孔、上护圈、埋螺栓或支架、导线编号、包扎、接线、校线、盘面开孔、攻丝、安装固定、接地线、清理现场等。

编号				5-044	5-045	5-046	5-047	5-048
项目名称				万能转换开关（线头数）				防爆式万能转换开关
				12 以内	20 以内	40 以内	40 以外	
单位				个				
总价（元）				**63.74**	**88.24**	**112.76**	**130.90**	**65.80**
其中	人工费（元）			40.64	65.07	89.51	107.60	48.87
	材料费（元）			22.99	22.99	22.99	22.99	16.79
	机械费（元）			0.11	0.18	0.26	0.31	0.14
名称		单位	单价（元）	消耗量				
人工	综合工日	工日	135.00	0.301	0.482	0.663	0.797	0.362
材料	万能转换开关	个	—	（1.010）	（1.010）	（1.010）	（1.010）	（1.010）
	室内接地用网状扁平铜线 $10mm^2$	m	3.54	2.060	2.060	2.060	2.060	0.310
	铜端子 $6mm^2$	个	5.58	2.030	2.030	2.030	2.030	2.030
	橡胶护套圈 *D*15~20	个	0.52	2.200	2.200	2.200	2.200	2.200
	镀锌六角螺栓带螺母 M6×（30~50）	套	0.79	4.080	4.080	4.080	4.080	1.020
	镀锌六角螺栓带螺母 M8×（110~120）	套	0.79	—	—	—	—	3.060
机械	中小型机械费	元	—	0.11	0.18	0.26	0.31	0.14

工作内容：开箱、检查、接线、接地、清理现场等。

编　　号				5-049	5-050	5-051	5-052	5-053	5-054
项目名称				刀开关（A）			操作机构式刀形开关安装		
							额定电流（A）		
				200 以内	600 以内	1000 以内	200 以内	600 以内	1000 以内
单　　位				个					
总价（元）				**765.60**	**819.53**	**967.55**	**113.38**	**205.54**	**324.20**
其中	人工费（元）			91.94	145.40	292.95	110.16	174.29	292.95
	材料费（元）			673.66	674.13	674.60	3.22	31.25	31.25
名　　称		单位	单价（元）	消　耗　量					
人工	综合工日	工日	135.00	0.681	1.077	2.170	0.816	1.291	2.170
材料	刀形开关 操作机构式	个	—	—	—	—	（1.010）	（1.010）	（1.010）
	塑料带 20mm×40m	卷	4.73	0.430	0.530	0.630	—	—	—
	铜压板 5×40	m	107.60	6.180	6.180	6.180	—	—	—
	橡胶护套圈 *D*15~20	个	0.52	6.600	6.600	6.600	—	—	—
	镀锌六角螺栓带螺母 M6×（30~50）	套	0.79	4.080	4.080	4.080	4.080	—	—
	镀锌六角螺栓带螺母 M8×40	10 套	7.66	—	—	—	—	4.080	4.080

工作内容：1. 手柄式刀形开关：开箱、检查、接线、接地、清理现场等。2. 换相开关、漏电保护器：清扫、检查、划线、钻孔、上瓷嘴或护圈、安装固定、导线整理、绑扎、设备压头、接地线、清理现场等。

编号				5-055	5-056	5-057	5-058	5-059	5-060
项目名称				手柄式刀形开关安装			换相开关	漏电保护器	
				额定电流（A）				单相	三相
				200 以内	600 以内	1000 以内			
单位				个					
总价（元）				**70.47**	**201.77**	**299.38**	**66.34**	**21.17**	**43.05**
其中	人工费（元）			64.13	167.40	265.01	62.64	16.74	35.24
	材料费（元）			6.34	34.37	34.37	3.70	4.43	7.81
名称		单位	单价（元）	消耗量					
人工	综合工日	工日	135.00	0.475	1.240	1.963	0.464	0.124	0.261
材料	刀形开关 手柄式	个	—	（1.010）	（1.010）	（1.010）	—	—	—
	漏电保护开关	个	—	—	—	—	（1.000）	（1.000）	（1.000）
	塑料软管 *De*7	m	0.60	—	—	—	0.020	—	—
	铜芯塑料绝缘电线 BV-2.5mm^2	m	1.61	—	—	—	2.040	—	—
	橡胶护套圈 *D*6~32	个	0.52	6.000	6.000	6.000	—	4.000	6.000
	半圆头镀锌螺栓 M5×40	个	1.15	—	—	—	—	2.040	4.080
	镀锌六角螺栓带螺母 M6×（30~50）	套	0.79	4.080	—	—	—	—	—
	镀锌六角螺栓带螺母 M8×40	10 套	7.66	—	4.080	4.080	—	—	—
	镀锌螺钉 M（2~5）×（4~50）	个	0.20	—	—	—	2.040	—	—

第五节　成套配电箱安装

工作内容：开箱清点检查、就位、找正、固定、柜间连接、开关及机构调整、接地、补漆、单体调试、清理现场等。

编　　号				5-061	5-062	5-063	5-064	5-065	5-066
项目名称				成套配电箱安装					
				落地式	悬挂、嵌入式（m）				
					半周长 0.5 以内	半周长 1.0 以内	半周长 1.5 以内	半周长 2.5 以内	半周长 3.0 以内
单　位				台					
总价（元）				**372.15**	**137.27**	**194.12**	**241.14**	**304.29**	**376.92**
其中	人工费（元）			319.82	105.84	158.63	203.72	246.78	296.19
	材料费（元）			22.55	31.43	35.49	37.42	51.35	73.30
	机械费（元）			29.78	—	—	—	6.16	7.43
名　称		单位	单价（元）	消　耗　量					
人工	综合工日	工日	135.00	2.369	0.784	1.175	1.509	1.828	2.194
材料	镀锌扁钢（综合）	kg	5.32	1.890	—	—	—	1.575	1.575
	平垫铁（综合）	kg	7.42	0.315	0.158	0.158	0.158	0.210	0.252
	硬铜绞线 TJ-2.5~4mm^2	m	1.33	—	3.289	5.899	6.784	8.736	13.524
	醇酸防锈漆 C53-1	kg	13.20	0.021	0.011	—	0.011	0.021	0.025

编号				5-061	5-062	5-063	5-064	5-065	5-066
项目名称				成套配电箱安装					
				落地式	悬挂、嵌入式（m）				
					半周长 0.5 以内	半周长 1.0 以内	半周长 1.5 以内	半周长 2.5 以内	半周长 3.0 以内
单位				台					
名称		单位	单价（元）	消耗量					
材料	酚醛调和漆 各色	kg	10.67	0.053	0.032	0.032	0.032	0.053	0.063
	低碳钢焊条 J422（综合）	kg	3.60	0.189				0.158	0.158
	电力复合脂	kg	22.43	0.053	0.431	0.431	0.431	0.431	0.517
	棉纱	kg	16.11	0.105	0.084	0.105	0.105	0.126	0.151
	松香焊锡丝（综合）	m	2.84	0.158	0.053	0.074	0.084	0.105	0.105
	塑料管（综合）	kg	15.62	0.315	0.137	0.158	0.189	0.263	0.315
	铜接线端子 DT-6	个	5.58	—	2.132	2.132	2.132	2.132	4.263
	自粘性塑料带 20mm × 20m	卷	1.83	0.210	0.105	0.105	0.158	0.210	0.252
机械	中小型机械费	元	—	29.78	—	—	—	6.16	7.43

第六节　熔断器、限位开关安装

工作内容：开箱、检查、安装、接线、接地、清理现场等。

编　　号				5-067	5-068	5-069	5-070	5-071
项目名称				熔断器			限位开关	
				瓷插螺旋式	管式	防爆式	普通式	防爆式
单　　位				个				
总价（元）				**17.08**	**60.52**	**40.11**	**69.55**	**84.23**
其中	人工费（元）			12.29	55.49	23.22	47.93	60.35
	材料费（元）			4.79	5.03	16.35	18.66	20.92
	机械费（元）			—	—	0.54	2.96	2.96
名　　称		单位	单价（元）	消　耗　量				
人工	综合工日	工日	135.00	0.091	0.411	0.172	0.355	0.447
材料	熔断器	组	—	（1.010）	（1.010）	（1.010）	—	—
	限位开关	个	—	—	—	—	（1.000）	（1.000）
	硬铜绞线 TJ-$6mm^2$	kg	54.36	—	—	0.029	0.029	0.029
	镀锌扁钢（综合）	kg	5.32	—	—	—	0.668	1.050

编号				5-067	5-068	5-069	5-070	5-071
项目名称				熔断器			限位开关	
				瓷插螺旋式	管式	防爆式	普通式	防爆式
单位				个				
名称		单位	单价（元）	消耗量				
材料	热轧圆盘条 $D10$ 以内	kg	1.82	—	—	0.162	—	—
	低碳钢焊条（综合）	kg	6.01	—	—	0.038	0.143	0.181
	铜接线端子 DT-6	个	5.58	—	—	1.938	1.938	1.938
	保险丝管 10A	个	10.38	0.057	—	—	—	—
	焊锡膏 50g 瓶装	kg	49.90	0.010	0.010	0.010	—	—
	焊锡丝（综合）	kg	60.79	0.029	0.048	0.038	—	—
	白布	kg	12.98	0.048	0.048	0.048	0.143	0.143
	石棉橡胶板 $\delta1.5$	m^2	31.89	0.010	—	—	—	—
	橡胶护套圈 $D6\sim32$	个	0.52	1.909	1.909	—	—	—
机械	中小型机械费	元	—	—	—	0.54	2.96	2.96

第七节　启动器、仪表、继电器安装

工作内容：1. 启动器安装：开箱、检查、安装、触头调整、注油、接线、接地、清理现场等。2. 量测表计、继电器安装：开箱检查、盘上划线、钻孔、安装固定、写字编号、下料布线、上卡子、清理现场等。

编　号				5-072	5-073	5-074	5-075
项目名称				接触器、磁力启动器	Y-Δ 自耦减压启动器	测量表计安装	继电器安装
单　位				台		个	
总价（元）				**187.74**	**217.93**	**39.66**	**50.35**
其中	人工费（元）			158.22	189.68	36.05	47.52
	材料费（元）			29.52	25.90	3.61	2.83
	机械费（元）			—	2.35	—	—
名　称		单位	单价（元）	消　耗　量			
人工	综合工日	工日	135.00	1.172	1.405	0.267	0.352
材料	接触器	台	—	（1.000）	—	—	—
	Y-Δ 自耦减压起动器	台	—	—	（1.000）	—	—
	测量表计	个	—	—	—	（1.000）	—
	继电器	台	—	—	—	—	（1.000）
	镀锌扁钢（综合）	kg	5.32	—	0.754	—	—

编号				5-072	5-073	5-074	5-075
项目名称				接触器、磁力启动器	Y-Δ 自耦减压启动器	测量表计安装	继电器安装
单位				台		个	
名称		单位	单价（元）	消耗量			
材料	低碳钢焊条（综合）	kg	6.01	—	0.095	—	—
	电力复合脂	kg	22.43	0.019	0.019	0.010	0.010
	焊锡膏 50g 瓶装	kg	49.90	0.019	—	0.010	0.010
	焊锡丝（综合）	kg	60.79	0.086	—	0.029	0.029
	白布	kg	12.98	0.162	0.048	—	—
	棉纱	kg	16.11	—	—	0.048	—
	塑料软管 *De*5	m	0.41	0.048	0.048	0.382	0.477
	铁砂布 0#~2#	张	1.15	0.477	—	0.095	0.019
	铜接线端子 DT-10	个	9.10	1.938	1.938	—	—
	异型塑料管 *D*2.5~5.0	m	0.89	—	—	0.095	0.143
	硬铜绞线 $TJ-10mm^2$	kg	54.36	0.048	0.048	—	—
机械	中小型机械费	元	—	—	2.35	—	—

第八节 低压电器装置接线

工作内容：检查、测位、校线、编号、套塑料管、绑扎测量、接地、接线动作试验、清理现场等。

编号				5-076	5-077	5-078	5-079	5-080	5-081
项目名称				水流开关接线	电磁开关接线	自动冲洗感应器接线	风机盘管接线	风扇接线	小母线安装
单位				个		台			m
总价（元）				**23.68**	**241.54**	**19.90**	**25.31**	**21.01**	**28.99**
其中	人工费（元）			15.39	191.97	11.61	15.39	15.39	19.17
	材料费（元）			8.29	49.57	8.29	9.92	5.62	9.82
名称		单位	单价（元）	消耗量					
人工	综合工日	工日	135.00	0.114	1.422	0.086	0.114	0.114	0.142
材料	铜芯塑料绝缘电线 BV-2.5mm^2	m	1.61	0.955	0.955	0.955	0.955	0.437	0.437
	塑料软管 *De*6	m	0.47	0.477	0.477	0.477	0.477	0.477	0.764
	电气绝缘胶带 18mm×10m×0.13mm	卷	4.55	0.038	0.057	0.038	0.057	0.019	0.057
	焊锡膏 50g 瓶装	kg	49.90	0.010	0.010	0.010	0.010	0.010	0.019
	焊锡丝（综合）	kg	60.79	0.029	0.029	0.029	0.029	0.019	0.029
	黄腊带 20mm×10m	卷	13.40	0.010	0.010	0.010	0.010	0.010	0.010
	棉纱	kg	16.11	0.143	1.909	0.143	0.191	0.095	0.191
	汽油（综合）	kg	7.74	0.143	1.718	0.143	0.172	0.095	0.191
	铁砂布 0#~2#	张	1.15	0.477	0.955	0.477	0.955	0.477	0.955

第九节　小电器安装

工作内容：测位、划线、打眼、清扫盒子、上塑料口、缠钢丝弹簧垫、装开关和按钮、接线、装盖、埋塑料胀管、清理现场等。

编　号				5-082	5-083	5-084	5-085	5-086	5-087
项目名称				拉线开关	跷板开关	跷板暗开关			
					明装	单控		双控	
						≤ 3 联	≤ 6 联	≤ 3 联	≤ 6 联
单　位				套					
总价（元）				**13.69**	**13.69**	**13.74**	**16.53**	**13.92**	**16.69**
其中	人工费（元）			11.21	11.21	12.56	14.58	12.56	14.58
	材料费（元）			2.48	2.48	1.18	1.95	1.36	2.11
名　称		单位	单价（元）	消　耗　量					
人工	综合工日	工日	135.00	0.083	0.083	0.093	0.108	0.093	0.108
材料	照明开关	只	—	（1.020）	（1.020）	（1.020）	（1.020）	（1.020）	（1.020）
	铜芯塑料绝缘电线 BV-2.5mm^2	m	1.61	0.291	0.291	0.437	0.912	0.547	1.013
	冲击钻头 *D*6~8	个	5.48	0.007	0.007	—	—	—	—
	木螺钉 M（2~4）×（6~65）	个	0.06	4.009	4.009	—	—	—	—
	塑料台	个	1.40	1.002	1.002	—	—	—	—
	塑料胀管 *D*6~8	个	0.31	1.050	1.050	—	—	—	—
	半圆头镀锌螺栓 M（2~5）×（15~50）	10 个	2.40	—	—	0.199	0.199	0.199	0.199

工作内容：测位、划线、打眼、清扫盒子、上塑料台、缠钢丝弹簧垫、装开关和按钮、接线、装盖、埋塑料胀管、清理现场等。

编号				5-088	5-089
项目名称				按钮	密封开关
					电流≤ 5A
单位				套	
总价（元）				**12.16**	**19.00**
其中	人工费（元）			11.21	18.09
	材料费（元）			0.95	0.91
名称		单位	单价（元）	消耗量	
人工	综合工日	工日	135.00	0.083	0.134
材料	成套按钮	套	—	（1.020）	—
	密封开关	套	—	—	（1.020）
	铜芯塑料绝缘电线 BV-2.5mm^2	m	1.61	0.291	0.492
	半圆头镀锌螺栓 M（2~5）×（15~50）	10 个	2.40	0.199	—
	木螺钉 M（2~4）×（6~65）	个	0.06	—	1.985

工作内容：1. 声控、柜门触动开关安装：测位、划线、打眼、埋螺栓、装开关、接线、调校、清理现场等。2. 床头柜集控板安装：开箱、清扫检查、集控板安装对号、接线、清理现场等。

编号				5-090	5-091	5-092	5-093	5-094
项目名称				声控延时开关	柜门触动开关	床头柜集控板安装 开关数量（个）		
						10 以内	15 以内	20 以内
单位				套				
总价（元）				**8.24**	**7.75**	**127.22**	**230.41**	**282.34**
其中	人工费（元）			7.29	7.16	125.55	228.15	279.45
	材料费（元）			0.95	0.59	1.67	2.26	2.89
名称		单位	单价（元）	消耗量				
人工	综合工日	工日	135.00	0.054	0.053	0.930	1.690	2.070
材料	声控延时开关（红外线感应）	个	—	（1.020）	—	—	—	—
	柜门开关 触动式	套	—	—	（1.020）	—	—	—
	床头柜集控板	套	—	—	—	（1.000）	（1.000）	（1.000）

编号				5-090	5-091	5-092	5-093	5-094
项目名称				声控延时开关	柜门触动开关	床头柜集控板安装 开关数量(个)		
						10 以内	15 以内	20 以内
单位				套				
名称		单位	单价(元)	消耗量				
材料	松香焊锡丝(综合)	m	2.84	—	—	0.268	0.358	0.477
	塑料软管 *De*15	m	0.53	—	—	1.303	—	—
	塑料软管 *De*25	m	0.78	—	—	—	1.303	—
	塑料软管 *De*30	m	1.01	—	—	—	—	1.303
	铜芯塑料绝缘电线 BV-2.5mm^2	m	1.61	0.291	0.291	—	—	—
	半圆头镀锌螺栓 M(2~5)×(15~50)	10 个	2.40	0.199	—	—	—	—
	木螺钉 M(2~4)×(6~65)	个	0.06	—	2.005	—	—	—
	木螺钉 M2.5×20	10 个	0.56	—	—	0.397	0.397	0.397

工作内容：测位、划线、打眼、埋塑料胀管、装插座、接线、装盖、清理现场等。

编号				5-095	5-096	5-097	5-098	5-099	5-100
项目名称				单相明插座		单相明插座带接地		三相明插座带接地	
				电流（A）					
				15 以内	30 以内	15 以内	30 以内	15 以内	30 以内
单位				套					
总价（元）				**13.31**	**15.31**	**15.97**	**17.42**	**17.45**	**20.55**
其中	人工费（元）			11.88	13.64	14.31	15.39	15.39	16.61
	材料费（元）			1.43	1.67	1.66	2.03	2.06	3.94
名称		单位	单价（元）	消耗量					
人工	综合工日	工日	135.00	0.088	0.101	0.106	0.114	0.114	0.123
材料	成套插座	套	—	（1.020）	（1.020）	（1.020）	（1.020）	（1.020）	（1.020）
	铜芯塑料绝缘电线 BV-2.5mm^2	m	1.61	0.291	—	0.437	—	0.582	—
	铜芯塑料绝缘电线 BV-4mm^2	m	2.44	—	0.291	—	0.437	—	0.582
	塑料台	个	1.40	—	—	—	—	—	1.002
	冲击钻头 *D*6~8	个	5.48	0.013	0.013	0.013	0.013	0.013	0.013
	塑料胀管 *D*6~8	个	0.31	2.100	2.100	2.100	2.100	2.100	2.100
	木螺钉 M（2~4）×（6~65）	个	0.06	3.971	3.971	3.971	3.971	1.985	1.985
	木螺钉 M（4.5~6）×（15~100）	10 个	1.40	—	—	—	—	0.199	0.199

工作内容: 测位、划线、打眼、埋塑料胀管、装插座、接线、装盖、清理现场等。

编号				5-101	5-102	5-103	5-104	5-105	5-106
项目名称				单相暗(地板)插座		单相暗(地板)插座带接地		三相暗(地板)插座带接地	
				电流(A)					
				15以内	30以内	15以内	30以内	15以内	30以内
单位				套					
总价(元)				**12.83**	**13.34**	**15.49**	**16.93**	**16.80**	**18.51**
其中	人工费(元)			11.88	12.15	14.31	15.39	15.39	16.61
	材料费(元)			0.95	1.19	1.18	1.54	1.41	1.90
名称		单位	单价(元)	消耗量					
人工	综合工日	工日	135.00	0.088	0.090	0.106	0.114	0.114	0.123
材料	成套插座	套	—	(1.020)	(1.020)	(1.020)	(1.020)	(1.020)	(1.020)
	铜芯塑料绝缘电线 BV-2.5mm^2	m	1.61	0.291	—	0.437	—	0.582	—
	铜芯塑料绝缘电线 BV-4mm^2	m	2.44	—	0.291	—	0.437	—	0.582
	半圆头镀锌螺栓 M(2~5)×(15~50)	10个	2.40	0.199	0.199	0.199	0.199	0.199	0.199

工作内容：测位、划线、打眼、埋塑料胀管、装插座、接线、装盖、清理现场等。

编号				5-107	5-108	5-109	5-110	5-111	5-112
项目名称				单相防爆插座		单相防爆插座带接地		三相防爆插座带接地	
				电流(A)					
				15以内	60以内	15以内	60以内	15以内	60以内
单位				套					
总价(元)				**22.80**	**29.52**	**23.04**	**29.88**	**27.18**	**35.22**
其中	人工费(元)			19.85	26.33	19.85	26.33	23.76	31.32
	材料费(元)			2.95	3.19	3.19	3.55	3.42	3.90
名称		单位	单价(元)	消耗量					
人工	综合工日	工日	135.00	0.147	0.195	0.147	0.195	0.176	0.232
材料	防爆插座	个	—	(1.020)	(1.020)	(1.020)	(1.020)	(1.020)	(1.020)
	铜芯塑料绝缘电线 BV-2.5mm^2	m	1.61	0.291	—	0.437	—	0.582	—
	铜芯塑料绝缘电线 BV-4mm^2	m	2.44	—	0.291	—	0.437	—	0.582
	冲击钻头 *D*8	个	5.44	0.027	0.027	0.027	0.027	0.027	0.027
	金属膨胀螺栓 M6	套	0.60	3.895	3.895	3.895	3.895	3.895	3.895

工作内容：测位、划线、安装、配管、穿线、接线、刷油。

编　号				5-113	5-114	5-115
项目名称				水位电气信号装置安装		
				机械式	电子式	液位式
单　位				套		
总价（元）				**706.69**	**528.78**	**656.79**
其中	人工费（元）			557.55	423.90	519.75
	材料费（元）			105.02	103.33	135.49
	机械费（元）			44.12	1.55	1.55
名　称		单位	单价（元）	消　耗　量		
人工	综合工日	工日	135.00	4.130	3.140	3.850
材料	浮球	个	—	（1.000）	—	—
	硬塑料管 *D*15	根	—	—	（3.000）	（3.000）
	普碳钢板（0~3）*δ*1.0~1.5	kg	3.99	3.110	0.660	2.100
	镀锌扁钢 40×4	kg	4.51	1.300	0.430	0.670
	镀锌扁钢 60×6	kg	4.53	—	5.000	7.600
	镀锌圆钢 *D*10~14	kg	4.80	1.720	—	—
	镀锌钢丝 *D*1.2~2.2	kg	7.13	0.010	—	—
	电焊条 E4303 *D*3.2	kg	7.59	0.050	0.050	0.050
	调和漆	kg	14.11	0.100	0.100	0.100

编号				5-113	5-114	5-115
项目名称				水位电气信号装置安装		
				机械式	电子式	液位式
单位				套		
名称		单位	单价（元）	消耗量		
材料	防锈漆 C53-1	kg	13.20	0.100	0.100	0.100
	酚醛层压布板 δ10~20	kg	79.90	0.012	0.010	0.020
	钢丝绳 *D*4.5	m	0.70	15.000	—	—
	铝板	kg	20.81	0.210	—	—
	木板 170×85×20	块	0.56	1.000	—	—
	破布	kg	5.07	0.100	0.100	0.100
	铁砂布 0#~2#	张	1.15	0.500	0.500	0.500
	铸铁砣 5kg	个	23.96	1.000	—	—
	紫铜皮	kg	86.14	—	0.500	0.600
	半圆头螺钉 M10×100	套	1.09	20.000	—	—
	地脚螺栓 M10×100	套	0.98	4.080	2.040	2.040
	镀锌精制带帽螺栓 M10×100 以内	套	1.15	6.000	12.200	12.200
	精制带帽铜螺栓 M6×30	套	1.97	—	6.100	8.200
	木螺钉 M（4.5~6）×（15~100）	个	0.14	8.400	—	—
机械	中小型机械费	元	—	44.12	1.55	1.55

工作内容：开箱、清扫、检查、测位、划线、打眼、支架安装，固定变压器，接线、接地。

编　号				5-116	5-117	5-118
项目名称				安全变压器 容量（V·A）		
				500 以内	1000 以内	3000 以内
单　位				台		
总价（元）				**49.89**	**52.59**	**67.44**
其中	人工费（元）			48.60	51.30	66.15
	材料费（元）			1.29	1.29	1.29
名　称		单位	单价（元）	消　耗　量		
人工	综合工日	工日	135.00	0.360	0.380	0.490
材料	干式安全变压器	台	—	（1.000）	（1.000）	（1.000）
	裸铜线 2~4mm^2	m	1.33	0.510	0.510	0.510
	沉头螺钉 M6×（55~65）	套	0.15	4.080	4.080	4.080

工作内容：1. 插座、取电器安装：开箱、检查、测位、划线、清扫盒子、缠钢丝弹簧垫、接线、焊接包头、安装、调试、清理现场等。2. 风扇安装：开箱检查、测位、划线、打眼、固定吊钩、安装调速开关、接焊包头、开关接线、调试、清理现场等。

编号				5-119	5-120	5-121	5-122	5-123
项目名称				须刨插座	钥匙取电器	风扇安装		
				≤ 15A		吊风扇	壁扇	排气扇
单位				套		台		
总价（元）				**17.79**	**9.82**	**60.76**	**71.56**	**84.98**
其中	人工费（元）			16.61	8.64	58.05	68.85	82.35
	材料费（元）			1.18	1.18	2.71	2.71	2.63
名称		单位	单价（元）	消耗量				
人工	综合工日	工日	135.00	0.123	0.064	0.430	0.510	0.610
材料	须刨插座	个	—	（1.020）	—	—	—	—
	钥匙取电器	套	—	—	（1.020）	—	—	—
	吊风扇	台	—	—	—	（1.000）	—	—
	壁扇	台	—	—	—	—	（1.000）	—

编号				5–119	5–120	5–121	5–122	5–123
项目名称				须刨插座	钥匙取电器	风扇安装		
				≤ 15A		吊风扇	壁扇	排气扇
单位				套		台		
名称		单位	单价（元）	消耗量				
材料	排气扇	台	—	—	—	—	—	（1.000）
	铜芯塑料绝缘电线 BV–2.5mm^2	m	1.61	0.437	0.437	0.391	0.391	0.582
	冲击钻头 *D*6~8	个	5.48	—	—	—	—	0.027
	冲击钻头 *D*10	个	7.47	—	—	0.020	0.020	—
	塑料胀管 *D*6~8	个	0.31	—	—	—	—	4.200
	半圆头镀锌螺栓 M（2~5）×（15~50）	10 个	2.40	0.199	0.199	—	—	—
	金属膨胀螺栓 M8	套	0.66	—	—	2.921	2.921	—
	木螺钉 M（2~4）×（6~65）	个	0.06	—	—	—	—	4.009

工作内容：1. 烘手器安装：定位、划线、打眼、埋螺栓、清扫盒子、安装、清理现场等。2. 电铃、电铃号牌箱、门铃安装：测位、划线、打眼、埋塑料胀管、上木底板、电铃号牌箱安装、接焊线包头、清理现场等。

编号				5-124	5-125	5-126	5-127	5-128	5-129
项目名称				烘手器安装		电铃	电铃号牌箱	门铃安装	
				挂墙式	落地式			明装	暗装
单位				个（套）		个	套	个	
总价（元）				**66.29**	**132.02**	**53.24**	**103.26**	**34.67**	**30.62**
其中	人工费（元）			64.53	129.20	23.09	79.65	17.28	13.23
	材料费（元）			1.76	2.82	30.15	23.61	17.39	17.39
名称		单位	单价（元）	消耗量					
人工	综合工日	工日	135.00	0.478	0.957	0.171	0.590	0.128	0.098
材料	烘手器	个	—	（1.000）	（1.000）	—	—	—	—
	电铃	个	—	—	—	（1.000）	—	—	—
	电铃号牌箱	个	—	—	—	—	（1.000）	—	—
	门铃	套	—	—	—	—	—	（1.000）	（1.000）
	铜芯塑料绝缘电线 BV-2.5mm^2	m	1.61	0.97	1.718	—	—	—	—
	铜芯塑料绝缘软电线 BVR-2.5mm^2	m	1.95	—	—	4.373	—	—	—

编号				5-124	5-125	5-126	5-127	5-128	5-129
项目名称				烘手器安装		电铃	电铃号牌箱	门铃安装	
				挂墙式	落地式			明装	暗装
单位				个(套)		个	套	个	
名称		单位	单价(元)	消耗量					
材料	扳把开关 5A	个	4.37	—	—	—	0.974	—	—
	冲击钻头 D6~8	个	5.48	—	—	0.020	—	—	—
	瓷插式熔断器 5A	个	1.99	—	—	—	0.983	—	—
	瓷管头 D(10~16)×25	个	0.23	—	—	1.966	—	—	—
	焊锡膏 50g 瓶装	kg	49.90	—	—	0.010	—	—	—
	焊锡丝(综合)	kg	60.79	—	—	0.029	—	—	—
	木配电板 350×450×25	块	17.12	—	—	1.002	1.002	1.002	1.002
	塑料软管 De8	m	0.60	0.095	0.095	—	—	—	—
	塑料胀管 D6~8	个	0.31	—	—	3.150	—	—	—
	镀锌六角螺栓 M5×25	套	0.07	1.947	—	—	—	—	—
	木螺钉 M(2~4)×(6~65)	个	0.06	—	—	4.009	3.971	3.971	3.971
	木螺钉 M(4.5~6)×(15~100)	个	0.14	—	—	3.055	—	—	—

工作内容：开箱检查、测位、划线、打眼、固定吊钩、安装调速开关、接焊线包头、开关接线、调试、清理现场等。

编号				5–130	5–131	5–132	5–133	5–134
项目名称				电笛安装		电磁锁安装	浴霸安装	
				普通型	防爆型		≤ 3 灯	≤ 6 灯
单位				个			套	
总价（元）				**12.12**	**25.05**	**50.18**	**69.21**	**53.61**
其中	人工费（元）			9.86	10.94	48.60	67.50	47.79
	材料费（元）			2.26	14.11	1.58	1.71	5.82
名称		单位	单价（元）	消耗量				
人工	综合工日	工日	135.00	0.073	0.081	0.360	0.500	0.354
材料	电笛	个	—	（1.000）	（1.000）	—	—	—
	电磁锁	套	—	—	—	（1.000）	—	—
	红外线浴霸	套	—	—	—	—	（1.000）	（1.000）
	冲击钻头 *D*6~8	个	5.48	—	—	—	—	0.013
	冲击钻头 *D*6~12	个	6.33	—	—	—	0.027	—
	钢锯条	条	4.33	—	—	0.086	—	—

编　号				5–130	5–131	5–132	5–133	5–134
项目名称				电笛安装		电磁锁安装	浴霸安装	
				普通型	防爆型		≤ 3 灯	≤ 6 灯
单　位				个			套	
名　称		单位	单价（元）	消　耗　量				
材料	焊锡膏 50g 瓶装	kg	49.90	0.010	0.010	—	—	—
	焊锡丝（综合）	kg	60.79	0.029	0.029	—	—	—
	棉纱	kg	16.11	—	—	0.048	—	—
	木配电板 150 × 225 × 25	个	4.88	—	—	—	—	0.955
	塑料软管 *De*5	m	0.41	—	—	0.477	—	—
	塑料胀管 *D*6~8	个	0.31	—	—	—	4.200	2.100
	铜接线端子 DT–6	个	5.58	—	1.938	—	—	—
	硬铜绞线 TJ–6mm^2	kg	54.36	—	0.019	—	—	—
	木螺钉 M（2~4）×（6~65）	个	0.06	—	—	4.009	4.009	—
	木螺钉 M2.5 × 25	个	0.06	—	—	—	—	3.971
	木螺钉 M4 × 50	个	0.10	—	—	—	—	1.985

工作内容：测位、划线、打眼、清扫盒子、上塑料台、缠钢丝弹簧垫、装开关和插座、接线、装盖、埋塑料胀管、清理现场等。

编号					5–135	5–136	5–137
项目名称					开关插座整修	按钮整修	密封开关整修 电流≤ 5A
单位					套		
总价（元）					**7.55**	**14.41**	**22.60**
其中	人工费（元）				6.08	13.37	21.60
	材料费（元）				1.47	1.04	1.00
名称			单位	单价（元）	消耗量		
人工	综合工日		工日	135.00	0.045	0.099	0.160
材料	成套按钮		套	—	—	（1.020）	—
	密封开关		套	—	—	—	（1.020）
	铜芯塑料绝缘电线 BV–2.5mm^2		m	1.61	0.146	0.320	0.541
	冲击钻头 *D*6~8		个	5.48	0.004	—	—
	塑料台		个	1.40	0.501	—	—
	塑料胀管 *D*6~8		个	0.31	0.525	—	—
	半圆头镀锌螺栓 M（2~5）×（15~50）		10个	2.40	0.095	0.218	—
	木螺钉 M（2~4）×（6~65）		个	0.06	2.005	—	2.184

第十节　焊压铜接线端子

工作内容：剥线、套绝缘管、焊压接头、包缠绝缘带、清理现场等。

编　　号				5-138	5-139	5-140	5-141
项目名称				压铜接线端子 导线截面（mm^2）			
				16 以内	35 以内	70 以内	120 以内
单　　位				个			
总价（元）				**14.98**	**20.09**	**32.76**	**57.37**
其中	人工费（元）			3.78	5.54	11.34	22.28
	材料费（元）			11.20	14.55	21.42	35.09
名　　称		单位	单价（元）	消　耗　量			
人工	综合工日	工日	135.00	0.028	0.041	0.084	0.165
材料	铜接线端子 DT-10	个	9.10	0.534	—	—	—
	铜接线端子 DT-16	个	10.05	0.534	—	—	—
	铜接线端子 DT-25	个	11.28	—	0.534	—	—
	铜接线端子 DT-35	个	13.06	—	0.534	—	—

编号				5-138	5-139	5-140	5-141
项目名称				压铜接线端子 导线截面（mm^2）			
				16 以内	35 以内	70 以内	120 以内
单位				个			
名称		单位	单价（元）	消耗量			
材料	铜接线端子 DT-50	个	15.71	—	—	0.534	—
	铜接线端子 DT-70	个	20.54	—	—	0.534	—
	铜接线端子 DT-95	个	26.24	—	—	—	0.534
	铜接线端子 DT-120	个	33.16	—	—	—	0.534
	钢锯条	条	4.33	—	0.021	0.026	0.032
	电气绝缘胶带 18mm×10m×0.13mm	卷	4.55	0.023	0.042	0.053	0.074
	铁砂布 0#~2#	张	1.15	0.105	0.105	0.158	0.368
	白布	kg	12.98	0.016	0.021	0.026	0.084
	汽油（综合）	kg	7.74	0.021	0.032	0.037	0.042
	黄腊带 20mm×10m	卷	13.40	0.025	0.042	0.059	0.067
	电力复合脂	kg	22.43	0.002	0.003	0.005	0.007

工作内容：剥线、套绝缘管、焊压接头、包缠绝缘带、清理现场等。

编号				5-142	5-143	5-144	5-145
项目名称				压铜接线端子 导线截面（mm^2）			
				185 以内	240 以内	300 以内	400 以内
单位				个			
总价（元）				**78.13**	**98.81**	**120.09**	**145.24**
其中	人工费（元）			26.06	29.70	39.02	50.22
	材料费（元）			52.07	69.11	81.07	95.02
名称		单位	单价（元）	消耗量			
人工	综合工日	工日	135.00	0.193	0.220	0.289	0.372
材料	铜接线端子 DT-150	个	41.14	0.534	—	—	—
	铜接线端子 DT-185	个	50.09	0.534	—	—	—
	铜接线端子 DT-240	个	61.30	—	1.067	—	—
	铜接线端子 DT-300	个	66.51	—	—	1.067	—

编　　号				5-142	5-143	5-144	5-145
项目名称				压铜接线端子 导线截面（mm^2）			
				185 以内	240 以内	300 以内	400 以内
单　　位				个			
名　　称		单位	单价（元）	消　耗　量			
材料	铜接线端子 DT-400	个	79.19	—	—	—	1.067
	钢锯条	条	4.33	0.037	0.037	0.042	0.042
	接头专用枪子弹	发	5.28	—	—	1.067	1.067
	铁砂布 0#~2#	张	1.15	0.210	0.210	0.263	0.263
	电力复合脂	kg	22.43	0.011	0.014	0.021	0.029
	电气绝缘胶带 18mm × 10m × 0.13mm	卷	4.55	0.084	0.105	0.126	0.158
	黄腊带 20mm × 10m	卷	13.40	0.105	0.105	0.126	0.126
	汽油（综合）	kg	7.74	0.048	0.053	0.063	0.068
	白布	kg	12.98	0.042	0.053	0.059	0.063

工作内容：剥线、套绝缘管、焊压接头、包缠绝缘带、清理现场等。

编号				5-146	5-147	5-148	5-149
项目名称				焊铜接线端子 导线截面（mm^2）			
				16 以内	35 以内	70 以内	120 以内
单位				个			
总价（元）				**14.90**	**19.80**	**29.06**	**46.29**
其中	人工费（元）			2.57	3.38	4.19	6.21
	材料费（元）			12.33	16.42	24.87	40.08
名称		单位	单价（元）	消耗量			
人工	综合工日	工日	135.00	0.019	0.025	0.031	0.046
材料	铜接线端子 DT-10	个	9.10	0.534	—	—	—
	铜接线端子 DT-16	个	10.05	0.534	—	—	—
	铜接线端子 DT-25	个	11.28	—	0.534	—	—
	铜接线端子 DT-35	个	13.06	—	0.534	—	—
	铜接线端子 DT-50	个	15.71	—	—	0.534	—

编号				5-146	5-147	5-148	5-149
项目名称				焊铜接线端子 导线截面（mm^2）			
				16 以内	35 以内	70 以内	120 以内
单位				个			
名称		单位	单价（元）	消耗量			
材料	铜接线端子 DT-70	个	20.54	—	—	0.534	—
	铜接线端子 DT-95	个	26.24	—	—	—	0.534
	铜接线端子 DT-120	个	33.16	—	—	—	0.534
	钢锯条	条	4.33	—	0.021	0.026	0.032
	焊锡丝（综合）	kg	60.79	0.011	0.024	0.046	0.083
	焊锡膏 50g 瓶装	kg	49.90	0.001	0.002	0.004	0.008
	汽油（综合）	kg	7.74	0.053	0.063	0.084	0.105
	黄腊带 20mm×10m	卷	13.40	0.025	0.042	0.059	0.067
	电气绝缘胶带 18mm×10m×0.13mm	卷	4.55	0.023	0.042	0.053	0.074
	铁砂布 0#~2#	张	1.15	0.105	0.105	0.158	0.158
	白布	kg	12.98	0.032	0.032	0.042	0.042

工作内容：剥线、套绝缘管、焊压接头、包缠绝缘带、清理现场等。

编号				5-150	5-151	5-152	5-153
项目名称				焊铜接线端子 导线截面(mm^2)			
				185 以内	240 以内	300 以内	400 以内
单位				个			
总价(元)				**67.93**	**86.96**	**99.03**	**119.68**
其中	人工费(元)			8.24	9.18	11.88	15.39
	材料费(元)			59.69	77.78	87.15	104.29
名称		单位	单价(元)	消耗量			
人工	综合工日	工日	135.00	0.061	0.068	0.088	0.114
材料	铜接线端子 DT-150	个	41.14	0.534	—	—	—
	铜接线端子 DT-185	个	50.09	0.534	—	—	—
	铜接线端子 DT-400	个	79.19	—	—	—	1.067
	铜接线端子 DT-300	个	66.51	—	—	1.067	—

编　号				5-150	5-151	5-152	5-153
项目名称				焊铜接线端子 导线截面（mm^2）			
				185 以内	240 以内	300 以内	400 以内
单　位				个			
名　称		单位	单价（元）	消　耗　量			
材料	铜接线端子 DT-240	个	61.30	—	1.067	—	—
	电力复合脂	kg	22.43	0.004	0.005	0.007	0.009
	电气绝缘胶带 18mm×10m×0.13mm	卷	4.55	0.105	0.105	0.126	0.137
	钢锯条	条	4.33	0.037	0.037	0.042	0.042
	焊锡膏 50g 瓶装	kg	49.90	0.011	0.013	0.017	0.021
	焊锡丝（综合）	kg	60.79	0.105	0.126	0.168	0.213
	白布	kg	12.98	0.053	0.053	0.059	0.063
	黄腊带 20mm×10m	卷	13.40	0.105	0.105	0.143	0.177
	汽油（综合）	kg	7.74	0.126	0.126	0.158	0.168
	铁砂布 0#~2#	张	1.15	0.210	0.210	0.263	0.263

第十一节 端子板安装及接线

工作内容：安装固定、校线编号、排线、套绝缘管、焊端子接线、卡线、接地、清理现场等。

编号				5-154	5-155	5-156	5-157	5-158
项目名称				端子板安装	无端子外部接线（mm^2）		有端子外部接线（mm^2）	
					2.5 以内	6 以内	2.5 以内	6 以内
单位				组	个			
总价（元）				**17.47**	**6.86**	**8.35**	**10.39**	**16.50**
其中	人工费（元）			10.80	2.97	4.46	4.05	6.08
	材料费（元）			6.67	3.89	3.89	6.34	10.42
名称		单位	单价（元）	消耗量				
人工	综合工日	工日	135.00	0.080	0.022	0.033	0.030	0.045
材料	铜接线端子 DT-2.5	个	1.83	—	—	—	1.067	—
	铜接线端子 DT-6	个	5.58	—	—	—	—	1.067

编　　号				5–154	5–155	5–156	5–157	5–158
项目名称				端子板安装	无端子外部接线（mm^2）		有端子外部接线（mm^2）	
					2.5 以内	6 以内	2.5 以内	6 以内
单　　位				组	个			
名　　称		单位	单价（元）	消　耗　量				
材料	焊锡膏 50g 瓶装	kg	49.90	—	—	—	0.001	0.001
	焊锡丝（综合）	kg	60.79	—	—	—	0.005	0.005
	黄腊带 20mm × 10m	卷	13.40	—	0.265	0.265	0.265	0.265
	汽油（综合）	kg	7.74	—	—	—	0.011	0.021
	白布	kg	12.98	0.105	0.011	0.011	0.016	0.016
	塑料软管 *De*6	m	0.47	—	0.105	0.105	0.105	0.105
	铁砂布 0#~2#	张	1.15	0.526	0.105	0.105	0.105	0.105
	异型塑料管 *D*2.5~5.0	m	0.89	—	0.026	0.026	0.026	0.026
	半圆头螺钉 M10 × 100	10 套	10.90	0.431	—	—	—	—

第十二节 盘柜配线

工作内容：放线、下料、包绝缘带、排线、卡线固定、校线、接线、清理现场等。

编号				5-159	5-160	5-161	5-162	5-163	5-164	5-165
项目名称				盘柜配线 导线截面（mm^2）						
				2.5 以内	6 以内	10 以内	25 以内	50 以内	95 以内	150 以内
单位				10m						
总价（元）				**94.50**	**108.00**	**126.16**	**176.98**	**250.71**	**383.34**	**512.03**
其中	人工费（元）			67.50	81.00	94.50	135.00	175.50	270.00	351.00
	材料费（元）			27.00	27.00	31.66	41.98	75.21	113.34	161.03
名称		单位	单价（元）	消耗量						
人工	综合工日	工日	135.00	0.500	0.600	0.700	1.000	1.300	2.000	2.600
材料	导线	m	—	（10.200）	（10.200）	（10.200）	（10.200）	（10.200）	（10.200）	（10.200）
	电力复合脂	kg	22.43	0.011	0.011	0.011	0.021	0.032	0.042	0.053
	电气绝缘胶带 18mm × 10m × 0.13mm	卷	4.55	0.421	0.421	0.421	0.526	0.589	0.926	1.410
	钢精扎头 1#~5#	包	1.93	0.347	0.347	0.347	—	—	—	—

续前

编号				5-159	5-160	5-161	5-162	5-163	5-164	5-165
项目名称				盘柜配线 导线截面（mm^2）						
				2.5 以内	6 以内	10 以内	25 以内	50 以内	95 以内	150 以内
单位				10m						
名称		单位	单价（元）	消耗量						
材料	钢锯条	条	4.33	—	—	—	0.526	0.842	1.052	1.052
	焊锡膏 50g 瓶装	kg	49.90	0.011	0.011	0.011	0.021	0.063	0.105	0.158
	焊锡丝（综合）	kg	60.79	0.105	0.105	0.158	0.231	0.631	1.052	1.578
	黄腊带 20mm×10m	卷	13.40	0.253	0.253	0.253	0.547	0.631	0.968	1.431
	棉纱	kg	16.11	0.053	0.053	0.084	0.084	0.105	0.105	0.126
	尼龙扎带（综合）	根	0.49	16.834	16.834	16.834	16.834	16.834	16.834	16.834
	汽油（综合）	kg	7.74	0.210	0.210	0.231	0.231	0.631	1.052	1.578
	塑料软管（综合）	kg	15.62	0.021	0.021	0.032	—	—	—	—
	异型塑料管 *D*2.5~5.0	m	0.89	0.421	0.421	0.421	—	—	—	—
	铁砂布 0#~2#	张	1.15	2.104	2.104	2.630	2.630	2.946	2.946	2.946

第十三节　阀类接线

工作内容：配线、接线、调试、清理现场等。

编　号				5-166
项目名称				阀类接线
单　位				个
总价（元）				**39.88**
其中	人工费（元）			30.92
	材料费（元）			8.96
名　称		单位	单价（元）	消 耗 量
人工	综合工日	工日	135.00	0.229
材料	焊锡	kg	59.85	0.084
	焊锡膏 50g 瓶装	kg	49.90	0.021
	黄腊带 20mm×40m	卷	13.40	0.053
	尼龙扎带（综合）	根	0.49	2.123
	汽油（综合）	kg	7.74	0.147

第十四节　基础型钢、铁构件制作与安装

工作内容：1. 基础型钢制作与安装：定位、划线、调直、下料、预埋件制作、组对焊接、钻孔埋螺栓、焊点刷油、稳装固定、清理现场等。2. 其他子目：平直、下料、钻孔、焊接、安装、接地、油漆、清理现场等。

	编　　号			5-167	5-168	5-169	5-170	5-171	5-172
	项目名称			基础型钢制作、安装	一般铁构件制作	一般铁构件安装	轻型铁构件制作	轻型铁构件安装	金属箱、盒制作
	单　　位			100kg	t				kg
	总价（元）			**881.31**	**7051.81**	**5113.18**	**9123.10**	**5878.48**	**24.70**
其中	人工费（元）			330.75	6304.50	4576.50	8248.50	5346.00	22.41
	材料费（元）			533.30	228.53	175.85	200.92	101.47	1.31
	机械费（元）			17.26	518.78	360.83	673.68	431.01	0.98
	名　　称	单位	单价（元）	消　耗　量					
人工	综合工日	工日	135.00	2.450	46.700	33.900	61.100	39.600	0.166
材料	扁钢（综合）	kg	—	—	（220.000）	—	—	—	—
	角钢（综合）	kg	—	—	（750.000）	—	—	—	（0.050）
	圆钢（综合）	kg	—	—	（80.000）	—	—	—	—
	热轧薄钢板　δ1.0~1.5	kg	—	—	—	—	（1040.000）	—	（1.040）
	镀锌六角螺栓带螺母 2平垫 1弹垫 M10×100以内	10套	—	—	（51.500）	—	（29.870）	—	（0.020）
	型钢（综合）	kg	3.79	101.283	—	—	—	—	—
	扁钢　60mm 以内	kg	3.67	2.603	—	—	—	—	—
	镀锌圆钢　D5.5~9	kg	4.74	5.207	—	—	—	—	—

编号				5-167	5-168	5-169	5-170	5-171	5-172
项目名称				基础型钢制作、安装	一般铁构件制作	一般铁构件安装	轻型铁构件制作	轻型铁构件安装	金属箱、盒制作
单位				100kg	t				kg
名称		单位	单价（元）	消耗量					
材料	电焊条 L-60 *D*3.2	kg	7.59	0.841	—	—	—	—	—
	钢锯条	条	4.33	—	—	9.091	—	9.091	0.018
	砂轮片 *D*400	片	19.56	0.068	1.364	0.009	1.364	0.009	—
	白布	kg	12.98	—	0.909	1.818	1.818	1.818	0.002
	醇酸防锈漆	kg	13.20	0.201	—	—	—	—	—
	低碳钢焊条（综合）	kg	6.01	0.573	12.727	16.364	10.909	5.455	0.014
	防锈漆 C53-1	kg	13.20	—	2.727	0.273	3.364	0.273	0.033
	酚醛调和漆	kg	10.70	—	1.818	0.182	1.818	0.182	—
	胶木板	kg	10.37	—	2.549	0.850	—	—	—
	喷漆	kg	22.50	—	—	—	—	—	0.029
	石膏粉	kg	0.94	—	—	—	—	—	0.006
	水泥砂浆 1:1	m^3	410.70	0.201	—	—	—	—	—
	铁砂布 $0^{\#}$~$2^{\#}$	张	1.15	—	22.727	—	13.636	—	0.027
	油漆溶剂油	kg	6.10	—	0.909	—	0.909	—	—
	地脚螺栓 M12×160	套	1.97	9.565	—	—	—	—	—
机械	中小型机械费	元	—	17.26	518.78	360.83	673.68	431.01	0.98

第六章　电　　缆

说　　明

一、本章包括电缆沟挖填、铺砂盖砖、电缆防火保护，电力电缆敷设，控制电缆敷设，电缆保护管制作与安装，电缆头制作与安装，电缆桥架安装 6 节，共 196 条基价子目。

二、工程计价时应注意的问题。

1. 本章适用于 10kV 以下的电力和控制电缆的敷设工程，不适用于河流、积水区、水底敷设工程。

2. 本章除各项工作内容注明者外，以下均不包括：

（1）电缆线路标桩测量及敷设项目中支架的制作与安装、套管及塑料手套的制作。

（2）电缆与设备的压接线头（已包括在设备的安装项目内）。

（3）隔热层、保护层的制作与安装。

（4）冬季施工的加温处理工作。

（5）脚手架、工作台、帐篷的搭拆工作。

3. 电缆敷设子目按铜芯电缆考虑。

4. 控制电缆敷设不分室内、室外敷设，均按电缆芯数划分子目。

5. 电缆敷设子目不分型号、电压、规格，均按电缆截面划分子目。

6. 电缆敷设综合 2.5% 的波形长度，但未考虑预留长度。预留长度部分可参照本章工程量计算规则中“电缆敷设预留长度表”或按现行施工及验收规范规定计入工程量中。

7. 电缆及电缆头的耐压试验工作另计（包括配合试验工作的工时）。

8. 安装电缆梯架、托盘所用的非成品金属支架执行本册基价金属支架制作相应子目。

9. 电力电缆敷设基价均按三芯（包括三芯接地）编制，电缆每增加一芯相应基价子目增加 15%。单芯电力电缆敷设按照同截面电缆敷设子目乘以系数 0.7，两芯电缆按照三芯电缆子目执行。截面 $400mm^2$ 以上至 $800mm^2$ 的单芯电力电缆敷设，按照 $400mm^2$ 电力电缆敷设了目乘以系数 1.35。截面 $800mm^2$ 以上至 $1600mm^2$ 的单芯电力电缆敷设，按照 $400mm^2$ 电力电缆敷设子目乘以系数 1.85。

10. 电缆桥架安装：本基价已综合考虑了采用螺栓、焊接和膨胀螺栓三种固定方式，实际施工中不论采用何种固定方式，基价子目均不得调整。铝合金梯式桥架基价子目不包括盖板，若发生带盖板时执行铝合金槽式桥架基价子目相应子目。

11. 桥架盖板拆装仅适用于单独盖板安装项目。

12. 防火堵洞、防火隔板、防火涂料中，均不含防火材料的费用。

13. 电缆标志牌材质按塑料考虑，如实际使用材质与基价子目不同时，只更换材质，其消耗量不变。

工程量计算规则

一、电缆敷设、电缆沟铺砂、盖砖、盖保护板以“10m”为计量单位计算。

二、电缆保护管中钢管、铸铁管、顶过路管和混凝土管均以“10m”为计量单位计算，电缆保护管中沿电杆敷设钢管、沿电杆敷设塑料管以“根”为计量单位计算。

三、电缆桥架安装以“10m”为计量单位计算。

四、电力电缆、控制电缆终端头和中间头的制作与安装以“个”为计量单位计算。

五、电缆防火涂料、堵洞、隔板安装分别以“10kg”“处”“m^2”为计量单位计算。

六、电缆在敷设过程中，遇不同的节点需预留一定的余量，详见下表。

电缆敷设预留长度表

序号	项目	预留长度（附加）	说明
1	电缆敷设弛度、波形弯度、交叉	2.5%	按电缆全长计算
2	电缆进入建筑物	2.0m	规范规定最小值
3	电缆进入沟内或吊架时引上（下）预留	1.5m	规范规定最小值
4	变电所进线、出线	1.5m	规范规定最小值
5	电力电缆终端头	1.5m	检修余量最小值
6	电缆中间接头盒	两端各留 2.0m	检修余量最小值
7	电缆进控制、保护屏及模拟盘等	高 + 宽	按盘面尺寸
8	高压开关柜及低压配电盘、柜	2.0m	盘下进出线
9	电缆至电动机	0.5m	从电机接线盒算起
10	厂用变压器	3.0m	从地坪起算
11	电缆绕过梁柱等增加长度	按实计算	按被绕物的断面情况计算增加长度
12	电梯电缆与电缆架固定点	每处 0.5m	范围最小值

第一节　电缆沟挖填、铺砂盖砖、电缆防火保护

工作内容：测位、划线、挖电缆沟、回填土、夯实、开挖路面、清理现场。

编号				6-001	6-002	6-003	6-004
项目名称				电缆沟挖填			
				一般土沟	含建筑垃圾土	泥水土冻土	石方
单位				m^3			
总价（元）				**58.76**	**101.70**	**121.90**	**338.57**
其中	人工费（元）			58.76	101.70	107.35	316.40
	材料费（元）			—	—	—	22.17
	机械费（元）			—	—	14.55	—
名称		单位	单价（元）	消耗量			
人工	综合工日	工日	113.00	0.520	0.900	0.950	2.800
材料	导火索	m	1.89	—	—	—	3.500
	雷管	个	1.89	—	—	—	4.200
	炸药 硝铵	kg	4.76	—	—	—	1.600
机械	中小型机械费	元	—	—	—	14.55	—

工作内容：调整电缆间距、铺砂、盖砖或盖保护板、回填土、埋设标桩、清理现场等。

编号				6-005	6-006	6-007	6-008	6-009	6-010	6-011
项目名称				铺砂、盖砖		铺砂、盖保护板		盖板长度（mm）		
				电缆（根）						
				1~2	每增加 1	1~2	每增加 1	500 以内	1000 以内	1500 以内
单位				10m						
总价（元）				**214.03**	**74.12**	**291.70**	**130.07**	**112.32**	**190.18**	**268.04**
其中	人工费（元）			70.63	18.87	70.63	18.87	112.32	190.18	268.04
	材料费（元）			143.40	55.25	221.07	111.20	—	—	—
名称		单位	单价（元）	消耗量						
人工	综合工日	工日	113.00	0.625	0.167	0.625	0.167	0.994	1.683	2.372
材料	标准砖 240×115×53	块	0.51	84.084	42.042	—	—	—	—	—
	混凝土标桩 1200×100×100	个	22.11	0.420	—	0.420	—	—	—	—
	混凝土保护板 300×150×30	块	1.99	—	—	—	38.889	—	—	—
	混凝土保护板 300×250×30	块	3.10	—	—	38.889	—	—	—	—
	砂子 中砂	m^3	89.44	1.020	0.378	1.020	0.378	—	—	—

工作内容：清扫、堵洞、安装防火隔板、电缆刷防火涂料、清理现场等。

<table>
<tr><td colspan="4">编　　号</td><td>6-012</td><td>6-013</td><td>6-014</td><td>6-015</td><td>6-016</td></tr>
<tr><td colspan="4" rowspan="2">项目名称</td><td colspan="5">防火墙洞、防火隔板、防火涂料</td></tr>
<tr><td>防火堵洞防火门</td><td>防火堵洞盘柜下</td><td>防火堵洞保护管</td><td>防火隔板</td><td>防火涂料</td></tr>
<tr><td colspan="4">单　　位</td><td colspan="3">处</td><td>m²</td><td>10kg</td></tr>
<tr><td colspan="4">总价（元）</td><td>659.21</td><td>120.39</td><td>14.99</td><td>213.71</td><td>352.04</td></tr>
<tr><td rowspan="2">其中</td><td colspan="3">人工费（元）</td><td>519.75</td><td>103.14</td><td>14.18</td><td>180.90</td><td>333.45</td></tr>
<tr><td colspan="3">材料费（元）</td><td>139.46</td><td>17.25</td><td>0.81</td><td>32.81</td><td>18.59</td></tr>
<tr><td colspan="2">名　　称</td><td>单位</td><td>单价（元）</td><td colspan="5">消　耗　量</td></tr>
<tr><td>人工</td><td>综合工日</td><td>工日</td><td>135.00</td><td>3.850</td><td>0.764</td><td>0.105</td><td>1.340</td><td>2.470</td></tr>
<tr><td rowspan="4">材料</td><td>镀锌扁钢（综合）</td><td>kg</td><td>5.32</td><td>14.750</td><td>1.050</td><td>—</td><td>4.120</td><td>—</td></tr>
<tr><td>防火涂料</td><td>kg</td><td>13.63</td><td>—</td><td>—</td><td>—</td><td>—</td><td>1.080</td></tr>
<tr><td>汽油（综合）</td><td>kg</td><td>7.74</td><td>0.500</td><td>0.400</td><td>0.100</td><td>0.300</td><td>0.500</td></tr>
<tr><td>镀锌六角螺栓带螺母 2 平垫 1 弹垫 M8×（14~75）</td><td>套</td><td>0.70</td><td>81.600</td><td>12.240</td><td>0.050</td><td>12.240</td><td>—</td></tr>
</table>

第二节　电力电缆敷设

工作内容：开盘、检查、架线盘、敷设、锯断、配合试验、临时封头、挂牌、牵引头安装、绝缘电阻测试、清理现场等。

编　号				6-017	6-018	6-019	6-020	6-021	6-022
项目名称				直埋式电力电缆敷设 截面（mm^2）					
				50 以内	70 以内	120 以内	240 以内	300 以内	400 以内
单　位				10m					
总价（元）				**64.51**	**69.91**	**98.94**	**129.52**	**146.82**	**163.70**
其中	人工费（元）			57.24	61.97	86.27	110.57	123.80	138.51
	材料费（元）			3.62	4.29	5.92	6.55	6.85	7.14
	机械费（元）			3.65	3.65	6.75	12.40	16.17	18.05
名　称		单位	单价（元）	消　耗　量					
人工	综合工日	工日	135.00	0.424	0.459	0.639	0.819	0.917	1.026
材料	电力电缆	m	—	（10.100）	（10.100）	（10.100）	（10.100）	（10.100）	（10.100）
	标志牌 塑料扁形	个	0.45	0.574	0.574	0.574	0.574	0.574	0.574
	镀锌钢丝（综合）	kg	7.16	0.019	0.019	0.029	0.029	0.029	0.029

编号				6-017	6-018	6-019	6-020	6-021	6-022
项目名称				直埋式电力电缆敷设 截面（mm^2）					
				50 以内	70 以内	120 以内	240 以内	300 以内	400 以内
单位				10m					
名称		单位	单价（元）	消耗量					
材料	钢丝绳 *D*14.1~15	kg	5.05	0.077	0.096	0.143	0.172	0.182	0.191
	黄铜线（综合）	kg	54.36	0.010	0.010	0.010	0.010	0.010	0.010
	热缩端帽不带气门	个	2.88	0.067	0.067	0.067	0.067	0.067	0.067
	棉布 400g/m^2	kg	21.94	0.038	0.048	0.063	0.057	0.057	0.057
	汽油 100#	kg	8.11	0.029	0.029	0.038	0.038	0.038	0.038
	塑料带 20mm×40m	卷	4.73	0.019	0.029	0.057	0.057	0.057	0.057
	硬脂酸	kg	8.20	0.010	0.010	0.010	0.010	0.010	0.010
	油脂	kg	12.92	0.057	0.077	0.124	0.172	0.191	0.210
	自粘性塑料带 20mm×20m	卷	1.83	0.067	0.096	0.191	0.191	0.191	0.191
机械	中小型机械费	元	—	3.65	3.65	6.75	12.40	16.17	18.05

工作内容: 开盘、检查、架线盘、敷设、锯断、排列、整理、固定、配合试验、收盘、临时封盘、挂牌、电缆敷设、辅助设施安装及拆除、绝缘电阻测试、清理现场等。

编号				6-023	6-024	6-025	6-026	6-027	6-028	6-029
项目名称				电缆穿导管敷设 截面(mm^2)						
				16以内	35以内	50以内	70以内	120以内	240以内	400以内
单位				10m						
总价(元)				**52.07**	**70.90**	**87.13**	**104.71**	**135.75**	**185.98**	**281.12**
其中	人工费(元)			41.31	57.24	72.90	89.91	106.92	148.23	225.86
	材料费(元)			7.11	10.01	10.58	11.15	24.76	27.47	32.56
	机械费(元)			3.65	3.65	3.65	3.65	4.07	10.28	22.70
名称		单位	单价(元)	消耗量						
人工	综合工日	工日	135.00	0.306	0.424	0.540	0.666	0.792	1.098	1.673
材料	电力电缆	m	—	(10.100)	(10.100)	(10.100)	(10.100)	(10.100)	(10.100)	(10.100)
	封铅 含铅65% 锡35%	kg	29.99	0.077	0.096	0.115	0.134	0.153	0.191	0.268
	标志牌 塑料扁形	个	0.45	0.574	0.574	0.574	0.574	0.574	0.574	0.803
	低碳钢焊条(综合)	kg	6.01	—	—	—	—	0.020	0.025	0.030
	电缆敷设滚轮(综合)	个	247.79	—	—	—	—	0.019	0.019	0.019
	电缆敷设牵引头(综合)	只	327.43	—	—	—	—	0.010	0.010	0.010
	电缆敷设转向导轮(综合)	个	336.28	—	—	—	—	0.010	0.010	0.010
	镀锌电缆吊挂 3.0×50	套	0.85	0.488	0.679	0.679	0.679	0.641	—	—

编　　号				6-023	6-024	6-025	6-026	6-027	6-028	6-029
项目名称				电缆穿导管敷设 截面（mm^2）						
				16 以内	35 以内	50 以内	70 以内	120 以内	240 以内	400 以内
单　　位				10m						
名　　称		单位	单价（元）	消　耗　量						
材料	镀锌电缆吊挂 3.0×100	套	0.85	—	—	—	—	—	0.593	0.832
	镀锌电缆卡子 2×35	套	0.85	2.238	2.238	2.238	2.238	—	—	—
	镀锌电缆卡子 3×50	套	1.62	—	—	—	—	2.133	—	—
	镀锌电缆卡子 3×100	套	2.17	—	—	—	—	—	2.238	3.003
	冲击钻头 *D*8	个	5.44	0.010	—	—	—	—	—	—
	冲击钻头 *D*12	个	8.00	—	0.010	0.010	0.010	0.010	0.010	0.010
	合金钢钻头 *D*10	个	8.21	0.019	0.019	0.019	0.019	0.010	—	—
	沥青绝缘漆	kg	17.57	0.010	0.010	0.010	0.010	0.019	0.019	0.029
	白布	kg	12.98	0.029	0.048	0.048	0.048	0.057	0.077	0.096
	汽油（综合）	kg	7.74	0.048	0.077	0.077	0.077	0.096	0.096	0.143
	橡胶垫 $\delta 2$	m^2	33.90	0.010	0.010	0.010	0.010	0.010	0.010	0.010
	硬脂酸	kg	8.20	0.010	0.010	0.010	0.010	0.010	0.010	0.010
	膨胀螺栓 M6	10 套	4.40	0.153	—	—	—	—	—	—
	膨胀螺栓 M10	10 套	15.30	—	0.153	0.153	0.153	0.134	0.134	0.134
机械	中小型机械费	元	—	3.65	3.65	3.65	3.65	4.07	10.28	22.70

工作内容：开盘、检查、架线盘、敷设、锯断、排列、整理、固定、配合试验、收盘、临时封头、挂牌、电缆敷设、辅助设施安装及拆除、绝缘电阻测试、清理现场等。

编号				6-030	6-031	6-032	6-033	6-034	6-035	6-036
项目名称				电缆沿线槽、桥架敷设 截面（mm^2）						
				16 以内	35 以内	50 以内	70 以内	120 以内	240 以内	400 以内
单位				10m						
总价（元）				**50.86**	**68.99**	**84.92**	**102.20**	**132.09**	**181.28**	**274.48**
其中	人工费（元）			40.50	55.89	71.28	88.02	104.63	145.26	221.27
	材料费（元）			6.71	9.45	9.99	10.53	23.39	25.74	30.51
	机械费（元）			3.65	3.65	3.65	3.65	4.07	10.28	22.70
名称		单位	单价（元）	消耗量						
人工	综合工日	工日	135.00	0.300	0.414	0.528	0.652	0.775	1.076	1.639
材料	电力电缆	m	—	（10.100）	（10.100）	（10.100）	（10.100）	（10.100）	（10.100）	（10.100）
	封铅 含铅 65% 锡 35%	kg	29.99	0.073	0.091	0.109	0.127	0.145	0.182	0.254
	标志牌 塑料扁形	个	0.45	0.545	0.545	0.545	0.545	0.545	0.545	0.763
	低碳钢焊条（综合）	kg	6.01	—	—	—	—	0.020	0.025	0.030
	电缆敷设滚轮（综合）	个	247.79	—	—	—	—	0.019	0.018	0.019
	电缆敷设牵引头（综合）	只	327.43	—	—	—	—	0.009	0.009	0.009
	电缆敷设转向导轮（综合）	个	336.28	—	—	—	—	0.009	0.009	0.009
	镀锌电缆卡子 2×35	套	0.85	2.126	2.126	2.126	2.126	—	—	—

编号				6-030	6-031	6-032	6-033	6-034	6-035	6-036
项目名称				电缆沿线槽、桥架敷设 截面(mm^2)						
				16 以内	35 以内	50 以内	70 以内	120 以内	240 以内	400 以内
单位				10m						
名称		单位	单价(元)	消耗量						
材料	镀锌电缆卡子 3×50	套	1.62	—	—	—	—	2.026	—	—
	镀锌电缆卡子 3×100	套	2.17	—	—	—	—	—	2.126	2.726
	镀锌电缆吊挂 3.0×50	套	0.85	0.463	0.645	0.645	0.645	0.609	—	—
	镀锌电缆吊挂 3.0×100	套	0.85	—	—	—	—	—	0.563	0.791
	冲击钻头 *D*8	个	5.44	0.009	—	—	—	—	—	—
	冲击钻头 *D*12	个	8.00	—	0.009	0.009	0.009	0.009	0.009	0.009
	合金钢钻头 *D*10	个	8.21	0.018	0.018	0.018	0.018	0.009	—	—
	沥青绝缘漆	kg	17.57	0.009	0.009	0.009	0.009	0.018	0.018	0.027
	白布	kg	12.98	0.027	0.045	0.045	0.045	0.055	0.073	0.091
	汽油(综合)	kg	7.74	0.045	0.073	0.073	0.073	0.090	0.091	0.136
	橡胶垫 δ2	m^2	33.90	0.009	0.009	0.009	0.009	0.009	0.009	0.009
	硬脂酸	kg	8.20	0.009	0.009	0.009	0.009	0.009	0.009	0.009
	膨胀螺栓 M6	10 套	4.40	0.145	—	—	—	—	—	—
	膨胀螺栓 M10	10 套	15.30	—	0.145	0.145	0.145	0.127	0.127	0.127
机械	中小型机械费	元	—	3.65	3.65	3.65	3.65	4.07	10.28	22.70

工作内容：开盘、检查、架线盘、敷设、锯断、配合试验、临时封头、挂牌、卡固、牵引头安装、绝缘电阻测试、清理现场等。

编号				6-037	6-038	6-039	6-040	6-041	6-042
项目名称				电缆沿支架卡设 截面（mm^2）					
				50 以内	70 以内	120 以内	240 以内	300 以内	400 以内
单位				10m					
总价（元）				**65.71**	**74.42**	**94.00**	**123.55**	**148.44**	**156.57**
其中	人工费（元）			53.46	61.97	77.76	99.63	122.58	128.79
	材料费（元）			8.60	8.80	9.49	9.63	9.69	9.73
	机械费（元）			3.65	3.65	6.75	14.29	16.17	18.05
名称		单位	单价（元）	消耗量					
人工	综合工日	工日	135.00	0.396	0.459	0.576	0.738	0.908	0.954
材料	电力电缆	m	—	（10.100）	（10.100）	（10.100）	（10.100）	（10.100）	（10.100）
	标志牌 塑料扁形	个	0.45	0.574	0.574	0.574	0.574	0.574	0.574
	电缆卡子（综合）	个	0.39	9.746	9.746	9.746	9.746	9.746	9.746
	镀锌钢丝（综合）	kg	7.16	0.019	0.019	0.029	0.029	0.029	0.029
	钢丝绳 D14.1~15	kg	5.05	0.077	0.096	0.143	0.172	0.182	0.191

编号				6-037	6-038	6-039	6-040	6-041	6-042
项目名称				电缆沿支架卡设 截面（mm^2）					
				50 以内	70 以内	120 以内	240 以内	300 以内	400 以内
单位				10m					
名称		单位	单价（元）	消耗量					
材料	黄铜线（综合）	kg	54.36	0.010	0.010	0.010	0.010	0.010	0.010
	棉布 $400g/m^2$	kg	21.94	0.010	0.010	0.010	0.010	0.010	0.010
	汽油 $100^{\#}$	kg	8.11	0.029	0.029	0.038	0.038	0.038	0.038
	热缩端帽不带气门	个	2.88	0.067	0.067	0.067	0.067	0.067	0.067
	塑料带 20mm×40m	卷	4.73	0.019	0.029	0.057	0.057	0.057	0.057
	硬脂酸	kg	8.20	0.010	0.010	0.010	0.010	0.010	0.010
	自粘性塑料带 20mm×20m	卷	1.83	0.067	0.096	0.191	0.191	0.191	0.191
	镀锌六角螺栓 M8×25	10 个	0.13	19.492	19.492	19.492	19.492	19.492	19.492
机械	中小型机械费	元	—	3.65	3.65	6.75	14.29	16.17	18.05

工作内容：开盘、检查、架线盘、敷设、锯断、排列、整理、固定、配合试验、收盘、临时封头、挂牌、电缆敷设设施安装及拆除、绝缘电阻测试、清理现场等。

编号				6–043	6–044	6–045	6–046	6–047
项目名称				竖井通道内敷设电力电缆 截面（mm^2）				
				50 以内	70 以内	120 以内	240 以内	400 以内
单位				10m				
总价（元）				**279.05**	**331.73**	**397.39**	**546.11**	**793.91**
其中	人工费（元）			218.70	270.81	316.98	454.14	680.13
	材料费（元）			56.70	57.27	76.34	81.69	91.08
	机械费（元）			3.65	3.65	4.07	10.28	22.70
名称		单位	单价（元）	消耗量				
人工	综合工日	工日	135.00	1.620	2.006	2.348	3.364	5.038
材料	电力电缆	m	—	（10.100）	（10.100）	（10.100）	（10.100）	（10.100）
	封铅 含铅 65% 锡 35%	kg	29.99	0.115	0.134	0.153	0.191	0.268
	标志牌 塑料扁形	个	0.45	1.722	1.722	1.722	1.722	2.295
	低碳钢焊条（综合）	kg	6.01	—	—	0.020	0.025	0.030
	电缆敷设滚轮（综合）	个	247.79	—	—	0.019	0.019	0.019
	电缆敷设牵引头（综合）	只	327.43	—	—	0.010	0.010	0.010
	电缆敷设转向导轮（综合）	个	336.28	—	—	0.010	0.010	0.010
	镀锌电缆卡子 2×35	套	0.85	10.712	10.712	—	—	—

编号				6-043	6-044	6-045	6-046	6-047
项目名称				竖井通道内敷设电力电缆 截面（mm^2）				
				50以内	70以内	120以内	240以内	400以内
单位				10m				
名称		单位	单价（元）	消耗量				
材料	镀锌电缆卡子 3×50	套	1.62	—	—	10.521	—	—
	镀锌电缆卡子 3×100	套	2.17	—	—	—	11.286	12.051
	镀锌电缆吊挂 3.0×50	套	0.85	7.173	7.173	6.695	—	—
	镀锌电缆吊挂 3.0×100	套	0.85	—	—	—	0.593	0.832
	冲击钻头 *D*12	个	8.00	0.096	0.096	0.096	0.096	0.096
	合金钢钻头 *D*10	个	8.21	0.191	0.191	0.163	0.163	0.163
	沥青绝缘漆	kg	17.57	0.096	0.096	0.143	0.191	0.268
	白布	kg	12.98	0.048	0.048	0.057	0.077	0.096
	汽油（综合）	kg	7.74	0.717	0.717	0.909	0.995	1.396
	橡胶垫 $\delta 2$	m^2	33.90	0.010	0.010	0.010	0.010	0.010
	硬脂酸	kg	8.20	0.048	0.048	0.077	0.096	0.124
	膨胀螺栓 M10	10套	15.30	1.722	1.722	1.530	1.530	1.530
机械	中小型机械费	元	—	3.65	3.65	4.07	10.28	22.70

工作内容：剥麻皮、清扫、剪卷麻皮、熬沥青、煮麻皮、包缠电缆头、清理现场等。

编号			6-048	6-049	6-050	6-051	6-052	6-053
项目名称			电缆剥包麻皮刷沥青					
			电缆重量					
			剥麻皮（kg/m）		包缠麻皮（kg/m）		刷沥青（kg/m）	
			7.5	15	7.5	15	7.5	15
单位			100m					
总价（元）			**223.54**	**293.19**	**1120.22**	**1249.33**	**855.49**	**888.89**
其中	人工费（元）		198.45	259.20	382.05	503.55	76.95	94.37
	材料费（元）		25.09	33.99	738.17	745.78	778.54	794.52
名称	单位	单价（元）	消耗量					
人工 综合工日	工日	135.00	1.470	1.920	2.830	3.730	0.570	0.699
材料 沥青漆	kg	11.34	—	—	—	—	1.010	1.010
材料 麻布	m^2	15.22	—	—	48.500	49.000	50.400	51.450
材料 棉纱头	kg	16.11	1.000	1.000	—	—	—	—
材料 汽油（综合）	kg	7.74	1.160	2.310	—	—	—	—

第三节　控制电缆敷设

工作内容：开盘、检查、架线盘、敷设、切断、排列整理、固定、收盘、临时封头、挂牌。

编　　号				6-054	6-055	6-056	6-057	6-058
项目名称				控制电缆敷设 芯数（芯）				
				6 以内	14 以内	24 以内	37 以内	48 以内
单　　位				10m				
总价（元）				**62.36**	**73.72**	**78.56**	**97.81**	**129.21**
其中	人工费（元）			59.13	65.61	70.20	89.37	120.56
	材料费（元）			3.23	3.67	3.92	4.00	4.21
	机械费（元）			—	4.44	4.44	4.44	4.44
名　　称		单位	单价（元）	消　耗　量				
人工	综合工日	工日	135.00	0.438	0.486	0.520	0.662	0.893
材料	控制电缆	m	—	（10.150）	（10.150）	（10.150）	（10.150）	（10.150）
	标志牌 塑料扁形	个	0.45	0.601	0.601	0.601	0.601	0.601
	电气绝缘胶带 18mm×10m×0.13mm	卷	4.55	0.010	0.010	0.010	0.010	0.010
	镀锌电缆卡子 2×35	套	0.85	2.342	2.342	2.342	2.342	2.342
	钢锯条	条	4.33	0.100	0.100	0.110	0.110	0.110
	白布	kg	12.98	0.020	0.030	0.040	0.040	0.050
	汽油（综合）	kg	7.74	0.030	0.070	0.080	0.090	0.100
机械	中小型机械费	元	—	—	4.44	4.44	4.44	4.44

工作内容：开盘、检查、架线盒、敷设、切断、排列整理、固定、收盘、临时封头、挂牌。

编号				6-059	6-060	6-061	6-062	6-063
项目名称				竖井通道内控制电缆敷设 芯数（芯）				
				6 以内	14 以内	24 以内	37 以内	48 以内
单位				10m				
总价（元）				**155.63**	**180.22**	**215.16**	**265.37**	**365.07**
其中	人工费（元）			144.32	164.03	198.72	248.81	348.30
	材料费（元）			11.31	11.75	12.00	12.12	12.33
	机械费（元）			—	4.44	4.44	4.44	4.44
名称		单位	单价（元）	消耗量				
人工	综合工日	工日	135.00	1.069	1.215	1.472	1.843	2.580
材料	控制电缆	m	—	(10.150)	(10.150)	(10.150)	(10.150)	(10.150)
	标志牌 塑料扁形	个	0.45	1.802	1.802	1.802	1.802	1.802
	电气绝缘胶带 18mm×10m×0.13mm	卷	4.55	0.010	0.010	0.010	0.020	0.020
	镀锌电缆卡子 2×35	套	0.85	11.211	11.211	11.211	11.211	11.211
	钢锯条	条	4.33	0.100	0.100	0.110	0.110	0.110
	白布	kg	12.98	0.020	0.030	0.040	0.040	0.050
	汽油（综合）	kg	7.74	0.030	0.070	0.080	0.090	0.100
机械	中小型机械费	元	—	—	4.44	4.44	4.44	4.44

第四节　电缆保护管制作与安装

工作内容：沟底夯实、锯管、接口、敷设、刷漆、堵管口、清理现场等。

编号				6-064	6-065	6-066	6-067	6-068	6-069
项目名称				电缆保护管敷设					
				埋地敷设					
				钢管直径（mm）			铸铁管直径（mm）		水泥管直径（mm）
				50 以内	100 以内	150 以内	100 以内	200 以内	100 以内
单位				10m					
总价（元）				**118.83**	**133.29**	**148.23**	**109.97**	**244.07**	**76.50**
其中	人工费（元）			88.70	98.42	106.92	98.69	221.40	72.90
	材料费（元）			17.82	21.95	28.07	11.28	22.67	3.60
	机械费（元）			12.31	12.92	13.24	—	—	—
名称		单位	单价（元）	消耗量					
人工	综合工日	工日	135.00	0.657	0.729	0.792	0.731	1.640	0.540
材料	钢管	m	—	（10.300）	（10.300）	（10.300）	—	—	—
	钢筋混凝土管	m	—	—	—	—	—	—	（10.500）
	铸铁管	m	—	—	—	—	（10.350）	（10.350）	—

编号				6-064	6-065	6-066	6-067	6-068	6-069
项目名称				电缆保护管敷设					
				埋地敷设					
				钢管直径（mm）			铸铁管直径（mm）		水泥管直径（mm）
				50 以内	100 以内	150 以内	100 以内	200 以内	100 以内
单位				10m					
名称		单位	单价（元）	消耗量					
材料	低碳钢焊条 J422（综合）	kg	3.60	0.400	0.501	0.601	—	—	—
	镀锌钢丝（综合）	kg	7.16	0.701	0.901	1.101	—	—	—
	钢板（综合）	kg	4.18	0.200	0.300	0.501	—	—	—
	沥青清漆	kg	6.89	1.001	1.201	1.602	0.540	1.080	—
	木柴	kg	1.03	—	—	—	1.080	2.160	—
	水泥 P·O 32.5	kg	0.36	—	—	—	3.270	6.360	10.010
	氧气	m^3	2.88	0.240	0.276	0.325	—	—	—
	乙炔气	kg	14.66	0.200	0.230	0.270	—	—	—
	油麻	kg	16.48	—	—	—	0.320	0.650	—
机械	中小型机械费	元	—	12.31	12.92	13.24	—	—	—

工作内容：沟底夯实、锯管、接口、敷设、刷漆、堵管口、清理现场等。

编号				6-070	6-071	6-072	6-073	6-074
项目名称				电缆保护管敷设				
				埋地敷设				
				水泥管直径(mm)	硬塑料管直径(mm)			
				200 以内	50 以内	100 以内	150 以内	200 以内
单位				10m				
总价(元)				**158.27**	**26.57**	**32.65**	**49.54**	**56.51**
其中	人工费(元)			154.31	24.30	30.38	46.17	52.25
	材料费(元)			3.96	1.87	1.87	2.77	3.66
	机械费(元)			—	0.40	0.40	0.60	0.60
名称		单位	单价(元)	消耗量				
人工	综合工日	工日	135.00	1.143	0.180	0.225	0.342	0.387
材料	钢筋混凝土管	m	—	(10.500)	—	—	—	—
	塑料管	m	—	—	(10.300)	(10.300)	(10.300)	(10.300)
	锯条(各种规格)	根	0.42	—	0.200	0.200	0.200	0.200
	砂子 中砂	m^3	89.44	—	0.020	0.020	0.030	0.040
	水泥 P·O 32.5	kg	0.36	11.011	—	—	—	—
机械	中小型机械费	元	—	—	0.40	0.40	0.60	0.60

工作内容：沟底夯实、锯管、接口、敷设、刷漆、堵管口、清理现场等。

编　号				6-075	6-076	6-077	6-078	6-079
项目名称				电缆保护管敷设				
				埋地敷设	沿电杆敷设			
				硬塑料管直径（mm）	钢管直径（mm）		硬塑料管直径（mm）	
				300 以内	80 以内	80 以外	80 以内	80 以外
单　位				10m	根			
总价（元）				**74.09**	**226.37**	**337.99**	**106.85**	**147.08**
其中	人工费（元）			68.04	91.53	125.28	50.76	76.95
	材料费（元）			5.45	133.07	210.85	56.01	70.03
	机械费（元）			0.60	1.77	1.86	0.08	0.10
名　称		单位	单价（元）	消　耗　量				
人工	综合工日	工日	135.00	0.504	0.678	0.928	0.376	0.570
材料	塑料管	m	—	（10.300）	—	—	—	—
	镀锌 U 形抱箍	套	3.46	—	2.010	2.010	2.010	2.010
	防水水泥砂浆　1：2	m^3	366.21	—	0.050	0.050	0.050	0.050

编号					6-075	6-076	6-077	6-078	6-079
项目名称					电缆保护管敷设				
					埋地敷设	沿电杆敷设			
					硬塑料管直径（mm）	钢管直径（mm）		硬塑料管直径（mm）	
					300以内	80以内	80以外	80以内	80以外
单位					10m	根			
名称		单位	单价（元）		消耗量				
材料	焊接钢管（综合）	kg	4.23		—	23.680	41.410	—	—
	锯条（各种规格）	根	0.42		0.200	—	—	—	—
	沥青清漆	kg	6.89		—	0.300	0.300	—	—
	麻绳	kg	9.28		—	0.600	0.900	0.600	0.900
	砂子 中砂	m^3	89.44		0.060	—	—	—	—
	硬塑料管 *DN*70	m	11.09		—	—	—	2.270	—
	硬塑料管 *DN*150	m	16.04		—	—	—	—	2.270
机械	中小型机械费	元	—		0.60	1.77	1.86	0.08	0.10

工作内容：修正工作坑、弹头制作、钢管刷油、下管、装拆机具、顶管、接管、清理现场等。

编号				6–080	6–081	6–082	6–083
项目名称				顶过路管			
				钢管直径 150mm 以内		钢管直径 300mm 以内	
				顶管距离 10m 以内	顶管距离 10m 以外	顶管距离 10m 以内	顶管距离 10m 以外
单位				10m			
总价（元）				**4138.57**	**3319.66**	**4407.22**	**3618.57**
其中	人工费（元）			1145.75	1145.75	1317.06	1317.06
	材料费（元）			726.83	390.90	757.26	416.26
	机械费（元）			2265.99	1783.01	2332.90	1885.25
名称		单位	单价（元）	消耗量			
人工	综合工日	工日	135.00	8.487	8.487	9.756	9.756
材料	钢管	m	—	（10.250）	（10.250）	（10.250）	（10.250）
	低碳钢焊条 J422（综合）	kg	3.60	0.040	0.040	—	—
	沥青清漆	kg	6.89	3.504	3.504	4.034	4.034
	无缝钢管 $D159\times6$	kg	3.92	5.135	4.284	—	—
	无缝钢管 $D219\times6$	kg	4.45	—	—	9.469	7.888
	氧气	m^3	2.88	0.949	0.949	1.092	1.092
	乙炔气	kg	14.66	0.791	0.791	0.911	0.911
	枕木 2500×200×160	根	285.96	2.272	1.141	2.272	1.141
	中厚钢板（综合）	kg	3.71	4.955	2.482	5.696	2.853
机械	中小型机械费	元	—	2265.99	1783.01	2332.90	1885.25

第五节　电缆头制作与安装

工作内容：定位、量尺寸、锯断、剥保护层及绝缘层、清洗、包缠绝缘、压接线管及接线端子、安装、接线、清理现场等。

编　号				6-084	6-085	6-086	6-087	6-088	6-089	6-090
项目名称				户内干包式电力电缆终端头制作与安装 截面（mm^2）						
				16 以内	35 以内	50 以内	70 以内	120 以内	240 以内	400 以内
单　位				个						
总价（元）				**106.42**	**145.86**	**174.04**	**204.89**	**266.77**	**415.55**	**503.47**
其中	人工费（元）			35.78	59.54	71.82	83.70	95.85	125.96	138.51
	材料费（元）			70.64	86.32	102.22	121.19	170.92	289.59	364.96
名　称		单位	单价（元）	消　耗　量						
人工	综合工日	工日	135.00	0.265	0.441	0.532	0.620	0.710	0.933	1.026
材料	镀锡裸铜软绞线 TJRX16mm^2	kg	50.05	0.153	0.191	0.265	0.242	0.268	0.334	0.368
	铜接线端子 DT-16	个	10.05	4.567	0.975	0.975	0.975	0.975	0.975	0.975
	铜接线端子 DT-35	个	13.06	—	3.593	—	—	—	—	—
	铜接线端子 DT-50	个	15.71	—	—	3.593	—	—	—	—
	铜接线端子 DT-70	个	20.54	—	—	—	3.593	—	—	—

续前

编号				6-084	6-085	6-086	6-087	6-088	6-089	6-090
项目名称				户内干包式电力电缆终端头制作与安装 截面（mm^2）						
				16 以内	35 以内	50 以内	70 以内	120 以内	240 以内	400 以内
单位				个						
名称		单位	单价（元）	消耗量						
材料	铜接线端子 DT-120	个	33.16	—	—	—	—	3.593	—	—
	铜接线端子 DT-240	个	61.30	—	—	—	—	—	3.593	—
	铜接线端子 DT-400	个	79.19	—	—	—	—	—	—	3.593
	白布	kg	12.98	0.275	0.344	0.420	0.497	0.573	0.917	1.009
	电力复合脂	kg	22.43	0.028	0.034	0.042	0.050	0.057	0.092	0.101
	电气绝缘胶带 18mm×10m×0.13mm	卷	4.55	0.229	0.287	0.287	0.287	0.382	0.478	0.573
	固定卡子 *D*90	个	1.01	1.575	1.968	1.968	1.968	1.968	1.968	1.968
	焊锡膏 50g 瓶装	kg	49.90	0.010	0.011	0.015	0.019	0.023	0.046	0.054
	焊锡丝（综合）	kg	60.79	0.046	0.057	0.076	0.096	0.115	0.229	0.344
	汽油（综合）	kg	7.74	0.275	0.344	0.363	0.382	0.401	0.459	0.478
	三色塑料带 20mm×40m	m	0.16	0.107	0.134	0.232	0.332	0.430	0.669	0.860
	塑料手套 ST 型	个	4.80	1.003	1.003	1.003	1.003	1.003	1.003	1.003

工作内容：定位、量尺寸、锯断、剥保护层及绝缘层、清洗、包缠绝缘、压接线管及接线端子、安装、接线。

编号				6-091	6-092	6-093	6-094	6-095	6-096	6-097
项目名称				户内干包式电力电缆中间头制作与安装 截面(mm^2)						
				16 以内	35 以内	50 以内	70 以内	120 以内	240 以内	400 以内
单位				个						
总价(元)				**111.47**	**158.43**	**189.94**	**222.78**	**261.08**	**360.71**	**452.45**
其中	人工费(元)			60.62	100.98	123.26	145.13	167.13	218.16	283.77
	材料费(元)			50.85	57.45	66.68	77.65	93.95	142.55	168.68
名称		单位	单价(元)	消耗量						
人工	综合工日	工日	135.00	0.449	0.748	0.913	1.075	1.238	1.616	2.102
材料	镀锡裸铜软绞线 TJRX16mm^2	kg	50.05	0.250	0.250	0.250	0.250	0.250	0.350	0.350
	封铅 含铅 65% 锡 35%	kg	29.99	0.346	0.432	0.524	0.616	0.708	0.852	0.852
	铜接线端子 DT-16	个	10.05	1.020	1.020	1.020	1.020	1.020	1.020	1.020
	铜压接管 16mm^2	个	0.96	3.760	—	—	—	—	—	—
	铜压接管 35mm^2	个	1.10	—	3.760	—	—	—	—	—
	铜压接管 50mm^2	个	1.69	—	—	3.760	—	—	—	—

编号				6-091	6-092	6-093	6-094	6-095	6-096	6-097
项目名称				户内干包式电力电缆中间头制作与安装 截面（mm^2）						
				16以内	35以内	50以内	70以内	120以内	240以内	400以内
单位				个						
名称		单位	单价（元）	消耗量						
材料	铜压接管 $70mm^2$	个	2.74	—	—	—	3.760	—	—	—
	铜压接管 $120mm^2$	个	5.21	—	—	—	—	3.760	—	—
	铜压接管 $240mm^2$	个	10.43	—	—	—	—	—	3.760	—
	铜压接管 $400mm^2$	个	17.38	—	—	—	—	—	—	3.760
	电气绝缘胶带 18mm×10m×0.13mm	卷	4.55	0.480	0.600	0.700	0.800	0.900	1.250	1.250
	焊锡膏 50g 瓶装	kg	49.90	0.010	0.012	0.016	0.020	0.024	0.048	0.048
	焊锡丝（综合）	kg	60.79	0.048	0.060	0.080	0.100	0.120	0.240	0.240
	电力复合脂	kg	22.43	0.029	0.036	0.044	0.052	0.060	0.096	0.096
	白布	kg	12.98	0.288	0.360	0.440	0.520	0.600	0.960	0.960
	汽油（综合）	kg	7.74	0.384	0.480	0.560	0.640	0.720	0.960	0.960
	塑料带 20mm×40m	卷	4.73	0.240	0.300	0.417	0.533	0.650	1.120	1.120

工作内容：定位、量尺寸、锯断、剥切清洗、内屏蔽层处理、焊接地线、压接线端子、装热缩管、加热成型、安装、接线。

编号				6-098	6-099	6-100	6-101	6-102	6-103	6-104
项目名称				1kV 热缩式铜芯电力电缆终端头						
				电缆截面（mm^2）						
				16 以内	35 以内	50 以内	70 以内	120 以内	240 以内	400 以内
单位				个						
总价（元）				**128.38**	**174.76**	**203.31**	**238.72**	**309.76**	**472.24**	**616.83**
其中	人工费（元）			35.10	59.40	72.90	85.05	98.55	132.30	183.60
	材料费（元）			93.28	115.36	130.41	153.67	211.21	339.94	433.23
名称		单位	单价（元）	消耗量						
人工	综合工日	工日	135.00	0.260	0.440	0.540	0.630	0.730	0.980	1.360
材料	户内热缩式电缆终端头	套	—	（1.020）	（1.020）	（1.020）	（1.020）	（1.020）	（1.020）	（1.020）
	电气绝缘胶带 18mm×10m×0.13mm	卷	4.55	0.240	0.300	0.440	0.580	0.720	1.200	1.860
	镀锡裸铜软绞线 TJRX16mm^2	kg	50.05	0.160	0.200	0.200	0.200	0.300	0.350	0.500
	铜接线端子 DT-16	个	10.05	4.780	1.020	1.020	1.020	1.020	1.020	1.020
	铜接线端子 DT-35	个	13.06	—	3.760	—	—	—	—	—
	铜接线端子 DT-50	个	15.71	—	—	3.760	—	—	—	—
	铜接线端子 DT-70	个	20.54	—	—	—	3.760	—	—	—

编号				6-098	6-099	6-100	6-101	6-102	6-103	6-104
项目名称				1kV 热缩式铜芯电力电缆终端头						
				电缆截面（mm^2）						
				16 以内	35 以内	50 以内	70 以内	120 以内	240 以内	400 以内
单位				个						
名称		单位	单价（元）	消耗量						
材料	铜接线端子 DT-120	个	33.16	—	—	—	—	3.760	—	—
	铜接线端子 DT-240	个	61.30	—	—	—	—	—	3.760	—
	铜接线端子 DT-400	个	79.19	—	—	—	—	—	—	3.760
	焊锡膏 50g 瓶装	kg	49.90	0.058	0.072	0.076	0.080	0.084	0.108	0.120
	焊锡丝（综合）	kg	60.79	0.288	0.360	0.380	0.400	0.420	0.540	0.600
	固定卡子 *D*90	个	1.01	2.060	2.060	2.060	2.060	2.060	2.060	2.060
	汽油（综合）	kg	7.74	0.576	0.720	0.800	0.880	0.960	1.200	1.560
	丙酮	kg	9.89	0.480	0.600	0.720	0.840	0.960	1.200	1.680
	电力复合脂	kg	22.43	0.029	0.036	0.044	0.052	0.060	0.096	0.120
	三色塑料带 20mm×40m	m	0.16	0.400	0.500	0.600	0.700	0.800	1.000	1.500
	白布	kg	12.98	0.288	0.360	0.440	0.520	0.600	0.960	1.200

工作内容:定位、量尺寸、锯断、剥切清洗、内屏蔽层处理、焊接地线、压接线端子、装热缩管、加热成型、安装、接线。

编号				6-105	6-106	6-107	6-108	6-109	6-110
项目名称				10kV 热缩式铜芯电力电缆终端头					
				电缆截面(mm^2)					
				35 以内	50 以内	70 以内	120 以内	240 以内	400 以内
单位				个					
总价(元)				**192.42**	**222.32**	**262.91**	**331.01**	**474.04**	**627.80**
其中	人工费(元)			78.57	93.15	107.06	129.60	156.87	221.40
	材料费(元)			113.85	129.17	155.85	201.41	317.17	406.40
名称		单位	单价(元)	消耗量					
人工	综合工日	工日	135.00	0.582	0.690	0.793	0.960	1.162	1.640
材料	户内热缩式电缆终端头	套	—	(1.020)	(1.020)	(1.020)	(1.020)	(1.020)	(1.020)
	镀锡裸铜软绞线 TJRX16mm²	kg	50.05	0.200	0.200	0.300	0.300	0.350	0.500
	铜接线端子 DT-16	个	10.05	1.020	1.020	1.020	1.020	1.020	1.020
	铜接线端子 DT-35	个	13.06	3.060	—	—	—	—	—
	铜接线端子 DT-50	个	15.71	—	3.060	—	—	—	—
	铜接线端子 DT-70	个	20.54	—	—	3.060	—	—	—
	铜接线端子 DT-120	个	33.16	—	—	—	3.060	—	—

编号				6-105	6-106	6-107	6-108	6-109	6-110
项目名称				10kV 热缩式铜芯电力电缆终端头					
				电缆截面（mm^2）					
				35 以内	50 以内	70 以内	120 以内	240 以内	400 以内
单位				个					
名称		单位	单价（元）	消耗量					
材料	铜接线端子 DT-240	个	61.30	—	—	—	—	3.060	—
	铜接线端子 DT-400	个	79.19	—	—	—	—	—	3.060
	白布	kg	12.98	0.360	0.440	0.520	0.600	0.960	1.320
	丙酮	kg	9.89	0.600	0.720	0.840	0.960	1.200	1.800
	电力复合脂	kg	22.43	0.036	0.044	0.052	0.060	0.096	0.120
	电气绝缘胶带 18mm×10m×0.13mm	卷	4.55	0.350	0.550	0.680	0.820	1.560	2.460
	固定卡子 *D*90	个	1.01	2.060	2.060	2.060	2.060	2.060	2.060
	焊锡膏 50g 瓶装	kg	49.90	0.072	0.076	0.080	0.084	0.108	0.120
	焊锡丝（综合）	kg	60.79	0.360	0.380	0.400	0.420	0.540	0.600
	聚四氟乙烯带	kg	46.22	0.160	0.200	0.240	0.280	0.400	0.500
	汽油（综合）	kg	7.74	0.720	0.800	0.880	0.960	1.200	1.560
	三色塑料带 20mm×40m	m	0.16	0.550	0.680	0.780	0.880	1.080	1.590

工作内容：定位、量尺寸、锯断、剥切清洗、内屏蔽层处理、焊接地线、套热缩管、压接线端子、加热成型、安装、清理现场等。

编号				6-111	6-112	6-113	6-114	6-115
项目名称				1kV 热缩式铜芯电力电缆中间头				
				电缆截面（mm^2）				
				50 以内	70 以内	120 以内	240 以内	400 以内
单位				个				
总价（元）				**176.03**	**208.20**	**290.71**	**396.95**	**559.61**
其中	人工费（元）			95.45	111.24	151.88	196.29	274.46
	材料费（元）			80.58	96.96	138.83	200.66	285.15
名称		单位	单价（元）	消耗量				
人工	综合工日	工日	135.00	0.707	0.824	1.125	1.454	2.033
材料	热缩式电缆中间接头	套	—	（1.020）	（1.020）	（1.020）	（1.020）	（1.020）
	白布	kg	12.98	0.688	0.803	1.101	1.376	1.789
	电力复合脂	kg	22.43	0.042	0.050	0.069	0.110	0.138
	电气绝缘胶带 18mm×10m×0.13mm	卷	4.55	0.351	0.462	0.688	1.175	1.777
	镀锡裸铜软绞线 TJRX16mm^2	kg	50.05	0.287	0.334	0.401	0.401	0.573

续前

编号				6-111	6-112	6-113	6-114	6-115
项目名称				1kV 热缩式铜芯电力电缆中间头				
				电缆截面(mm^2)				
				50 以内	70 以内	120 以内	240 以内	400 以内
单位				个				
名称		单位	单价(元)	消耗量				
材料	焊锡膏 50g 瓶装	kg	49.90	0.015	0.019	0.028	0.055	0.069
	焊锡丝(综合)	kg	60.79	0.076	0.096	0.138	0.275	0.344
	聚四氟乙烯带	kg	46.22	0.420	0.497	0.688	0.963	1.376
	沥青绝缘漆	kg	17.57	1.070	1.213	1.605	2.064	2.752
	汽油(综合)	kg	7.74	0.650	0.726	0.963	1.238	1.376
	三色塑料带 20mm×40m	m	0.16	0.362	0.428	0.593	0.827	1.182
	铜压接管 $50mm^2$	个	1.69	3.593	—	—	—	—
	铜压接管 $70mm^2$	个	2.74	—	3.593	—	—	—
	铜压接管 $120mm^2$	个	5.21	—	—	4.311	—	—
	铜压接管 $240mm^2$	个	10.43	—	—	—	4.311	—
	铜压接管 $400mm^2$	个	17.38	—	—	—	—	4.311

工作内容：定位、量尺寸、锯断、剥切清洗、内屏蔽层处理、焊接地线、套热缩管、压接线端子、加热成型、安装、清理现场等。

编号				6-116	6-117	6-118	6-119	6-120
项目名称				10kV 热缩式铜芯电力电缆中间头				
				电缆截面（mm^2）				
				50 以内	70 以内	120 以内	240 以内	400 以内
单位				个				
总价（元）				**327.84**	**256.63**	**295.70**	**401.22**	**560.26**
其中	人工费（元）			168.75	162.14	184.01	234.90	328.73
	材料费（元）			159.09	94.49	111.69	166.32	231.53
名称		单位	单价（元）	消耗量				
人工	综合工日	工日	135.00	1.250	1.201	1.363	1.740	2.435
材料	热缩式电缆中间接头	套	—	（1.020）	（1.020）	（1.020）	（1.020）	（1.020）
	白布	kg	12.98	0.826	0.803	0.917	1.491	1.720
	电力复合脂	kg	22.43	0.050	0.050	0.057	0.092	0.115
	电气绝缘胶带 18mm × 10m × 0.13mm	卷	4.55	0.550	0.554	0.717	1.156	1.796
	镀锡裸铜软绞线 TJRX16mm^2	kg	50.05	0.287	0.287	0.287	0.334	0.478

编号				6-116	6-117	6-118	6-119	6-120
项目名称				10kV 热缩式铜芯电力电缆中间头				
				电缆截面（mm^2）				
				50 以内	70 以内	120 以内	240 以内	400 以内
单位				个				
名称		单位	单价（元）	消耗量				
材料	焊锡膏 50g 瓶装	kg	49.90	0.018	0.019	0.023	0.046	0.057
	焊锡丝（综合）	kg	60.79	0.092	0.096	0.115	0.229	0.287
	聚四氟乙烯带	kg	46.22	0.421	0.414	0.478	0.669	0.956
	沥青绝缘漆	kg	17.57	1.559	1.452	1.605	2.064	2.752
	汽油（综合）	kg	7.74	9.173	0.841	0.917	1.147	1.376
	三色塑料带 20mm × 40m	m	0.16	0.688	0.669	0.764	0.956	1.433
	铜压接管 $50mm^2$	个	1.69	3.509	—	—	—	—
	铜压接管 $70mm^2$	个	2.74	—	2.924	—	—	—
	铜压接管 $120mm^2$	个	5.21	—	—	2.924	—	—
	铜压接管 $240mm^2$	个	10.43	—	—	—	2.924	—
	铜压接管 $400mm^2$	个	17.38	—	—	—	—	2.924

工作内容：定位、量尺寸、锯断、剥切、包缠绝缘、安装、校接线、清理现场等。

编号				6-121	6-122	6-123	6-124	6-125
项目名称				控制电缆终端头制作、安装 芯数（芯）				
				6 以内	14 以内	24 以内	37 以内	48 以内
单位				个				
总价（元）				**75.25**	**108.91**	**141.84**	**191.03**	**264.93**
其中	人工费（元）			36.86	58.73	78.71	115.02	175.50
	材料费（元）			38.39	50.18	63.13	76.01	89.43
名称		单位	单价（元）	消耗量				
人工	综合工日	工日	135.00	0.273	0.435	0.583	0.852	1.300
材料	白布	kg	12.98	0.191	0.287	0.334	0.382	0.478
	电气绝缘胶带 18mm×10m×0.13mm	卷	4.55	0.096	0.191	0.287	0.382	0.430
	镀锡裸铜软绞线 TJRX16mm^2	kg	50.05	0.134	0.134	0.134	0.134	0.134
	端子号牌	个	0.94	4.778	11.466	20.066	30.576	39.176

编号				6-121	6-122	6-123	6-124	6-125
项目名称				控制电缆终端头制作、安装 芯数（芯）				
				6以内	14以内	24以内	37以内	48以内
单位				个				
名称		单位	单价（元）	消耗量				
材料	固定卡子 *D*40	个	0.55	0.984	0.984	0.984	0.984	0.984
	焊锡膏 50g 瓶装	kg	49.90	0.019	0.029	0.029	0.038	0.048
	焊锡丝（综合）	kg	60.79	0.096	0.143	0.162	0.182	0.229
	尼龙扎带（综合）	根	0.49	9.555	9.555	14.333	14.333	14.333
	汽油（综合）	kg	7.74	0.096	0.143	0.172	0.191	0.239
	三色塑料带 20mm×40m	m	0.16	0.191	0.478	0.764	0.956	1.433
	塑料软管 *De*5	m	0.41	0.038	0.182	0.306	0.545	0.707
	套管 KT2 型	个	1.68	1.003	1.003	1.003	1.003	1.003
	铜接线端子 DT-16	个	10.05	0.975	0.975	0.975	0.975	0.975

工作内容:定位、量尺寸、锯断、剥切、包缠绝缘、安装、校接线、清理现场等。

编号				6-126	6-127	6-128	6-129	6-130
项目名称				控制电缆中间头制作、安装 芯数(芯)				
				6 以内	14 以内	24 以内	37 以内	48 以内
单位				个				
总价(元)				**106.25**	**162.68**	**195.28**	**264.84**	**336.32**
其中	人工费(元)			54.95	95.85	120.56	175.50	228.29
	材料费(元)			51.30	66.83	74.72	89.34	108.03
名称		单位	单价(元)	消耗量				
人工	综合工日	工日	135.00	0.407	0.710	0.893	1.300	1.691
材料	白布	kg	12.98	0.229	0.344	0.401	0.459	0.573
	电气绝缘胶带 18mm×10m×0.13mm	卷	4.55	0.115	0.229	0.344	0.459	0.516
	镀锡裸铜软绞线 TJRX16mm^2	kg	50.05	0.161	0.161	0.161	0.161	0.161

编号				6-126	6-127	6-128	6-129	6-130
项目名称				控制电缆中间头制作、安装 芯数（芯）				
				6 以内	14 以内	24 以内	37 以内	48 以内
单位				个				
名称		单位	单价（元）	消耗量				
材料	封铅 含铅 65% 锡 35%	kg	29.99	0.344	0.505	0.596	0.826	1.032
	焊锡膏 50g 瓶装	kg	49.90	0.023	0.034	0.034	0.046	0.057
	焊锡丝（综合）	kg	60.79	0.115	0.172	0.195	0.218	0.275
	沥青绝缘漆	kg	17.57	1.147	1.376	1.491	1.720	2.064
	汽油（综合）	kg	7.74	0.115	0.172	0.206	0.229	0.287
	三色塑料带 20mm×40m	m	0.16	0.229	0.573	0.917	1.147	1.720
	塑料软管 *De*5	m	0.41	0.046	0.218	0.367	0.654	0.848
	硬脂酸	kg	8.20	0.023	0.034	0.046	0.057	0.069

工作内容：定位、量尺寸、锯断、剥切清洗、内屏蔽层处理、焊接地线、中间头安装、清理现场等。

编号				6-131	6-132	6-133	6-134	6-135	6-136
项目名称				10kV 以下成套型电缆中间头安装					
				电缆截面（mm^2）					
				35 以内	50 以内	70 以内	120 以内	240 以内	400 以内
单位				个					
总价（元）				**220.84**	**245.14**	**287.50**	**329.68**	**430.81**	**584.97**
其中	人工费（元）			122.18	144.18	166.46	188.46	240.98	336.96
	材料费（元）			98.66	100.96	121.04	141.22	189.83	248.01
名称		单位	单价（元）	消耗量					
人工	综合工日	工日	135.00	0.905	1.068	1.233	1.396	1.785	2.496
材料	成套型电缆中间接头	套	—	(1.020)	(1.020)	(1.020)	(1.020)	(1.020)	(1.020)
	白布	kg	12.98	0.478	0.573	0.669	0.764	1.242	1.433
	电力复合脂	kg	22.43	0.029	0.029	0.038	0.048	0.076	0.096
	焊锡膏 50g 瓶装	kg	49.90	0.010	0.012	0.016	0.019	0.038	0.048
	焊锡丝（综合）	kg	60.79	0.048	0.064	0.079	0.096	0.191	0.239
	沥青绝缘漆	kg	17.57	4.778	4.778	5.733	6.689	8.600	11.466
	汽油（综合）	kg	7.74	0.573	0.573	0.669	0.764	0.956	1.147

工作内容:定位、量尺寸、锯断、剥切清洗、内屏蔽层处理、焊接地线、安装、接线、清理现场等。

编号				6-137	6-138	6-139	6-140	6-141	6-142
项目名称				10kV 以下室内成套型电缆终端头安装					
				电缆截面(mm^2)					
				35 以内	50 以内	70 以内	120 以内	240 以内	400 以内
单位				个					
总价(元)				**113.89**	**129.61**	**150.97**	**168.74**	**219.97**	**304.28**
其中	人工费(元)			80.06	94.64	109.49	124.34	161.06	230.85
	材料费(元)			33.83	34.97	41.48	44.40	58.91	73.43
名称		单位	单价(元)	消耗量					
人工	综合工日	工日	135.00	0.593	0.701	0.811	0.921	1.193	1.710
材料	成套型电缆终端头	套	—	(1.020)	(1.020)	(1.020)	(1.020)	(1.020)	(1.020)
	白布	kg	12.98	0.287	0.287	0.382	0.478	0.764	1.051
	丙酮	kg	9.89	0.478	0.573	0.669	0.764	0.956	1.433
	电力复合脂	kg	22.43	0.029	0.038	0.048	0.048	0.076	0.096
	焊锡膏 50g 瓶装	kg	49.90	0.057	0.057	0.067	0.067	0.086	0.096
	焊锡丝(综合)	kg	60.79	0.287	0.287	0.334	0.334	0.430	0.478
	汽油(综合)	kg	7.74	0.573	0.573	0.669	0.764	0.956	1.242

工作内容：定位、量尺寸、锯断、剥切清洗、内屏蔽层处理、焊接地线、安装、接线、清理现场等。

编号				6-143	6-144	6-145	6-146	6-147	6-148
项目名称				10kV 以下室外成套型电缆终端头安装					
				电缆截面（mm^2）					
				35 以内	50 以内	70 以内	120 以内	240 以内	400 以内
单位				个					
总价（元）				**231.86**	**269.33**	**313.02**	**356.60**	**432.65**	**541.46**
其中	人工费（元）			189.54	219.38	248.94	278.78	338.04	438.62
	材料费（元）			42.32	49.95	64.08	77.82	94.61	102.84
名称		单位	单价（元）	消耗量					
人工	综合工日	工日	135.00	1.404	1.625	1.844	2.065	2.504	3.249
材料	成套型电缆终端头	套	—	（1.020）	（1.020）	（1.020）	（1.020）	（1.020）	（1.020）
	白布	kg	12.98	0.478	0.573	0.669	0.764	0.956	1.242
	电力复合脂	kg	22.43	0.029	0.029	0.038	0.048	0.076	0.029
	焊锡膏 50g 瓶装	kg	49.90	0.010	0.010	0.019	0.019	0.038	0.048
	焊锡丝（综合）	kg	60.79	0.478	0.573	0.764	0.956	1.147	1.194
	汽油（综合）	kg	7.74	0.764	0.844	0.924	1.003	1.147	1.433

第六节　电缆桥架安装

工作内容：组对、焊接或螺栓固定、弯头、三通或四通、盖板、隔板、附件安装、接地跨接、桥架修理、清理现场等。

编　号				6-149	6-150	6-151	6-152	6-153	6-154	6-155
项目名称				钢制槽式电缆桥架安装						
				宽+高(mm)						
				200以内	400以内	600以内	800以内	1000以内	1200以内	1500以内
单　位				10m						
总价(元)				**160.69**	**258.71**	**408.94**	**549.88**	**698.87**	**830.51**	**959.50**
其中	人工费(元)			145.80	243.00	388.80	526.10	669.60	797.18	918.54
	材料费(元)			14.56	15.38	18.31	19.70	21.86	24.42	29.47
	机械费(元)			0.33	0.33	1.83	4.08	7.41	8.91	11.49
名　称		单位	单价(元)	消　耗　量						
人工	综合工日	工日	135.00	1.080	1.800	2.880	3.897	4.960	5.905	6.804
材料	电缆桥架	m	—	(10.100)	(10.100)	(10.100)	(10.100)	(10.100)	(10.100)	(10.100)
	铜芯塑料绝缘软电线 BVR-6mm^2	m	2.50	2.252	2.252	2.252	2.202	1.882	1.702	1.702
	铜接地端子带螺栓 DT-6mm^2	个	5.58	1.051	1.051	1.051	1.051	1.051	1.051	1.051
	砂轮片 *D*100	片	3.83	0.010	0.010	0.020	0.020	0.030	0.030	0.030
	砂轮片 *D*400	片	19.56	0.010	0.010	0.020	0.020	0.030	0.040	0.040
	低碳钢焊条(综合)	kg	6.01	—	—	0.100	0.170	0.270	0.330	0.501
	汽油(综合)	kg	7.74	0.080	0.100	0.200	0.300	0.400	0.501	0.701
	棉纱	kg	16.11	0.030	0.050	0.100	0.120	0.150	0.200	0.300
	酚醛防锈漆	kg	17.27	0.100	0.120	0.150	0.150	0.200	0.250	0.300
机械	中小型机械费	元	—	0.33	0.33	1.83	4.08	7.41	8.91	11.49

工作内容:组对、焊接或螺栓固定、弯头、三通或四通、盖板、隔板、附件安装、接地跨接、桥架修理、清理现场等。

编号				6-156	6-157	6-158	6-159	6-160	6-161
项目名称				钢制梯式电缆桥架安装					
				宽+高(mm)					
				200以内	400以内	800以内	1000以内	1200以内	1500以内
单位				10m					
总价(元)				**137.61**	**296.90**	**431.84**	**608.80**	**689.72**	**850.08**
其中	人工费(元)			122.72	278.24	407.16	578.34	653.67	802.04
	材料费(元)			14.56	16.83	19.85	21.88	25.21	33.12
	机械费(元)			0.33	1.83	4.83	8.58	10.84	14.92
名称		单位	单价(元)	消耗量					
人工	综合工日	工日	135.00	0.909	2.061	3.016	4.284	4.842	5.941
材料	电缆桥架	m	—	(10.100)	(10.100)	(10.100)	(10.100)	(10.100)	(10.100)
	铜芯塑料绝缘软电线 BVR-6mm^2	m	2.50	2.252	2.252	2.202	1.882	1.702	1.702
	铜接地端子带螺栓 DT-6mm^2	个	5.58	1.051	1.051	1.051	1.051	1.051	1.051
	低碳钢焊条(综合)	kg	6.01	—	0.160	0.200	0.280	0.501	0.661
	汽油(综合)	kg	7.74	0.080	0.100	0.300	0.400	0.501	0.801
	砂轮片 *D*100	片	3.83	0.010	0.010	0.010	0.020	0.020	0.020
	砂轮片 *D*400	片	19.56	0.010	0.010	0.020	0.030	0.030	0.140
	酚醛防锈漆	kg	17.27	0.100	0.120	0.150	0.200	0.250	0.300
	棉纱	kg	16.11	0.030	0.080	0.120	0.150	0.200	0.300
机械	中小型机械费	元	—	0.33	1.83	4.83	8.58	10.84	14.92

工作内容：组对、焊接或螺栓固定、弯头、三通或四通、盖板、隔板、附件安装、接地跨接、桥架修理、清理现场等。

编号				6–162	6–163	6–164	6–165	6–166	6–167	6–168	6–169
项目名称				钢制托盘式电缆桥架安装							
				宽＋高（mm）							
				100 以内	200 以内	400 以内	600 以内	800 以内	1000 以内	1200 以内	1500 以内
单位				10m							
总价（元）				**148.17**	**150.60**	**239.66**	**374.49**	**505.99**	**632.35**	**694.19**	**927.43**
其中	人工费（元）			134.73	137.16	225.99	359.64	482.36	594.14	656.10	871.16
	材料费（元）			13.11	13.11	13.34	14.52	21.05	25.23	22.29	32.83
	机械费（元）			0.33	0.33	0.33	0.33	2.58	12.98	15.80	23.44
名称		单位	单价（元）	消耗量							
人工	综合工日	工日	135.00	0.998	1.016	1.674	2.664	3.573	4.401	4.860	6.453
材料	电缆桥架	m	—	（10.100）	（10.100）	（10.100）	（10.100）	（10.100）	（10.100）	（10.100）	（10.100）
	铜芯塑料绝缘软电线 BVR–6mm^2	m	2.50	2.252	2.252	2.252	2.252	2.202	1.882	1.702	1.702
	铜接地端子带螺栓 DT–6mm^2	个	5.58	1.051	1.051	1.051	1.051	1.051	1.051	1.051	1.051
	砂轮片 *D*100	片	3.83	0.010	0.010	0.010	0.010	0.010	0.020	0.020	0.020
	砂轮片 *D*400	片	19.56	—	—	—	—	0.200	0.300	0.040	0.040
	低碳钢焊条（综合）	kg	6.01	—	—	—	—	0.130	0.200	0.250	0.400
	酚醛防锈漆	kg	17.27	0.050	0.050	0.050	0.100	0.150	0.200	0.250	0.300
	棉纱	kg	16.11	0.020	0.020	0.020	0.030	0.050	0.060	0.100	0.501
	汽油（综合）	kg	7.74	0.050	0.050	0.080	0.100	0.200	0.400	0.501	0.801
机械	中小型机械费	元	—	0.33	0.33	0.33	0.33	2.58	12.98	15.80	23.44

工作内容：组对、螺栓固定、弯头、三通或四通、盖板、隔板、附件安装、接地跨接、桥架修理、清理现场等。

编号				6-170	6-171	6-172	6-173	6-174	6-175
项目名称				铝合金槽式电缆桥架安装					
				宽＋高（mm）					
				100 以内	200 以内	350 以内	550 以内	800 以内	1000 以内
单位				10m					
总价（元）				**104.97**	**114.44**	**173.45**	**335.23**	**510.56**	**611.90**
其中	人工费（元）			92.75	102.06	156.74	318.20	488.43	584.42
	材料费（元）			11.89	12.05	12.21	12.53	13.45	14.30
	机械费（元）			0.33	0.33	4.50	4.50	8.68	13.18
名称		单位	单价（元）	消耗量					
人工	综合工日	工日	135.00	0.687	0.756	1.161	2.357	3.618	4.329
材料	电缆桥架	m	—	（10.100）	（10.100）	（10.100）	（10.100）	（10.100）	（10.100）
	铜芯塑料绝缘软电线 BVR-6mm^2	m	2.50	2.252	2.252	2.252	2.252	2.202	1.882
	铜接地端子带螺栓 DT-6mm^2	个	5.58	1.051	1.051	1.051	1.051	1.051	1.051
	砂轮片 *D*100	片	3.83	0.010	0.010	0.010	0.010	0.020	0.030
	砂轮片 *D*400	片	19.56	0.010	0.010	0.010	0.010	0.020	0.020
	棉纱	kg	16.11	0.010	0.020	0.030	0.050	0.100	0.200
机械	中小型机械费	元	—	0.33	0.33	4.50	4.50	8.68	13.18

工作内容：组对、螺栓固定、弯头、三通或四通、盖板、隔板、附件安装、接地跨接、桥架修理、清理现场等。

编号				6-176	6-177	6-178	6-179	6-180	6-181	6-182
项目名称				铝合金梯式电缆桥架安装			铝合金托盘式电缆桥架安装			
				宽＋高（mm）						
				500以内	800以内	1000以内	320以内	500以内	800以内	1000以内
单位				10m						
总价（元）				**259.31**	**385.38**	**513.44**	**148.12**	**279.96**	**475.29**	**564.47**
其中	人工费（元）			241.79	363.29	486.00	131.09	262.44	453.20	537.03
	材料费（元）			13.02	13.41	14.26	12.53	13.02	13.41	14.26
	机械费（元）			4.50	8.68	13.18	4.50	4.50	8.68	13.18
名称		单位	单价（元）	消耗量						
人工	综合工日	工日	135.00	1.791	2.691	3.600	0.971	1.944	3.357	3.978
材料	电缆桥架	m	—	（10.100）	（10.100）	（10.100）	（10.100）	（10.100）	（10.100）	（10.100）
	铜芯塑料绝缘软电线 BVR-6mm^2	m	2.50	2.252	2.202	1.882	2.252	2.252	2.202	1.882
	铜接地端子带螺栓 DT-6mm^2	个	5.58	1.051	1.051	1.051	1.051	1.051	1.051	1.051
	砂轮片 *D*100	片	3.83	0.010	0.010	0.020	0.010	0.010	0.010	0.020
	砂轮片 *D*400	片	19.56	0.010	0.020	0.020	0.010	0.010	0.020	0.020
	棉纱	kg	16.11	0.080	0.100	0.200	0.050	0.080	0.100	0.200
机械	中小型机械费	元	—	4.50	8.68	13.18	4.50	4.50	8.68	13.18

工作内容：组对、螺栓固定、弯头、三通或四通、盖板、隔板、附件安装、接地跨接、桥架修理、清理现场等。

编号				6–183	6–184	6–185	6–186	6–187
项目名称				玻璃钢槽式桥架安装				
				宽＋高（mm）				
				200 以内	400 以内	600 以内	800 以内	1000 以内
单位				10m				
总价（元）				**156.97**	**237.32**	**359.14**	**594.05**	**660.13**
其中	人工费（元）			144.59	224.78	346.28	580.77	645.17
	材料费（元）			12.05	12.21	12.53	12.95	14.30
	机械费（元）			0.33	0.33	0.33	0.33	0.66
名称		单位	单价（元）	消耗量				
人工	综合工日	工日	135.00	1.071	1.665	2.565	4.302	4.779
材料	电缆桥架	m	—	（10.100）	（10.100）	（10.100）	（10.100）	（10.100）
	铜芯塑料绝缘软电线 BVR–6mm^2	m	2.50	2.252	2.252	2.252	2.002	1.882
	铜接地端子带螺栓 DT–6mm^2	个	5.58	1.051	1.051	1.051	1.051	1.051
	砂轮片 *D*100	片	3.83	0.010	0.010	0.010	0.020	0.030
	砂轮片 *D*400	片	19.56	0.010	0.010	0.010	0.020	0.020
	棉纱	kg	16.11	0.020	0.030	0.050	0.100	0.200
机械	中小型机械费	元	—	0.33	0.33	0.33	0.33	0.66

工作内容：组对、螺栓固定、弯头、三通或四通、盖板、隔板、附件安装、接地跨接、桥架修理、清理现场等。

编号				6-188	6-189	6-190	6-191	6-192
项目名称				玻璃钢梯式桥架安装				
				宽+高(mm)				
				200以内	400以内	600以内	800以内	1000以内
单位				10m				
总价(元)				**131.45**	**214.07**	**309.32**	**465.76**	**562.93**
其中	人工费(元)			119.07	201.69	296.46	451.98	547.97
	材料费(元)			12.05	12.05	12.53	13.45	14.30
	机械费(元)			0.33	0.33	0.33	0.33	0.66
名称		单位	单价(元)	消耗量				
人工	综合工日	工日	135.00	0.882	1.494	2.196	3.348	4.059
材料	电缆桥架	m	—	(10.100)	(10.100)	(10.100)	(10.100)	(10.100)
	铜芯塑料绝缘软电线 BVR-6mm^2	m	2.50	2.252	2.252	2.252	2.202	1.882
	铜接地端子带螺栓 DT-6mm^2	个	5.58	1.051	1.051	1.051	1.051	1.051
	砂轮片 *D*100	片	3.83	0.010	0.010	0.010	0.020	0.030
	砂轮片 *D*400	片	19.56	0.010	0.010	0.010	0.020	0.020
	棉纱	kg	16.11	0.020	0.020	0.050	0.100	0.200
机械	中小型机械费	元	—	0.33	0.33	0.33	0.33	0.66

工作内容：组对、螺栓固定、弯头、三通或四通、盖板、隔板、附件安装、接地跨接、桥架修理、清理现场等。

编号				6–193	6–194	6–195	6–196
项目名称				玻璃钢托盘式桥架安装			
				宽+高(mm)			
				300 以内	500 以内	800 以内	1000 以内
单位				10m			
总价(元)				**221.67**	**323.90**	**518.72**	**635.83**
其中	人工费(元)			209.25	311.04	505.44	620.87
	材料费(元)			12.09	12.53	12.95	14.30
	机械费(元)			0.33	0.33	0.33	0.66
名称		单位	单价(元)	消耗量			
人工	综合工日	工日	135.00	1.550	2.304	3.744	4.599
材料	电缆桥架	m	—	(10.100)	(10.100)	(10.100)	(10.100)
	铜芯塑料绝缘软电线 BVR–6mm^2	m	2.50	2.202	2.252	2.002	1.882
	铜接地端子带螺栓 DT–6mm^2	个	5.58	1.051	1.051	1.051	1.051
	砂轮片 *D*100	片	3.83	0.010	0.010	0.020	0.030
	砂轮片 *D*400	片	19.56	0.010	0.010	0.020	0.020
	棉纱	kg	16.11	0.030	0.050	0.100	0.200
机械	中小型机械费	元	—	0.33	0.33	0.33	0.66

第七章　防雷及接地装置

说　明

一、本章包括接地装置、避雷装置和避雷针制作 3 节，共 37 条基价子目。

二、工程计价时应注意的问题。

1. 本章不含高电阻土壤的换土和化学处理的接地装置及测定工作。

2. 户外接地母线敷设系按自然地坪一般土质综合考虑，含地沟的挖填夯实工作。

3. 避雷带（网）沿坡脊敷设人工费增加 40%。

4. 接地母线、避雷网敷设计算时另增加 4% 的搭接、转角等所占的损耗率。

5. 基价中除避雷网安装外，均已综合考虑了高空作业因素，使用时不再增加系数。

工程量计算规则

一、接地极依据不同材质、土质，按数量以“根”计算。

二、接地母线、避雷及引下线依据技术要求，按长度以“10m”为单位计算。在工程计价时，接地母线、避雷线敷设除按设计规定长度外，还应考虑附加长度（包括转弯、上下浮动、避绕障碍、搭接头所占长度）。接地跨接线和构架接地按数量分别以“10 处”和“处”为单位计算。

三、避雷针依据材质、规格、技术要求（安装部位），按数量以“根”为单位计算。

四、断接卡子制作、安装按数量以“10 个”为单位计算；混凝土块制作依据技术要求，按数量以“10 块”计算。

五、高层建筑屋顶的防雷接地装置执行“避雷网安装”基价，电缆支架的接地安装执行户内接地母线敷设基价。

第一节　接 地 装 置

工作内容：下料、尖端加工、油漆、焊接并打入地下。

编　　号				7-001	7-002	7-003	7-004	7-005	7-006
项目名称				角钢接地极		钢管接地极		圆钢接地极	
				普通土	坚土	普通土	坚土	普通土	坚土
单　　位				根					
总价（元）				**78.54**	**85.29**	**103.46**	**110.21**	**63.85**	**90.85**
其中	人工费（元）			64.80	71.55	83.70	90.45	52.65	79.65
	材料费（元）			2.87	2.87	3.46	3.46	1.94	1.94
	机械费（元）			10.87	10.87	16.30	16.30	9.26	9.26
名　　称		单位	单价（元）	消　耗　量					
人工	综合工日	工日	135.00	0.480	0.530	0.620	0.670	0.390	0.590
材料	钢材	根	—	（1.060）	（1.060）	（1.060）	（1.060）	（1.060）	（1.060）
	镀锌扁钢 60×6	kg	4.53	0.260	0.260	0.260	0.260	0.130	0.130
	电焊条 E4303 *D*3.2	kg	7.59	0.150	0.150	0.200	0.200	0.160	0.160
	锯条	根	0.42	1.000	1.000	1.500	1.500	0.170	0.170
	沥青清漆	kg	6.89	0.020	0.020	0.020	0.020	0.010	0.010
机械	中小型机械费	元	—	10.87	10.87	16.30	16.30	9.26	9.26

工作内容：挖填沟、接地线平直、下料、测位、打眼、埋卡子、摵弯、敷设、焊接、回填土夯实、刷漆等。

编号				7-007	7-008	7-009	7-010
项目名称				户外接地母线敷设	户内接地母线敷设	接地跨接线	构架接地
单位				10m		10 处	处
总价（元）				**443.17**	**223.04**	**197.50**	**359.02**
其中	人工费（元）			438.75	202.50	160.65	317.25
	材料费（元）			2.01	13.90	25.38	37.85
	机械费（元）			2.41	6.64	11.47	3.92
名称		单位	单价（元）	消耗量			
人工	综合工日	工日	135.00	3.250	1.500	1.190	2.350
材料	扁钢（59 以内）×4	kg	4.54	—	0.720	4.630	7.350
	保护钢管 $D40 \times 400$	根	4.88	—	1.000	—	—
	镀锌接地线板 40×5×120	个	2.10	—	—	—	1.130
	调和漆	kg	14.11	—	0.200	—	0.050

编号				7-007	7-008	7-009	7-010
项目名称				户外接地母线敷设	户内接地母线敷设	接地跨接线	构架接地
单位				10m		10 处	处
名称		单位	单价（元）	消耗量			
材料	沥青清漆	kg	6.89	0.010	—	—	—
	防锈漆 C53-1	kg	13.20	—	—	0.040	—
	清油	kg	15.06	—	—	0.010	—
	铅油	kg	11.17	—	—	0.020	—
	电焊条 E4303 *D*3.2	kg	7.59	0.200	0.210	0.400	0.130
	锯条	根	0.42	1.000	1.000	1.000	1.000
	棉纱	kg	16.11	—	0.010	—	—
	精制六角螺栓 M16×（14~60）	10 套	7.50	—	0.100	—	—
机械	中小型机械费	元	—	2.41	6.64	11.47	3.92

第二节 避雷装置

工作内容：预埋铁件、螺栓或支架、安装固定、补漆等。

编号					7-011	7-012	7-013	7-014	7-015	7-016
项目名称					避雷针安装					
					装在烟囱上		装在建筑物上（针长 m）			
					安装高度（m）		平屋面上		墙上	
					25 以内	50 以内	2 以内	5 以内	2 以内	5 以内
单位					根					
总价（元）					**174.76**	**424.83**	**202.42**	**218.76**	**635.07**	**661.80**
其中	人工费（元）				167.40	414.45	109.89	126.23	108.41	135.14
	材料费（元）				1.93	2.53	75.63	75.63	523.04	523.04
	机械费（元）				5.43	7.85	16.90	16.90	3.62	3.62
名称		单位	单价（元）		消耗量					
人工	综合工日	工日	135.00		1.240	3.070	0.814	0.935	0.803	1.001
材料	钢肋板	kg	5.12		—	—	4.160	4.160	—	—
	钢板底座 300×300×6	kg	7.98		—	—	4.500	4.500	—	—
	角钢支架	kg	21.68		—	—	—	—	23.800	23.800
	电焊条 E4303 *D*4.0	kg	7.58		0.170	0.250	0.560	0.560	0.120	0.120
	铅油	kg	11.17		0.020	0.020	—	—	—	—
	清油	kg	15.06		0.010	0.010	—	—	—	—
	防锈漆 C53-1	kg	13.20		0.020	0.020	—	—	—	—
	地脚螺栓 M16×230	套	3.44		—	—	4.120	4.120	—	—
	精制六角螺栓 M16×（14~60）	10 套	7.50		—	—	—	—	0.820	0.820
机械	中小型机械费	元	—		5.43	7.85	16.90	16.90	3.62	3.62

工作内容：预埋铁件、螺栓或支架、安装固定、补漆等。

编　　号				7-017	7-018	7-019	7-020	7-021	7-022
项目名称				避雷针安装					
				装在金属容器（针长 m）				构筑物上	
				顶上		壁上		水泥杆上	金属构架上
				3 以内	7 以内	3 以内	7 以内		
单　　位				根					
总价（元）				**226.74**	**267.24**	**116.19**	**180.99**	**392.35**	**93.24**
其中	人工费（元）			193.05	233.55	108.00	172.80	238.95	85.05
	材料费（元）			28.26	28.26	2.76	2.76	134.69	2.76
	机械费（元）			5.43	5.43	5.43	5.43	18.71	5.43
名　　称		单位	单价（元）	消　耗　量					
人工	综合工日	工日	135.00	1.430	1.730	0.800	1.280	1.770	0.630
材料	镀锌扁钢抱箍 40×4	副	5.59	—	—	—	—	2.030	—
	普通钢板（0~3）号 δ（4.5~7）	kg	3.84	4.030	4.030	—	—	17.340	—
	圆钢 *D*8~14	kg	3.91	—	—	—	—	9.720	—
	电焊条 E4303 *D*4.0	kg	7.58	0.280	0.280	0.280	0.280	0.134	0.280
	防锈漆 C53-1	kg	13.20	0.040	0.040	0.020	0.020	0.060	0.020
	铅油	kg	11.17	0.040	0.040	0.020	0.020	0.060	0.020
	清油	kg	15.06	0.020	0.020	0.010	0.010	0.030	0.010
	乙炔气	m^3	16.13	0.500	0.500	—	—	0.620	—
	氧气	m^3	2.88	0.460	0.460	—	—	0.570	—
	精制六角螺栓 M16×（65~80）	10 套	10.20	—	—	—	—	0.410	—
机械	中小型机械费	元	—	5.43	5.43	5.43	5.43	18.71	5.43

工作内容：平直、下料、测位、打眼、埋卡子、支架制作与安装、焊接、固定、刷漆。

编　号				7-023	7-024	7-025	7-026	7-027	7-028
项目名称				避雷网安装敷设		避雷引下线敷设			
				沿混凝土块	沿墙板支架	利用金属构件引下	装在建筑物、构筑物上（高度 m）		
							25 以内	50 以内	100 以内
单　位				10m					
总价（元）				**157.38**	**436.62**	**35.47**	**205.36**	**324.71**	**430.29**
其中	人工费（元）			135.00	392.85	25.65	168.75	292.95	400.95
	材料费（元）			14.53	28.07	5.59	21.52	16.67	14.25
	机械费（元）			7.85	15.70	4.23	15.09	15.09	15.09
名　称		单位	单价（元）	消　耗　量					
人工	综合工日	工日	135.00	1.000	2.910	0.190	1.250	2.170	2.970
材料	镀锌扁钢 40×4	kg	4.51	—	2.800	—	—	—	—
	焊接钢管 *DN*25	m	9.32	—	—	—	1.040	0.520	0.260
	扁钢卡子 25×4	kg	6.58	1.370	0.500	0.520	0.520	0.520	0.520
	电焊条 E4303 *D*3.2	kg	7.59	—	1.000	—	—	—	—

编号				7-023	7-024	7-025	7-026	7-027	7-028
项目名称				避雷网安装敷设		避雷引下线敷设			
				沿混凝土块	沿墙板支架	利用金属构件引下	装在建筑物、构筑物上（高度 m）		
							25 以内	50 以内	100 以内
单位				10m					
名称		单位	单价（元）	消耗量					
材料	电焊条 E4303 *D*4.0	kg	7.58	0.250	—	0.150	0.390	0.390	0.390
	锯条	根	0.42	—	2.000	—	—	—	—
	防锈漆 C53-1	kg	13.20	0.140	0.160	0.050	0.140	0.140	0.140
	铅油	kg	11.17	0.070	0.090	0.020	0.070	0.070	0.070
	清油	kg	15.06	0.030	0.040	0.010	0.030	0.030	0.030
	粗砂	t	86.14	0.003	—	—	—	—	—
	水泥 32.5 级	kg	0.36	0.780	—	—	—	—	—
	镀锌弯钩螺栓 M6×50	套	0.58	—	—	—	4.080	4.080	4.080
机械	中小型机械费	元	—	7.85	15.70	4.23	15.09	15.09	15.09

工作内容：平直、下料、测位、打眼、埋卡子、支架制作与安装、焊接、固定、刷漆。

编号				7-029	7-030
项目名称				断接卡子制作、安装	混凝土块制作
单位				10 个	10 块
总价（元）				**514.14**	**82.99**
其中	人工费（元）			499.50	66.15
	材料费（元）			14.55	16.84
	机械费（元）			0.09	—
名称		单位	单价（元）	消耗量	
人工	综合工日	工日	135.00	3.700	0.490
材料	镀锌钢材	kg	—	（4.740）	—
	电焊条 E4303 *D*3.2	kg	7.59	1.200	—
	锯条	根	0.42	1.700	1.000
	铁钉 70 以内	kg	6.68	—	0.150
	防锈漆 C53-1	kg	13.20	0.080	—
	木板	m^3	1672.03	—	0.001
	水泥 32.5 级	kg	0.36	—	18.000
	粗砂	t	86.14	—	0.043
	碎石 0.5~3.2	t	82.73	—	0.043
	镀锌螺栓 M6×20	10 套	1.80	2.040	—
机械	中小型机械费	元	—	0.09	—

第三节　避雷针制作

工作内容：下料，针尖、针体加工，挂锡，校正，组焊，刷漆等，不包含底座加工。

编　　号				7-031	7-032	7-033	7-034	7-035	7-036	7-037
项目名称				钢管避雷针制作（m）						圆钢避雷针制作（m）
				2 以内	5 以内	7 以内	10 以内	12 以内	14 以内	2 以内
单　　位				根						
总价（元）				**125.12**	**287.85**	**320.36**	**364.64**	**412.01**	**473.54**	**104.70**
其中	人工费（元）			94.50	237.60	263.25	301.05	341.55	386.10	82.35
	材料费（元）			25.19	26.10	26.92	27.37	28.20	28.88	22.14
	机械费（元）			5.43	24.15	30.19	36.22	42.26	58.56	0.21
名　　称		单位	单价（元）	消　耗　量						
人工	综合工日	工日	135.00	0.700	1.760	1.950	2.230	2.530	2.860	0.610
材料	银粉漆	kg	22.81	0.010	0.030	0.040	0.040	0.050	0.050	—
	汽油 60#~70#	kg	6.67	0.230	0.230	0.250	0.250	0.260	0.260	—
	焊锡丝	kg	60.79	0.200	0.200	0.200	0.200	0.200	0.200	0.200
	焊锡膏 50g 瓶装	kg	49.90	0.200	0.200	0.200	0.200	0.200	0.200	0.200
	电焊条 E4303 *D*4.0	kg	7.58	0.170	0.230	0.290	0.350	0.420	0.510	—
机械	中小型机械费	元	—	5.43	24.15	30.19	36.22	42.26	58.56	0.21

第八章　10kV 以下架空配电线路

说　　明

一、本章包括电杆测位及挖杆坑，电杆组立，导线架设，底卡盘、横担、拉线、跨越、进户，杆上配电设备安装，杆上支持物拆换 6 节，共 64 条基价子目。

二、工程计价时应注意的问题。

1. 架空线路基价以平原地带施工为准，如遇丘陵地带人工乘以系数 1.15，山区或泥沼地带人工乘以系数 1.60。

2. 线路一次施工按 5 根电杆以外考虑，如 5 根以内人工乘以系数 1.30，3 根以内人工乘以系数 1.50，1 根人工乘以系数 1.75。

3. 导线跨越：

（1）每个跨越间距按 50m 内考虑，大于 50m 且小于 100m 时按两处计算。

（2）在同一跨越档内有两种以上跨越物时，则每一跨越物视为一处计算。

4. 工地材料运输费的计取：依当期运费标准按实计取。

5. 10kV 以下架空配电线路已综合考虑了高空作业因素。

工程量计算规则

一、电杆测位、挖杆坑，以“m^3”为计量单位计算。

二、电杆组立依据材质、规格，按数量以“根”计算。

三、导线依据材质、规格，按长度以单线千米计算，工程计价时应考虑导线的预留长度及合理张度。

四、底盘、卡盘按数量以“个”计算。

五、横担安装依据不同形式，按数量以“组”计算。

六、拉线依据截面、形式，按数量以“组”计算。

七、导线跨越架设，包括越线架的搭拆和越线架的运输以及因跨越（障碍）施工而增加难度的工作量，按数量以“处”计算。每个跨越间距按 50m 内考虑，大于 50m 且小于 100m 按 2 处计算。

八、杆上配电设备安装按数量以“组”或“台”计算，基价内含钢支架及设备的安装工作，但引线、金具等按设计另行计算，设备的接地和调试按本册相应基价另行计算。

九、杆上支持物拆换以“个”为计量单位。杆上横担拆换以“根”为计量单位计算。

第一节　电杆测位及挖杆坑

工作内容：测位、木桩制作、钉标桩、挖坑、修边、清理弃土、清理现场等。

编　号				8-001	8-002	8-003	8-004	8-005	8-006
项目名称				普通土			坚土		
				挖深（m）					
				2 以下	3 以下	3 以上	2 以下	3 以下	3 以上
单　位				m^3					
总价（元）				**49.86**	**59.93**	**69.73**	**62.09**	**74.32**	**89.51**
其中	人工费（元）			48.47	58.19	67.64	60.35	72.23	87.08
	材料费（元）			—	—	—	—	—	—
	机械费（元）			1.39	1.74	2.09	1.74	2.09	2.43
名　称		单位	单价（元）	消　耗　量					
人工	综合工日	工日	135.00	0.359	0.431	0.501	0.447	0.535	0.645
机械	中小型机械费	元	—	1.39	1.74	2.09	1.74	2.09	2.43

第二节 电杆组立

工作内容：立杆、找正、绑地横木、根部刷防腐油、填土夯实。

编号				8-007	8-008	8-009	8-010	8-011	8-012
项目名称				杆长（m）					
				木杆			混凝土杆		
				9 以内	11 以内	13 以内	9 以内	11 以内	13 以内
单位				根					
总价（元）				**165.11**	**193.46**	**229.91**	**141.75**	**197.10**	**282.15**
其中	人工费（元）			54.00	82.35	118.80	141.75	197.10	282.15
	材料费（元）			111.11	111.11	111.11	—	—	—
名称		单位	单价（元）	消耗量					
人工	综合工日	工日	135.00	0.400	0.610	0.880	1.050	1.460	2.090
材料	地横木 $D200 \times 1200$	根	102.34	1.010	1.010	1.010	—	—	—
	镀锌钢丝 $D0.7\sim1.2$	kg	7.34	1.020	1.020	1.020	—	—	—
	防腐油	kg	0.52	0.500	0.500	0.500	—	—	—

工作内容：木杆加工、根部刷防腐油、立杆、装抱箍、填土夯实。

编号				8–013	8–014	8–015	8–016	8–017	8–018
项目名称				木撑杆			混凝土撑杆		
				杆长（m）					
				9 以内	11 以内	13 以内	9 以内	11 以内	13 以内
单位				根					
总价（元）				**196.86**	**271.11**	**350.76**	**251.15**	**306.50**	**417.20**
其中	人工费（元）			132.30	206.55	286.20	190.35	245.70	356.40
	材料费（元）			64.56	64.56	64.56	60.80	60.80	60.80
名称		单位	单价（元）	消耗量					
人工	综合工日	工日	135.00	0.980	1.530	2.120	1.410	1.820	2.640
材料	镀锌角钢卡箍	副	11.15	—	—	—	2.060	2.060	2.060
	镀锌 M 形抱铁	个	5.59	—	—	—	4.120	4.120	4.120
	镀锌钢丝 *D*2.8~4	kg	6.91	2.540	2.540	2.540	—	—	—
	防腐油	kg	0.52	0.500	0.500	0.500	—	—	—
	圆木 *D*250 × 500	根	46.29	1.010	1.010	1.010	—	—	—
	精制六角螺栓 M16 ×（150~250）	10 套	36.10	—	—	—	0.410	0.410	0.410
机械	中小型机械费	元	—	—	—	—	—	—	—

第三节 导线架设

工作内容：挂卸滑车、放线、连接、架线、紧线、绑扎。

编号				8-019	8-020	8-021	8-022	8-023	8-024
项目名称				钢芯铝绞线			绝缘铝绞线		
				截面（mm^2）					
				35以内	95以内	150以内	35以内	95以内	150以内
单位				km					
总价（元）				**841.28**	**1749.39**	**2510.10**	**859.33**	**1839.42**	**2464.57**
其中	人工费（元）			683.10	1367.55	2064.15	708.75	1584.90	2030.40
	材料费（元）			115.85	319.96	371.48	108.25	192.64	359.70
	机械费（元）			42.33	61.88	74.47	42.33	61.88	74.47
名称		单位	单价（元）	消耗量					
人工	综合工日	工日	135.00	5.060	10.130	15.290	5.250	11.740	15.040
材料	钳接管 JT-35mm^2	个	6.24	1.010	—	—	—	—	—
	钳接管 JT-95mm^2	个	12.82	—	2.020	—	—	—	—
	钳接管 JT-150mm^2	个	19.51	—	—	2.020	—	—	8.080
	钳接管 QL-35mm^2	个	2.73	—	—	—	4.040	—	—

编号				8-019	8-020	8-021	8-022	8-023	8-024
项目名称				钢芯铝绞线			绝缘铝绞线		
				截面（mm^2）					
				35 以内	95 以内	150 以内	35 以内	95 以内	150 以内
单位				km					
名称		单位	单价（元）	消耗量					
材料	钳接管 QL-95mm^2	个	3.79	—	—	—	—	6.060	—
	铜铝过渡线夹（并沟）16~35mm^2	个	12.08	5.050	—	—	5.050	—	—
	铜铝过渡线夹（并沟）95mm^2	个	23.93	—	5.050	—	—	5.050	—
	铜铝过渡线夹（并沟）150mm^2	个	29.11	—	—	5.050	—	—	5.050
	铝包带 1×10	kg	20.99	1.270	2.540	2.710	—	—	—
	铝绑线 *D*2	m	0.27	80.230	—	—	—	—	—
	铝绑线 *D*3.2	m	1.19	—	100.290	106.970	—	—	—
	铁绑线 *D*1.6	m	0.36	—	—	—	79.200	99.000	105.600
	凡士林	kg	11.12	0.020	0.050	0.080	0.200	0.200	0.300
	黑胶布 20mm×20m	卷	2.74	—	—	—	2.000	4.000	5.000
机械	中小型机械费	元	—	42.33	61.88	74.47	42.33	61.88	74.47

第四节　底卡盘、横担、拉线、跨越、进户

工作内容：杆坑修整，底卡盘安装，找平，找正等。

编　号				8-025	8-026	8-027	8-028	8-029	8-030
项目名称				混凝土底盘 $L\times B$（mm）			卡盘 L（mm）		
				600×600以内	800×800以内	1000×1000以内	800以内	1000以内	1200以内
单　位				个					
总价（元）				**49.95**	**90.45**	**130.95**	**42.71**	**42.71**	**45.41**
其中	人工费（元）			49.95	90.45	130.95	39.15	39.15	41.85
	材料费（元）			—	—	—	3.56	3.56	3.56
名　称		单位	单价（元）	消　耗　量					
人工	综合工日	工日	135.00	0.370	0.670	0.970	0.290	0.290	0.310
材料	底盘	个	—	（1.005）	（1.005）	（1.005）	—	—	—
	卡盘	个	—	—	—	—	（1.005）	（1.005）	（1.005）
	镀锌U形抱箍	套	3.46	—	—	—	1.030	1.030	1.030

工作内容:定位、上抱箍、装支架、横担、支撑、装瓷瓶。

编号				8-031	8-032	8-033	8-034	8-035	8-036
项目名称				1kV 以下横担					
				二线	四线		六线		瓷横担
					单根	双根	单根	双根	
单位				组					
总价(元)				**37.67**	**48.47**	**80.84**	**55.73**	**97.21**	**43.18**
其中	人工费(元)			28.35	39.15	62.10	48.60	76.95	27.00
	材料费(元)			9.32	9.32	18.74	7.13	20.26	16.18
名称		单位	单价(元)	消耗量					
人工	综合工日	工日	135.00	0.210	0.290	0.460	0.360	0.570	0.200
材料	镀锌 U 形抱箍	套	3.46	1.030	1.030	—	2.060	—	1.030
	镀锌 M 形抱铁	个	5.59	1.030	1.030	2.060	—	—	—
	镀锌角钢横担 50×6×420	根	8.84	—	—	—	—		1.060
	精制六角螺栓 M16×(85~140)	10 套	16.23	—	—	—	—	—	0.200
	精制六角螺栓 M16×(150~250)	10 套	36.10	—	—	0.200	—	0.410	—
	镀锌双头螺栓 M16×240	10 套	27.30	—	—	—	—	0.200	—

工作内容：测位、划线、打眼钻孔、横担安装、装绝缘子及防水弯头。

编号				8-037	8-038	8-039	8-040	8-041	8-042
项目名称				进户线横担					
				一端埋设式			两端埋设式		
				二线	四线	六线	二线	四线	六线
单位				根					
总价（元）				**34.67**	**60.79**	**80.18**	**49.99**	**123.89**	**163.34**
其中	人工费（元）			33.75	52.65	71.55	48.60	54.00	59.40
	材料费（元）			0.92	8.14	8.63	1.39	69.89	103.94
名称		单位	单价（元）	消耗量					
人工	综合工日	工日	135.00	0.250	0.390	0.530	0.360	0.400	0.440
材料	镀锌圆钢支撑 $D16\times1000$	根	4.43	—	1.060	1.060	—	—	—
	镀锌铁拉板 $40\times4\times(200\sim350)$	块	6.14	—	—	—	—	8.480	12.720
	调和漆	kg	14.11	0.020	0.030	0.030	0.020	0.030	0.030
	棉纱	kg	16.11	0.030	0.020	0.050	0.050	0.050	0.050
	合金钢钻头 $D16$	个	15.13	0.010	0.010	0.010	0.020	0.020	0.020
	精制六角螺栓 $M12\times(14\sim75)$	10套	5.40	—	0.100	0.100	—	—	—
	精制六角螺栓 $M12\times80$	套	1.38	—	—	—	—	4.080	6.120
	精制六角螺栓 $M12\times(140\sim150)$	10套	26.00	—	—	—	—	0.410	0.610
	地脚螺栓 $M12\times160$	套	1.97	—	1.020	1.020	—	—	—

工作内容：拉线长度实测、丈量与截割、装金具、拉线安装、紧线、调节、工器具转移等。

编　号				8-043	8-044	8-045	8-046	8-047	8-048
项目名称				普通拉线			水平及弓形拉线		
				截面（mm²）					
				35 以内	70 以内	120 以内	35 以内	70 以内	120 以内
单　位				根					
总价（元）				**63.44**	**77.46**	**92.68**	**140.39**	**186.81**	**206.08**
其中	人工费（元）			60.75	74.25	89.10	137.70	183.60	202.50
	材料费（元）			2.69	3.21	3.58	2.69	3.21	3.58
名　称		单位	单价（元）	消　耗　量					
人工	综合工日	工日	135.00	0.450	0.550	0.660	1.020	1.360	1.500
材料	拉线	根	—	（1.010）	（1.010）	（1.010）	（1.010）	（1.010）	（1.010）
	防锈漆	kg	15.51	0.050	0.070	0.080	0.050	0.070	0.080
	镀锌钢丝	kg	7.42	0.230	0.230	0.230	0.230	0.230	0.230
	锯条	根	0.42	0.500	1.000	1.500	0.500	1.000	1.500

工作内容：1. 导线跨越：跨越架的搭设、拆除。2. 进户线架设：放线、紧线、瓷瓶绑扎、压接包头。

编号				8-049	8-050	8-051	8-052	8-053	8-054
项目名称				导线跨越			进户线架设		
				电力线通信线公路	铁路	河流	截面（mm^2）		
							35 以内	95 以内	150 以内
单位				处			100m		
总价（元）				**1638.82**	**2192.93**	**1189.85**	**186.14**	**357.96**	**581.73**
其中	人工费（元）			1190.70	1533.60	1116.45	122.85	241.65	380.70
	材料费（元）			403.76	579.49	58.53	63.29	116.31	201.03
	机械费（元）			44.36	79.84	14.87	—	—	—
名称		单位	单价（元）	消耗量					
人工	综合工日	工日	135.00	8.820	11.360	8.270	0.910	1.790	2.820
材料	铁绑线 *D*1.6	m	0.36	—	—	—	9.600	12.000	12.800
	铜铝过渡线夹（并沟）16~35mm^2	个	12.08	—	—	—	4.040	—	—
	铜铝过渡线夹（并沟）95mm^2	个	23.93	—	—	—	—	4.040	—
	铜铝过渡线夹（并沟）150mm^2	个	29.11	—	—	—	—	—	4.040
	钳接管 QL-35mm^2	个	2.73	—	—	—	4.040	—	—
	钳接管 QL-95mm^2	个	3.79	—	—	—	—	4.040	—
	钳接管 JT-150mm^2	个	19.51	—	—	—	—	—	4.040
	脚手杆 *D*100×6000	根	135.61	1.940	3.000	0.400	—	—	—
	镀锌钢丝 *D*2.8~4	kg	6.91	8.850	10.450	0.620	—	—	—
	防护网	m^2	24.62	3.230	4.080	—	—	—	—
机械	中小型机械费	元	—	44.36	79.84	14.87	—	—	—

第五节　杆上配电设备安装

工作内容：支架、横担、撑铁安装、绝缘子清扫、检查、安装、注油、配线、接线、接地。

编　号				8-055	8-056	8-057	8-058
项目名称				跌开式保险	阀型避雷器	隔离开关	配电箱
单　位				组			台
总价（元）				**629.77**	**479.24**	**946.70**	**753.38**
其中	人工费（元）			183.60	193.05	383.40	480.60
	材料费（元）			446.17	286.19	563.30	270.97
	机械费（元）			—	—	—	1.81
名　称		单位	单价（元）	消　耗　量			
人工	综合工日	工日	135.00	1.360	1.430	2.840	3.560
材料	裸铜线 $25mm^2$	m	14.22	18.270	6.090	—	—
	橡皮绝缘导线 $16mm^2$	m	9.86	—	—	—	2.380
	橡皮绝缘导线 $25mm^2$	m	14.93	—	—	15.300	—
	铁绑线 *D*1.6	m	0.36	3.600	—	4.860	—
	铜接线端子 DT-16	个	10.05	—	—	—	2.010
	镀锌圆钢 *D*5.5~9	kg	4.74	—	4.150	—	—
	镀锌扁钢 50×5×450	根	3.94	1.060	—	—	—
	镀锌扁钢 40×4×770	根	4.38	—	—	2.120	—
	镀锌角钢横担 50×5×450	根	9.45	—	1.060	—	—
	镀锌角钢横担 50×5×800	根	20.07	—	—	5.300	—

编号				8-055	8-056	8-057	8-058
项目名称				跌开式保险	阀型避雷器	隔离开关	配电箱
单位				组			台
名称		单位	单价（元）	消耗量			
材料	镀锌角钢横担 50×5×2000	根	42.06	1.060	1.060	—	—
	镀锌角钢横担 50×5×3000	根	63.09	—	—	—	3.180
	镀锌 U 形抱箍	套	3.46	1.030	1.030	3.090	2.060
	镀锌 M 形抱铁	个	5.59	1.030	1.030	2.060	—
	镀锌扁钢抱箍 40×4	副	5.59	—	—	—	1.030
	镀锌接地线板 40×5×120	个	2.10	—	2.080	—	—
	高压针式绝缘子 10kV	个	2.85	3.090	—	4.120	—
	铜铝过渡线夹（并沟）16~35mm^2	个	12.08	3.030	3.030	6.060	—
	铜接线端子 DT-（16~35）mm^2	个	11.28	6.030	6.030	6.030	—
	塑料软管 *D*8	m	0.60	—	—	—	17.500
	高压熔断丝 50A	根	2.65	3.000	—	—	—
	精制六角螺栓 M12×（14~75）	10套	5.40	0.610	0.020	—	0.610
	精制六角螺栓 M16×（14~60）	10套	7.50	0.310	0.920	0.810	—
	精制六角螺栓 M16×（150~250）	10套	36.10	—	—	0.610	—
	精制六角螺栓 M（16~20）×（300~430）	10套	71.00	—	—	0.200	—
机械	中小型机械费	元	—	—	—	—	1.81

第六节　杆上支持物拆换

工作内容：1. 杆上支持物拆换：断电、配件及绝缘子、瓷瓶整修、加换支持物、加固、排除隐患、清理现场等。2. 杆上横担拆换：断电、配件及横担整修、加换支持物、加固、排除隐患、清理现场等。

编　号				8-059	8-060	8-061	8-062	8-063	8-064
项目名称				杆上支持物拆换			杆上横担拆换		
				针式绝缘子	弯角瓷瓶	蝶式绝缘子	横担（1kV）		
							二线	四线	六线
单　位				个			根		
总价（元）				**11.94**	**16.10**	**15.36**	**99.20**	**118.68**	**147.20**
其中	人工费（元）			6.08	4.86	12.29	51.03	58.32	72.90
	材料费（元）			5.83	11.21	3.01	44.69	56.54	68.39
	机械费（元）			0.03	0.03	0.06	3.48	3.82	5.91
名　称		单位	单价（元）	消　耗　量					
人工	综合工日	工日	135.00	0.045	0.036	0.091	0.378	0.432	0.540
材料	镀锌角钢横担 50×5×800	根	20.07	—	—	—	1.060	1.060	1.060
	瓷瓶	个	10.88	—	1.030	—	—	—	—
	蝶式绝缘子 ED-2	个	2.92	—	—	1.030	—	—	—
	针式绝缘子 PD-2T	个	5.66	1.030	—	—	—	—	—
	镀锌 M 形抱铁	个	5.59	—	—	—	2.120	4.240	6.360
	碳钢平垫铁	kg	5.32	—	—	—	1.060	1.060	1.060
	镀锌横担抱箍	副	5.59	—	—	—	1.060	1.060	1.060
机械	中小型机械费	元	—	0.03	0.03	0.06	3.48	3.82	5.91

天津市房屋修缮工程预算基价

电气工程（下册）

DBD 29-704-2020

天津市住房和城乡建设委员会
天津市建筑市场服务中心　主编

中国计划出版社

下 册 目 录

第九章 配管、配线

第十章 照明器具安装

第十一章 电气调整试验

第十二章 弱 电 工 程

第十三章 电气附属工程

第十四章 措 施 项 目

附 录

第九章　配管、配线

说　　明

一、本章包括配管整修，明配管敷设，暗配管敷设，金属软管敷设，线槽安装，配线拆换，配线整修，电气配线，钢索架设，母线拉紧装置及钢索拉紧装置制作与安装，接线箱、接线盒安装 11 节，共 332 条基价子目。

二、工程计价时应注意的问题。

1. 配线整修是指一般房屋的电气设备及电气线路等整顿修理。

2. 配线拆换：原有配线方式不变，拆旧线、安装新线，其中包括少量线路变更。

3. 各种配管均未包括接线箱、盒、支架的制作与安装，钢索架设及拉紧装置的制作与安装，管路保护等。

4. 本章薄壁钢管明、暗敷设中所选用的管材及零配件均以镀锌材料为准。

5. 基价中管路的埋地敷设子目未包括挖填土方。

6. 本章中连接各种电器（具）甩弯、接头等，留用线均考虑在基价子目内，使用时不得再另行增加。

7. 本章各节除另有注明者外，均包括下胀管、清洁、拆配线、接焊包（压）头等。

8. 本章基价子目中不考虑凿槽、刨沟、凿孔（洞）等费用。

工程量计算规则

一、鼓形绝缘子、针式绝缘子配线整修均以单根延长线按“100m”为计量单位计算。

二、各种配管整修均以管的长度以“100m”为计量单位计算。

三、各种配线拆换，均以单根延长米按“100m”为计量单位计算。

四、灯吊线拆换以灯的数量即“套”为计量单位计算。

五、低压引入线以“组”为计量单位计算。

六、各种配管及线槽敷设以“10m”为计量单位计算，不扣除管路中的接线箱、接线盒、开关盒、插座盒及分线盒所占长度，遇管路变径及分支路时，以盒中心点计算。

七、金属软管敷设以“10m”为计量单位计算。

八、各种接线箱、盒的安装及圆木、壁灯托、盒子等防水处理，以“个”为计量单位计算。

九、钢管除锈、管道包玻璃布、刷沥青，按不同管径以“100m”为计量单位计算。

十、槽板配线以二、三线的实际长度，护套线不分芯数，按该线的实际长度以“100m”为计量单位计算。

十一、鼓形绝缘子、针式绝缘子、蝶式绝缘子、管内穿线、线槽配线，以“10m”为计量单位计算。

十二、钢管吊顶内敷设，执行本章明配管敷设相应子目。

十三、钢索架设工程量计算按图示延长米,以墙、柱内沿计算,不扣除拉紧装置所占长度,以“10m”为计量单位计算。拉紧装置制作以“套”为计量单位计算。

十四、配线中未计入基价子目中各部位的预留线,应按下表规定的预留长度,分别计入相应的工程量中。

配线敷设预留长度表(m)

项目	预留长度	说明
各种开关箱、柜、板	高+宽	箱、柜板的盘面尺寸
单独安装(无箱盘)的铁壳开关、闸刀开关、起动器、母线槽进出线盒	0.3	以安装对象中心算起
由地平管子出口引至动力设备接线箱	1	以管口计算
电源与管内导线连接(管内穿线与软硬母线接头)	1.5	以管口计算
出户线	1.5	以管口计算

第一节 配管整修

工作内容：管卡子、管、接线盒、接地及支持物等整修、清理现场等。

编号				9-001	9-002	9-003	9-004	9-005
项目名称				明配薄壁钢管整修		明配钢管整修		
				公称直径（mm）				
				25	50	25	50	100
单位				100m				
总价（元）				**609.14**	**578.28**	**491.62**	**629.74**	**988.59**
其中	人工费（元）			266.49	367.47	407.57	551.07	922.46
	材料费（元）			342.65	210.81	84.05	78.67	66.13
名称		单位	单价（元）	消耗量				
人工	综合工日	工日	135.00	1.974	2.722	3.019	4.082	6.833
材料	镀锌钢管卡子 *DN*25	个	1.83	43.184	—	29.782	—	—
	镀锌钢管卡子 *DN*50	个	2.97	—	23.230	—	19.855	—
	镀锌钢管卡子 *DN*100	个	3.66	—	—	—	—	14.891
	塑料胀管 *D*6	个	0.21	87.198	46.906	60.136	40.091	16.428
	镀锌木螺钉 M（2~5）×（4~50）	10个	2.80	87.613	47.130	6.042	4.028	2.921

工作内容：管卡子、管、接线盒、接地及支持物等整修、清理现场等。

编　号				9-006	9-007	9-008
项目名称				明配 PVC 管整修		
				公称直径（mm）		
				25	50	100
单　位				100m		
总价（元）				**251.32**	**347.35**	**463.59**
其中	人工费（元）			239.36	318.20	424.31
	材料费（元）			11.96	29.15	39.28
名　称		单位	单价（元）	消　耗　量		
人工	综合工日	工日	135.00	1.773	2.357	3.143
材料	塑料管卡子（综合）	个	0.37	3.772	19.855	24.818
	塑料胀管 *D*6	个	0.21	40.091	50.114	76.173
	镀锌木螺钉 M（2~5）×（4~50）	10 个	2.80	0.766	4.028	5.035

第二节 明配管敷设

工作内容：测位、划线、打眼、埋螺栓、锯管、配管、接地、穿引线、清理现场等。

编号				9-009	9-010	9-011	9-012	9-013
项目名称				薄壁钢管（JDG）砖混结构明配				
				外径（mm）				
				16	20	25	32	40
单位				10m				
总价（元）				**144.44**	**149.25**	**144.54**	**153.16**	**162.78**
其中	人工费（元）			110.70	113.13	116.91	122.04	128.25
	材料费（元）			33.74	36.12	27.63	31.12	34.53
名称		单位	单价（元）	消耗量				
人工	综合工日	工日	135.00	0.820	0.838	0.866	0.904	0.950
材料	JDG 管	m	—	（10.300）	（10.300）	（10.300）	（10.300）	（10.300）
	镀锌地线夹 15mm	套	0.13	8.248	—	—	—	—
	镀锌地线夹 20mm	套	0.18	—	8.248	—	—	—
	镀锌地线夹 25mm	套	0.23	—	—	8.248	—	—
	镀锌地线夹 32mm	套	0.27	—	—	—	8.248	—
	镀锌地线夹 40mm	套	0.37	—	—	—	—	8.248

编号				9-009	9-010	9-011	9-012	9-013
项目名称				薄壁钢管（JDG）砖混结构明配				
				外径（mm）				
				16	20	25	32	40
单位				10m				
名称		单位	单价（元）	消耗量				
材料	镀锌电线管卡子 15mm	个	0.81	14.434	—	—	—	—
	镀锌电线管卡子 20mm	个	0.87	—	14.434	—	—	—
	镀锌电线管卡子 25mm	个	1.01	—	—	8.559	—	—
	镀锌电线管卡子 32mm	个	1.20	—	—	—	8.559	—
	镀锌电线管卡子 40mm	个	1.83	—	—	—	—	6.797
	镀锌电线管塑料护口 *DN*15~20	个	0.23	4.124	4.124	—	—	—
	镀锌电线管塑料护口 *DN*25~32	个	0.36	—	—	1.552	1.552	—
	镀锌电线管塑料护口 *DN*40~50	个	0.42	—	—	—	—	1.552
	铜芯塑料绝缘软电线 BVR-4mm^2	m	2.90	1.842	2.222	2.613	3.143	3.764
	镀锌钢丝 *D*1.2~2.2	kg	7.13	0.040	0.040	0.040	0.040	0.040
	冲击钻头 *D*6~8	个	5.48	0.200	0.200	0.120	0.120	0.090
	塑料胀管 *D*6~8	个	0.31	30.831	30.831	18.278	18.278	7.267
	钢锯条	条	4.33	0.260	0.260	0.180	0.180	0.200
	木螺钉 M4×65	10个	0.90	2.913	2.913	1.732	1.732	0.691
	膨胀螺栓 M6	10套	4.40	—	—	—	—	0.671

工作内容：测位、划线、上卡子、安装支架、锯管、配管、接地、穿引线、固定、清理现场等。

编号				9-014	9-015	9-016	9-017	9-018
项目名称				薄壁钢管（JDG）沿钢结构支架配管				
				外径（mm）				
				16	20	25	32	40
单位				10m				
总价（元）				**106.99**	**111.68**	**136.66**	**145.15**	**164.57**
其中	人工费（元）			75.47	77.90	108.14	113.13	129.33
	材料费（元）			31.52	33.78	28.52	32.02	35.24
名称		单位	单价（元）	消耗量				
人工	综合工日	工日	135.00	0.559	0.577	0.801	0.838	0.958
材料	JDG 管	m	—	（10.300）	（10.300）	（10.300）	（10.300）	（10.300）
	镀锌地线夹 15mm	套	0.13	8.248	—	—	—	—
	镀锌地线夹 20mm	套	0.18	—	8.248	—	—	—
	镀锌地线夹 25mm	套	0.23	—	—	8.248	—	—
	镀锌地线夹 32mm	套	0.27	—	—	—	8.248	—
	镀锌地线夹 40mm	套	0.37	—	—	—	—	8.248

编号				9-014	9-015	9-016	9-017	9-018
项目名称				薄壁钢管(JDG)沿钢结构支架配管				
				外径(mm)				
				16	20	25	32	40
单位				10m				
名称		单位	单价(元)	消耗量				
材料	镀锌电线管卡子 15mm	个	0.81	12.372	—	—	—	—
	镀锌电线管卡子 20mm	个	0.87	—	12.372	—	—	—
	镀锌电线管卡子 25mm	个	1.01	—	—	8.559	—	—
	镀锌电线管卡子 32mm	个	1.20	—	—	—	8.559	—
	镀锌电线管卡子 40mm	个	1.83	—	—	—	—	6.807
	镀锌电线管塑料护口 *DN*15~20	个	0.23	4.124	4.124	—	—	—
	镀锌电线管塑料护口 *DN*25~32	个	0.36	—	—	1.552	1.552	—
	镀锌电线管塑料护口 *DN*40~50	个	0.42	—	—	—	—	1.552
	镀锌钢丝 *D*1.2~2.2	kg	7.13	0.040	0.040	0.040	0.040	0.040
	钢锯条	条	4.33	0.260	0.260	0.180	0.180	0.200
	铜芯塑料绝缘软电线 BVR-4mm^2	m	2.90	1.842	2.222	2.613	3.143	3.764
	半圆头螺钉 M(6~8)×(12~30)	10套	5.19	2.452	2.452	1.692	1.692	1.351

工作内容：测位、划线、上卡子、锯管、配管、接地、穿引线、固定、清理现场等。

编　　号				9-019	9-020	9-021	9-022
项目名称				薄壁钢管（JDG）沿钢索配管			
				外径（mm）			
				16	20	25	32
单　　位				10m			
总价（元）				**136.81**	**149.93**	**164.51**	**179.14**
其中	人工费（元）			110.70	121.50	137.70	148.50
	材料费（元）			26.11	28.43	26.81	30.64
名　　称		单位	单价（元）	消　耗　量			
人工	综合工日	工日	135.00	0.820	0.900	1.020	1.100
材料	JDG 管	m	—	（10.300）	（10.300）	（10.300）	（10.300）
	镀锌地线夹 15mm	套	0.13	8.248	—	—	—
	镀锌地线夹 20mm	套	0.18	—	8.248	—	—
	镀锌地线夹 25mm	套	0.23	—	—	8.248	—
	镀锌地线夹 32mm	套	0.27	—	—	—	8.248
	镀锌电线管卡子 15mm	个	0.81	13.403	—	—	—
	镀锌电线管卡子 20mm	个	0.87	—	13.403	—	—
	镀锌电线管卡子 25mm	个	1.01	—	—	10.310	—
	镀锌电线管卡子 32mm	个	1.20	—	—	—	10.310
	镀锌电线管塑料护口 *DN*15~20	个	0.23	2.252	2.252	—	—
	镀锌电线管塑料护口 *DN*25~32	个	0.36	—	—	1.552	1.552
	镀锌钢丝 *D*1.2~2.2	kg	7.13	0.040	0.040	0.040	0.040
	钢锯条	条	4.33	0.260	0.260	0.180	0.180
	铜芯塑料绝缘软电线 BVR-4mm^2	m	2.90	1.842	2.222	2.613	3.143
	半圆头螺钉 M（6~8）×（12~30）	10 套	5.19	1.331	1.331	1.021	1.021

工作内容：测位、划线、打眼、埋螺栓、锯管、套丝、摵弯（机）、配管、接地、穿引线、补漆、清理现场等。

编号				9-023	9-024	9-025	9-026	9-027	9-028
项目名称				镀锌钢管砖混结构明配					
				公称直径（mm）					
				15 以内	20 以内	25 以内	32 以内	40 以内	50 以内
单位				10m					
总价（元）				**179.55**	**187.18**	**195.09**	**217.18**	**267.28**	**281.85**
其中	人工费（元）			135.54	139.86	153.63	169.02	212.49	215.33
	材料费（元）			44.01	47.32	41.46	48.16	54.79	65.58
	机械费（元）			—	—	—	—	—	0.94
名称		单位	单价（元）	消耗量					
人工	综合工日	工日	135.00	1.004	1.036	1.138	1.252	1.574	1.595
材料	镀锌钢管	m	—	（10.300）	（10.300）	（10.300）	（10.300）	（10.300）	（10.300）
	镀锌钢丝 *D*1.2~2.2	kg	7.13	0.080	0.080	0.080	0.080	0.080	0.100
	镀锌地线夹 15mm	套	0.13	6.396	—	—	—	—	—
	镀锌地线夹 20mm	套	0.18	—	6.396	—	—	—	—
	镀锌地线夹 25mm	套	0.23	—	—	6.396	—	—	—
	镀锌地线夹 32mm	套	0.27	—	—	—	6.396	—	—
	镀锌地线夹 40mm	套	0.37	—	—	—	—	6.396	—
	镀锌地线夹 50mm	套	0.46	—	—	—	—	—	6.406
	镀锌钢管接头 15×2.75	个	1.82	1.652	—	—	—	—	—
	镀锌钢管接头 20×2.75	个	2.10	—	1.652	—	—	—	—
	镀锌钢管接头 25×3.25	个	3.22	—	—	1.652	—	—	—
	镀锌钢管接头 32×3.25	个	4.90	—	—	—	1.652	—	—
	镀锌钢管接头 40×3.5	个	6.72	—	—	—	—	1.652	—
	镀锌钢管接头 50×3.5	个	10.08	—	—	—	—	—	1.602
	镀锌钢管卡子 *DN*15	个	1.58	12.372	—	—	—	—	—
	镀锌钢管卡子 *DN*20	个	1.70	—	12.372	—	—	—	—

编号				9-023	9-024	9-025	9-026	9-027	9-028
项目名称				镀锌钢管砖混结构明配					
				公称直径（mm）					
				15 以内	20 以内	25 以内	32 以内	40 以内	50 以内
单位				10m					
名称		单位	单价（元）	消耗量					
材料	镀锌钢管卡子 *DN*25	个	1.83	—	—	8.559	—	—	—
	镀锌钢管卡子 *DN*32	个	2.04	—	—	—	8.559	—	—
	镀锌钢管卡子 *DN*40	个	2.74	—	—	—	—	6.807	—
	镀锌钢管卡子 *DN*50	个	2.97	—	—	—	—	—	6.807
	镀锌钢管塑料护口 *DN*15~20	个	0.22	4.124	4.124	—	—	—	—
	镀锌钢管塑料护口 *DN*25	个	0.39	—	—	1.552	—	—	—
	镀锌钢管塑料护口 *DN*32	个	0.45	—	—	—	1.552	—	—
	镀锌钢管塑料护口 *DN*40	个	0.52	—	—	—	—	1.552	—
	镀锌钢管塑料护口 *DN*50	个	0.57	—	—	—	—	—	1.502
	冲击钻头 *D*6~8	个	5.48	0.170	0.170	0.120	0.120	0.090	0.100
	钢锯条	条	4.33	0.300	0.300	0.200	0.200	0.300	0.300
	醇酸清漆	kg	13.59	0.030	0.030	0.040	0.050	0.060	0.100
	铅油（厚漆）	kg	11.17	0.060	0.070	0.100	0.130	0.150	0.200
	塑料胀管 *D*6~8	个	0.31	26.426	26.426	18.278	18.278	7.267	7.307
	铜芯塑料绝缘软电线 BVR-4mm^2	m	2.90	1.441	1.742	2.042	2.452	2.933	3.504
	油漆溶剂油	kg	6.10	0.050	0.060	0.070	0.090	0.110	0.100
	镀锌锁紧螺母 *DN*15×1.5	个	0.22	4.124	—	—	—	—	—
	镀锌锁紧螺母 *DN*20×1.5	个	0.22	—	4.124	—	—	—	—
	镀锌锁紧螺母 *DN*25×3	个	0.67	—	—	1.602	—	—	—
	镀锌锁紧螺母 *DN*32×3	个	0.67	—	—	—	1.602	—	—
	镀锌锁紧螺母 *DN*40×3	个	1.25	—	—	—	—	1.602	—
	镀锌锁紧螺母 *DN*50×3	个	1.25	—	—	—	—	—	2.002
	膨胀螺栓 M6	10 套	4.40	—	—	—	—	0.671	0.701
	木螺钉 M4×65	10 个	0.90	2.503	2.503	1.732	1.732	0.691	0.701
机械	中小型机械费	元	—	—	—	—	—	—	0.94

工作内容：测位、划线、打眼、埋螺栓、锯管、套丝、揻弯（机）、配管、接地、穿引线、补漆、清理现场等。

编号				9-029	9-030	9-031	9-032	9-033
项目名称				镀锌钢管砖混结构明配				
				公称直径（mm）				
				65 以内	80 以内	100 以内	125 以内	150 以内
单位				10m				
总价（元）				**422.55**	**569.65**	**624.62**	**765.88**	**996.20**
其中	人工费（元）			343.71	472.23	487.62	681.75	894.24
	材料费（元）			77.90	95.41	134.99	82.12	94.80
	机械费（元）			0.94	2.01	2.01	2.01	7.16
名称		单位	单价（元）	消耗量				
人工	综合工日	工日	135.00	2.546	3.498	3.612	5.050	6.624
材料	镀锌钢管	m	—	（10.300）	（10.300）	（10.300）	（10.300）	（10.300）
	镀锌钢丝 $D1.2\sim2.2$	kg	7.13	0.100	0.100	0.100	0.100	0.100
	镀锌地线夹 65mm	套	0.74	6.206	—	—	—	—
	镀锌地线夹 80mm	套	0.91	—	6.206	—	—	—
	镀锌地线夹 100mm	套	1.83	—	—	6.206	—	—
	镀锌地线夹 125mm	套	2.65	—	—	—	1.602	—
	镀锌地线夹 150mm	套	3.38	—	—	—	—	1.652
	镀锌钢管接头 65×3.75	个	18.36	1.502	—	—	—	—
	镀锌钢管接头 80×4	个	25.57	—	1.502	—	—	—
	镀锌钢管接头 100×4	个	44.08	—	—	1.502	—	—
	镀锌钢管接头 125×4.5	个	55.28	—	—	—	0.801	—
	镀锌钢管接头 150×4.5	个	59.76	—	—	—	—	0.821
	镀锌钢管卡子 $DN65$	个	3.34	5.205	—	—	—	—
	镀锌钢管卡子 $DN80$	个	3.55	—	5.205	—	—	—

编号				9-029	9-030	9-031	9-032	9-033
项目名称				镀锌钢管砖混结构明配				
				公称直径（mm）				
				65 以内	80 以内	100 以内	125 以内	150 以内
单位				10m				
名称		单位	单价（元）	消耗量				
材料	镀锌钢管卡子 *DN*100	个	3.66	—	—	5.205	—	—
	镀锌钢管卡子 *DN*125	个	5.12	—	—	—	2.903	—
	镀锌钢管卡子 *DN*150	个	6.72	—	—	—	—	2.883
	镀锌钢管塑料护口 *DN*65	个	0.64	1.502	—	—	—	—
	镀锌钢管塑料护口 *DN*80	个	0.87	—	1.502	—	—	—
	镀锌钢管塑料护口 *DN*100	个	1.03	—	—	1.502	—	—
	铜芯塑料绝缘软电线 BVR-4mm^2	m	2.90	4.304	5.105	6.306	2.002	2.432
	冲击钻头 *D*6~8	个	5.48	0.100	0.100	0.100	0.100	0.100
	钢锯条	条	4.33	0.300	0.501	0.501	—	—
	醇酸清漆	kg	13.59	0.100	0.100	0.100	0.200	0.200
	铅油（厚漆）	kg	11.17	0.200	0.200	0.300	0.400	0.440
	油漆溶剂油	kg	6.10	0.200	0.200	0.300	0.300	0.380
	镀锌锁紧螺母 *DN*65×3	个	1.56	2.002	—	—	—	—
	镀锌锁紧螺母 *DN*80×3	个	2.06	—	2.002	—	—	—
	镀锌锁紧螺母 *DN*100×3	个	2.08	—	—	2.002	—	—
	膨胀螺栓 M6	10 套	4.40	1.001	1.001	1.001	0.601	0.571
机械	中小型机械费	元	—	0.94	2.01	2.01	2.01	7.16

工作内容：测位、划线、打眼、上卡子、安装支架、锯管、套丝、摵弯（机）、配管、接地、穿引线、补漆、清理现场等。

编号				9-034	9-035	9-036	9-037	9-038	9-039
项目名称				镀锌钢管沿钢结构支架配管					
				公称直径（mm）					
				15 以内	20 以内	25 以内	32 以内	40 以内	50 以内
单位				10m					
总价（元）				**139.37**	**149.83**	**162.38**	**175.31**	**241.94**	**266.15**
其中	人工费（元）			93.56	100.71	120.02	125.69	185.90	201.29
	材料费（元）			45.81	49.12	42.36	49.06	55.48	63.92
	机械费（元）			—	—	—	0.56	0.56	0.94
名称		单位	单价（元）	消耗量					
人工	综合工日	工日	135.00	0.693	0.746	0.889	0.931	1.377	1.491
材料	镀锌钢管	m	—	(10.300)	(10.300)	(10.300)	(10.300)	(10.300)	(10.300)
	镀锌地线夹 15mm	套	0.13	6.396	—	—	—	—	—
	镀锌地线夹 20mm	套	0.18	—	6.396	—	—	—	—
	镀锌地线夹 25mm	套	0.23	—	—	6.396	—	—	—
	镀锌地线夹 32mm	套	0.27	—	—	—	6.396	—	—
	镀锌地线夹 40mm	套	0.37	—	—	—	—	6.396	—
	镀锌地线夹 50mm	套	0.46	—	—	—	—	—	6.396
	镀锌钢管接头 15×2.75	个	1.82	1.652	—	—	—	—	—
	镀锌钢管接头 20×2.75	个	2.10	—	1.652	—	—	—	—
	镀锌钢管接头 25×3.25	个	3.22	—	—	1.652	—	—	—
	镀锌钢管接头 32×3.25	个	4.90	—	—	—	1.652	—	—
	镀锌钢管接头 40×3.5	个	6.72	—	—	—	—	1.652	—
	镀锌钢管接头 50×3.5	个	10.08	—	—	—	—	—	1.652
	镀锌钢管卡子 *DN*15	个	1.58	12.372	—	—	—	—	—
	镀锌钢管卡子 *DN*20	个	1.70	—	12.372	—	—	—	—
	镀锌钢管卡子 *DN*25	个	1.83	—	—	8.559	—	—	—

编号				9-034	9-035	9-036	9-037	9-038	9-039
项目名称				镀锌钢管沿钢结构支架配管					
				公称直径(mm)					
				15 以内	20 以内	25 以内	32 以内	40 以内	50 以内
单位				10m					
名称		单位	单价(元)	消耗量					
材料	镀锌钢管卡子 *DN*32	个	2.04	—	—	—	8.559	—	—
	镀锌钢管卡子 *DN*40	个	2.74	—	—	—	—	6.807	—
	镀锌钢管卡子 *DN*50	个	2.97	—	—	—	—	—	6.807
	镀锌钢管塑料护口 *DN*15~20	个	0.22	4.124	4.124	—	—	—	—
	镀锌钢管塑料护口 *DN*25	个	0.39	—	—	1.552	—	—	—
	镀锌钢管塑料护口 *DN*32	个	0.45	—	—	—	1.552	—	—
	镀锌钢管塑料护口 *DN*40	个	0.52	—	—	—	—	1.552	—
	镀锌钢管塑料护口 *DN*50	个	0.57	—	—	—	—	—	1.552
	铜芯塑料绝缘软电线 BVR-4mm^2	m	2.90	1.441	1.742	2.042	2.452	2.933	3.524
	镀锌钢丝 *D*1.2~2.2	kg	7.13	0.080	0.080	0.080	0.080	0.080	0.080
	钢锯条	条	4.33	0.300	0.300	0.200	0.200	0.300	0.300
	醇酸清漆	kg	13.59	0.030	0.030	0.040	0.050	0.060	0.070
	铅油(厚漆)	kg	11.17	0.060	0.070	0.100	0.130	0.150	0.190
	油漆溶剂油	kg	6.10	0.050	0.060	0.070	0.090	0.110	0.140
	半圆头螺钉 M(6~8)×(12~30)	10套	5.19	2.452	2.452	1.692	1.692	1.351	1.351
	镀锌锁紧螺母 *DN*15×3	个	0.33	4.124	—	—	—	—	—
	镀锌锁紧螺母 *DN*20×3	个	0.33	—	4.124	—	—	—	—
	镀锌锁紧螺母 *DN*25×3	个	0.67	—	—	1.602	—	—	—
	镀锌锁紧螺母 *DN*32×3	个	0.67	—	—	—	1.602	—	—
	镀锌锁紧螺母 *DN*40×3	个	1.25	—	—	—	—	1.602	—
	镀锌锁紧螺母 *DN*50×3	个	1.25	—	—	—	—	—	0.160
机械	中小型机械费	元	—	—	—	—	0.56	0.56	0.94

工作内容：测位、划线、打眼、上卡子、安装支架、锯管、套丝、摵弯（机）、配管、接地、穿引线、补漆、清理现场等。

编号					9-040	9-041	9-042	9-043	9-044
项目名称					镀锌钢管沿钢结构支架配管				
					公称直径（mm）				
					65 以内	80 以内	100 以内	125 以内	150 以内
单位					10m				
总价（元）					**393.12**	**521.97**	**596.82**	**760.18**	**964.91**
其中	人工费（元）				313.07	423.50	458.19	670.68	863.46
	材料费（元）				78.04	96.46	136.62	82.34	94.29
	机械费（元）				2.01	2.01	2.01	7.16	7.16
名称		单位	单价（元）		消耗量				
人工	综合工日	工日	135.00		2.319	3.137	3.394	4.968	6.396
材料	镀锌钢管	m	—		（10.300）	（10.300）	（10.300）	（10.300）	（10.300）
	镀锌地线夹 65mm	套	0.74		6.186	—	—	—	—
	镀锌地线夹 80mm	套	0.91		—	6.186	—	—	—
	镀锌地线夹 100mm	套	1.83		—	—	6.186	—	—
	镀锌地线夹 125mm	套	2.65		—	—	—	1.652	—
	镀锌地线夹 150mm	套	3.38		—	—	—	—	1.652
	镀锌钢管接头 65×3.75	个	18.36		1.552	—	—	—	—
	镀锌钢管接头 80×4	个	25.57		—	1.552	—	—	—
	镀锌钢管接头 100×4	个	44.08		—	—	1.552	—	—
	镀锌钢管接头 125×4.5	个	55.28		—	—	—	0.821	—
	镀锌钢管接头 150×4.5	个	59.76		—	—	—	—	0.821
	镀锌钢管卡子 *DN*65	个	3.34		5.155	—	—	—	—
	镀锌钢管卡子 *DN*80	个	3.55		—	5.155	—	—	—
	镀锌钢管卡子 *DN*100	个	3.66		—	—	5.155	—	—

编号				9-040	9-041	9-042	9-043	9-044
项目名称				镀锌钢管沿钢结构支架配管				
				公称直径(mm)				
				65 以内	80 以内	100 以内	125 以内	150 以内
单位				10m				
名称		单位	单价（元）	消耗量				
材料	镀锌钢管卡子 *DN*125	个	5.12	—	—	—	2.843	—
	镀锌钢管卡子 *DN*150	个	6.72	—	—	—	—	2.843
	镀锌钢管塑料护口 *DN*65	个	0.64	1.552	—	—	—	—
	镀锌钢管塑料护口 *DN*80	个	0.87	—	1.552	—	—	—
	镀锌钢管塑料护口 *DN*100	个	1.03	—	—	1.552	—	—
	铜芯塑料绝缘软电线 BVR-4mm^2	m	2.90	4.284	5.145	6.296	2.042	2.432
	镀锌钢丝 *D*1.2~2.2	kg	7.13	0.080	0.080	0.080	0.080	0.080
	钢锯条	条	4.33	0.300	0.450	0.450	—	—
	醇酸清漆	kg	13.59	0.090	0.110	0.140	0.170	0.200
	铅油（厚漆）	kg	11.17	0.210	0.240	0.310	0.380	0.440
	油漆溶剂油	kg	6.10	0.180	0.210	0.270	0.330	0.380
	半圆头螺钉 M（6~8）×（12~30）	10 套	5.19	1.021	1.021	1.021	0.571	0.571
	镀锌锁紧螺母 *DN*65×3	个	1.56	1.602	—	—	—	—
	镀锌锁紧螺母 *DN*80×3	个	2.06	—	1.602	—	—	—
	镀锌锁紧螺母 *DN*100×3	个	2.08	—	—	1.602	—	—
机械	中小型机械费	元	—	2.01	2.01	2.01	7.16	7.16

工作内容:测位、划线、锯管、套丝、摵弯(机)、上卡子、配管、接地、穿引线、补漆、清理现场等。

编号				9-045	9-046	9-047	9-048
项目名称				镀锌钢管沿钢索配管			
				公称直径(mm)			
				15 以内	20 以内	25 以内	32 以内
单位				10m			
总价(元)				**165.11**	**178.27**	**201.52**	**222.92**
其中	人工费(元)			125.69	135.54	159.44	173.34
	材料费(元)			39.42	42.73	42.08	49.02
	机械费(元)			—	—	—	0.56
名称		单位	单价(元)	消耗量			
人工	综合工日	工日	135.00	0.931	1.004	1.181	1.284
材料	镀锌钢管	m	—	(10.300)	(10.300)	(10.300)	(10.300)
	镀锌地线夹 15mm	套	0.13	6.396	—	—	—
	镀锌地线夹 20mm	套	0.18	—	6.396	—	—
	镀锌地线夹 25mm	套	0.23	—	—	6.396	—
	镀锌地线夹 32mm	套	0.27	—	—	—	6.396
	镀锌钢管接头 15×2.75	个	1.82	1.652	—	—	—
	镀锌钢管接头 20×2.75	个	2.10	—	1.652	—	—
	镀锌钢管接头 25×3.25	个	3.22	—	—	1.652	—
	镀锌钢管接头 32×3.25	个	4.90	—	—	—	1.652
	镀锌钢管卡子 *DN*15	个	1.58	12.372	—	—	—
	镀锌钢管卡子 *DN*20	个	1.70	—	12.372	—	—
	镀锌钢管卡子 *DN*25	个	1.83	—	—	10.310	—

编号				9-045	9-046	9-047	9-048
项目名称				镀锌钢管沿钢索配管			
				公称直径(mm)			
				15以内	20以内	25以内	32以内
单位				10m			
名称		单位	单价（元）	消耗量			
材料	镀锌钢管卡子 *DN*32	个	2.04	—	—	—	10.310
	镀锌钢管塑料护口 *DN*15~20	个	0.22	4.124	4.124	—	—
	镀锌钢管塑料护口 *DN*25	个	0.39	—	—	1.552	—
	镀锌钢管塑料护口 *DN*32	个	0.45	—	—	—	1.552
	铜芯塑料绝缘软电线 BVR-4mm^2	m	2.90	1.441	1.742	2.042	2.452
	镀锌钢丝 *D*1.2~2.2	kg	7.13	0.080	0.080	0.080	0.080
	钢锯条	条	4.33	0.300	0.300	0.200	0.200
	醇酸清漆	kg	13.59	0.030	0.030	0.040	0.040
	铅油(厚漆)	kg	11.17	0.060	0.070	0.100	0.130
	油漆溶剂油	kg	6.10	0.050	0.060	0.070	0.090
	半圆头螺钉 M(6~8)×(12~30)	10套	5.19	1.221	1.221	1.021	1.021
	镀锌锁紧螺母 *DN*15×3	个	0.33	4.124	—	—	—
	镀锌锁紧螺母 *DN*20×3	个	0.33	—	4.124	—	—
	镀锌锁紧螺母 *DN*25×3	个	0.67	—	—	1.602	—
	镀锌锁紧螺母 *DN*32×3	个	0.67	—	—	—	1.602
机械	中小型机械费	元	—	—	—	—	0.56

工作内容：测位、划线、打眼、埋螺栓、锯管、套丝、揻弯（机）、配管、接地、穿引线、补漆、清理现场等。

编号				9-049	9-050	9-051	9-052	9-053
项目名称				防爆钢管砖混结构明配				
				公称直径（mm）				
				15以内	20以内	25以内	32以内	40以内
单位				10m				
总价（元）				**257.48**	**273.10**	**296.77**	**320.31**	**362.29**
其中	人工费（元）			218.57	232.07	254.21	269.87	312.93
	材料费（元）			38.91	41.03	41.76	49.64	48.56
	机械费（元）			—	—	0.80	0.80	0.80
名称		单位	单价（元）	消耗量				
人工	综合工日	工日	135.00	1.619	1.719	1.883	1.999	2.318
材料	镀锌钢管	m	—	（10.300）	（10.300）	（10.300）	（10.300）	（10.300）
	防爆活接头	个	—	（2.580）	（2.580）	（1.550）	（1.550）	—
	电力复合脂	kg	22.43	0.050	0.050	0.060	0.060	0.070
	镀锌钢管活接头 *DN*25	个	4.71	—	—	1.552	—	—
	镀锌钢管活接头 *DN*32	个	6.40	—	—	—	1.552	—
	镀锌钢管接头 20×2.75	个	2.10	—	1.652	—	—	—
	镀锌钢管接头 25×3.25	个	3.22	—	—	1.652	—	—
	镀锌钢管接头 15×2.75	个	1.82	1.652	—	—	—	—
	镀锌钢管接头 32×3.25	个	4.90	—	—	—	1.652	—
	镀锌钢管接头 40×3.5	个	6.72	—	—	—	—	1.652
	镀锌钢管卡子 *DN*15	个	1.58	12.372	—	—	—	—

编号				9-049	9-050	9-051	9-052	9-053
项目名称				防爆钢管砖混结构明配				
				公称直径（mm）				
				15 以内	20 以内	25 以内	32 以内	40 以内
单位				10m				
	名称	单位	单价（元）	消耗量				
材料	镀锌钢管卡子 *DN*20	个	1.70	—	12.372	—	—	—
	镀锌钢管卡子 *DN*25	个	1.83	—	—	8.559	—	—
	镀锌钢管卡子 *DN*32	个	2.04	—	—	—	8.559	—
	镀锌钢管卡子 *DN*40	个	2.74	—	—	—	—	8.559
	镀锌钢管塑料护口 *DN*15~20	个	0.22	2.252	2.252	—	—	—
	镀锌钢管塑料护口 *DN*25	个	0.39	—	—	1.552	—	—
	镀锌钢管塑料护口 *DN*32	个	0.45	—	—	—	1.552	—
	镀锌钢管塑料护口 *DN*40	个	0.52	—	—	—	—	1.552
	镀锌钢丝 *D*1.2~2.2	kg	7.13	0.080	0.080	0.080	0.080	0.080
	醇酸清漆	kg	13.59	0.030	0.030	0.040	0.050	0.060
	冲击钻头 *D*6~8	个	5.48	0.170	0.170	0.120	0.120	0.120
	钢锯条	条	4.33	0.300	0.300	0.200	0.200	0.300
	铅油（厚漆）	kg	11.17	0.070	0.080	0.110	0.140	0.160
	塑料胀管 *D*6~8	个	0.31	26.426	26.426	18.278	18.278	7.267
	油漆溶剂油	kg	6.10	0.050	0.060	0.070	0.090	0.110
	木螺钉 M4×65	10 个	0.90	2.503	2.503	1.732	1.732	0.691
	膨胀螺栓 M6	10 套	4.40	—	—	—	—	0.671
机械	中小型机械费	元	—	—	—	0.80	0.80	0.80

工作内容：测位、划线、打眼、埋螺栓、锯管、套丝、揻弯（机）、配管、接地、穿引线、补漆、清理现场等。

编号				9-054	9-055	9-056	9-057
项目名称				防爆钢管砖混结构明配			
				公称直径（mm）			
				50 以内	65 以内	80 以内	100 以内
单位				10m			
总价（元）				**384.72**	**524.50**	**649.42**	**716.23**
其中	人工费（元）			332.37	463.05	574.02	609.39
	材料费（元）			51.55	60.14	74.09	105.53
	机械费（元）			0.80	1.31	1.31	1.31
名称		单位	单价（元）	消耗量			
人工	综合工日	工日	135.00	2.462	3.430	4.252	4.514
材料	镀锌钢管	m	—	（10.300）	（10.300）	（10.300）	（10.300）
	镀锌钢管接头 50×3.5	个	10.08	1.652	—	—	—
	镀锌钢管接头 65×3.75	个	18.36	—	1.552	—	—
	镀锌钢管接头 80×4	个	25.57	—	—	1.552	—
	镀锌钢管接头 100×4	个	44.08	—	—	—	1.552
	镀锌钢管卡子 *DN*50	个	2.97	6.807	—	—	—
	镀锌钢管卡子 *DN*65	个	3.34	—	5.155	—	—
	镀锌钢管卡子 *DN*80	个	3.55	—	—	5.155	—
	镀锌钢管卡子 *DN*100	个	3.66	—	—	—	5.155

编号				9-054	9-055	9-056	9-057
项目名称				防爆钢管砖混结构明配			
				公称直径（mm）			
				50以内	65以内	80以内	100以内
单位				10m			
名称		单位	单价（元）	消耗量			
材料	镀锌钢管塑料护口 *DN*50	个	0.57	1.552	—	—	—
	镀锌钢管塑料护口 *DN*65	个	0.64	—	1.552	—	—
	镀锌钢管塑料护口 *DN*80	个	0.87	—	—	1.552	—
	镀锌钢管塑料护口 *DN*100	个	1.03	—	—	—	1.552
	电力复合脂	kg	22.43	0.070	0.080	0.080	0.090
	镀锌钢丝 *D*1.2~2.2	kg	7.13	0.080	0.080	0.080	0.080
	冲击钻头 *D*6~8	个	5.48	0.090	0.070	0.070	0.070
	钢锯条	条	4.33	0.300	0.300	0.450	0.450
	醇酸清漆	kg	13.59	0.070	0.090	0.110	0.140
	铅油（厚漆）	kg	11.17	0.200	0.230	0.250	0.330
	塑料胀管 *D*6~8	个	0.31	7.267	—	—	—
	油漆溶剂油	kg	6.10	0.140	0.180	0.210	0.270
	木螺钉 M4×65	10个	0.90	0.691	—	—	—
	膨胀螺栓 M6	10套	4.40	0.671	1.021	1.021	1.021
机械	中小型机械费	元	—	0.80	1.31	1.31	1.31

工作内容：测位、划线、打眼、埋螺栓、锯管、套丝、摵弯（机）、配管、接地、气密性试验、穿引线、补漆、清理现场等。

编号				9-058	9-059	9-060	9-061	9-062
项目名称				防爆钢管钢结构支架配管				
				公称直径（mm）				
				15 以内	20 以内	25 以内	32 以内	40 以内
单位				10m				
总价（元）				**215.90**	**228.69**	**238.65**	**256.06**	**329.80**
其中	人工费（元）			175.23	185.90	202.50	214.79	284.72
	材料费（元）			40.67	42.79	35.35	40.47	44.28
	机械费（元）			—	—	0.80	0.80	0.80
名称		单位	单价（元）	消耗量				
人工	综合工日	工日	135.00	1.298	1.377	1.500	1.591	2.109
材料	镀锌钢管	m	—	（10.300）	（10.300）	（10.300）	（10.300）	（10.300）
	防爆活接头	个	—	（4.120）	（4.120）	（1.550）	（1.550）	—
	镀锌钢管接头 15×2.75	个	1.82	1.652	—	—	—	—
	镀锌钢管接头 25×3.25	个	3.22	—	—	1.652	—	—
	镀锌钢管接头 20×2.75	个	2.10	—	1.652	—	—	—
	镀锌钢管接头 32×3.25	个	4.90	—	—	—	1.652	—
	镀锌钢管接头 40×3.5	个	6.72	—	—	—	—	1.652
	镀锌钢管卡子 *DN*15	个	1.58	12.372	—	—	—	—
	镀锌钢管卡子 *DN*20	个	1.70	—	12.372	—	—	—

续前

编号				9-058	9-059	9-060	9-061	9-062
项目名称				防爆钢管钢结构支架配管				
				公称直径(mm)				
				15 以内	20 以内	25 以内	32 以内	40 以内
单位				10m				
名称		单位	单价(元)	消耗量				
材料	镀锌钢管卡子 *DN*25	个	1.83	—	—	8.559	—	—
	镀锌钢管卡子 *DN*32	个	2.04	—	—	—	8.559	—
	镀锌钢管卡子 *DN*40	个	2.74	—	—	—	—	6.807
	镀锌钢管塑料护口 *DN*15~20	个	0.22	4.124	4.124	—	—	—
	镀锌钢管塑料护口 *DN*25	个	0.39	—	—	1.552	—	—
	镀锌钢管塑料护口 *DN*32	个	0.45	—	—	—	1.552	—
	镀锌钢管塑料护口 *DN*40	个	0.52	—	—	—	—	1.552
	镀锌钢丝 *D*1.2~2.2	kg	7.13	0.080	0.080	0.080	0.080	0.080
	电力复合脂	kg	22.43	0.050	0.050	0.060	0.060	0.070
	醇酸清漆	kg	13.59	0.030	0.030	0.040	0.040	0.060
	钢锯条	条	4.33	0.300	0.300	0.200	0.200	0.300
	铅油(厚漆)	kg	11.17	0.070	0.080	0.110	0.140	0.160
	油漆溶剂油	kg	6.10	0.050	0.060	0.070	0.090	0.110
	半圆头螺钉 M(6~8)×(12~30)	10套	5.19	2.452	2.452	1.692	1.692	1.351
机械	中小型机械费	元	—	—	—	0.80	0.80	0.80

工作内容：测位、划线、打眼、埋螺栓、锯管、套丝、揻弯（机）、配管、接地、气密性试验、穿引线、补漆、清理现场等。

编号				9–063	9–064	9–065	9–066
项目名称				防爆钢管钢结构支架配管			
				公称直径（mm）			
				50 以内	65 以内	80 以内	100 以内
单位				10m			
总价（元）				**368.54**	**425.72**	**665.87**	**733.21**
其中	人工费（元）			315.50	363.29	589.01	624.92
	材料费（元）			52.24	60.56	74.52	105.95
	机械费（元）			0.80	1.87	2.34	2.34
名称		单位	单价（元）	消耗量			
人工	综合工日	工日	135.00	2.337	2.691	4.363	4.629
材料	镀锌钢管	m	—	（10.300）	（10.300）	（10.300）	（10.300）
	镀锌钢管接头 50×3.5	个	10.08	1.652	—	—	—
	镀锌钢管接头 65×3.75	个	18.36	—	1.552	—	—
	镀锌钢管接头 80×4	个	25.57	—	—	1.552	—
	镀锌钢管接头 100×4	个	44.08	—	—	—	1.552
	镀锌钢管卡子 *DN*80	个	3.55	—	—	5.155	—
	镀锌钢管卡子 *DN*100	个	3.66	—	—	—	5.155

编号				9-063	9-064	9-065	9-066
项目名称				防爆钢管钢结构支架配管			
				公称直径（mm）			
				50 以内	65 以内	80 以内	100 以内
单位				10m			
名称		单位	单价（元）	消耗量			
材料	镀锌钢管卡子 *DN*50	个	2.97	6.807	—	—	—
	镀锌钢管卡子 *DN*65	个	3.34	—	5.155	—	—
	镀锌钢管塑料护口 *DN*50	个	0.57	1.552	—	—	—
	镀锌钢管塑料护口 *DN*65	个	0.64	—	1.552	—	—
	镀锌钢管塑料护口 *DN*80	个	0.87	—	—	1.552	—
	镀锌钢管塑料护口 *DN*100	个	1.03	—	—	—	1.552
	镀锌钢丝 *D*1.2~2.2	kg	7.13	0.080	0.080	0.080	0.080
	电力复合脂	kg	22.43	0.070	0.080	0.080	0.090
	钢锯条	条	4.33	0.300	0.300	0.450	0.450
	醇酸清漆	kg	13.59	0.070	0.090	0.110	0.140
	铅油（厚漆）	kg	11.17	0.200	0.230	0.250	0.330
	油漆溶剂油	kg	6.10	0.140	0.180	0.210	0.270
	半圆头螺钉 M（6~8）×（12~30）	10 套	5.19	1.351	1.021	1.021	1.021
机械	中小型机械费	元	—	0.80	1.87	2.34	2.34

工作内容：测位、划线、打眼、下胀管、连接管件、配管、上螺钉、穿引线、清理现场等。

编号				9-067	9-068	9-069	9-070	9-071	9-072
项目名称				刚性阻燃管明配					
				外径（mm）					
				15 以内	20 以内	25 以内	32 以内	50 以内	65 以内
单位				10m					
总价（元）				**132.72**	**142.41**	**143.21**	**153.67**	**154.85**	**159.92**
其中	人工费（元）			103.55	111.78	114.62	122.85	128.52	137.03
	材料费（元）			29.17	30.63	28.59	30.82	26.33	22.89
名称		单位	单价（元）	消耗量					
人工	综合工日	工日	135.00	0.767	0.828	0.849	0.910	0.952	1.015
材料	刚性阻燃管	m	—	（10.600）	（10.600）	（10.600）	（10.600）	（10.600）	（10.600）
	冲击钻头 *D*6~8	个	5.48	0.230	0.230	0.160	0.160	—	—
	冲击钻头 *D*6~12	个	6.33	—	—	—	—	0.110	0.040
	镀锌钢丝 *D*1.2~2.2	kg	7.13	0.040	0.040	0.040	0.040	0.040	0.040
	难燃塑料管接头 15mm	个	0.51	2.102	—	—	—	—	—
	难燃塑料管卡子 15mm	个	0.71	16.817	—	—	—	—	—
	难燃塑料管三通 15mm	个	0.90	0.320	—	—	—	—	—
	难燃塑料管接头 20mm	个	0.58	—	2.102	—	—	—	—
	难燃塑料管卡子 20mm	个	0.77	—	16.817	—	—	—	—
	难燃塑料管三通 20mm	个	1.34	—	0.320	—	—	—	—
	难燃塑料管接头 25mm	个	0.67	—	—	2.102	—	—	—
	难燃塑料管卡子 25mm	个	1.12	—	—	12.192	—	—	—
	难燃塑料管三通 25mm	个	1.74	—	—	0.320	—	—	—
	难燃塑料管接头 32mm	个	0.80	—	—	—	2.102	—	—
	难燃塑料管卡子 32mm	个	1.26	—	—	—	12.192	—	—
	难燃塑料管三通 32mm	个	2.22	—	—	—	0.320	—	—

编号				9-067	9-068	9-069	9-070	9-071	9-072
项目名称				刚性阻燃管明配					
				外径（mm）					
				15以内	20以内	25以内	32以内	50以内	65以内
单位				10m					
名称		单位	单价（元）	消耗量					
材料	难燃塑料管接头 50mm	个	1.16	—	—	—	—	2.102	—
	难燃塑料管卡子 50mm	个	1.44	—	—	—	—	8.519	—
	难燃塑料管三通 50mm	个	3.82	—	—	—	—	0.320	—
	难燃塑料管接头 65mm	个	1.42	—	—	—	—	—	2.102
	难燃塑料管卡子 65mm	个	1.57	—	—	—	—	—	6.416
	难燃塑料管三通 65mm	个	4.62	—	—	—	—	—	0.320
	难燃塑料管伸缩接头 15mm	个	1.29	0.210	—	—	—	—	—
	难燃塑料管伸缩接头 20mm	个	1.48	—	0.210	—	—	—	—
	难燃塑料管伸缩接头 25mm	个	1.61	—	—	0.210	—	—	—
	难燃塑料管伸缩接头 32mm	个	1.72	—	—	—	0.210	—	—
	难燃塑料管伸缩接头 50mm	个	2.54	—	—	—	—	0.210	—
	难燃塑料管伸缩接头 65mm	个	2.74	—	—	—	—	—	0.210
	难燃塑料管弯头 15mm	个	1.38	0.210	—	—	—	—	—
	难燃塑料管弯头 20mm	个	1.98	—	0.210	—	—	—	—
	难燃塑料管弯头 25mm	个	3.37	—	—	0.210	—	—	—
	难燃塑料管弯头 32mm	个	3.68	—	—	—	0.210	—	—
	难燃塑料管弯头 50mm	个	4.35	—	—	—	—	0.210	—
	难燃塑料管弯头 65mm	个	4.83	—	—	—	—	—	0.210
	钢锯条	条	4.33	0.100	0.100	0.100	0.100	0.100	0.100
	塑料胀管 *D*6~8	个	0.31	32.533	32.533	25.546	25.546	17.838	13.433
	黏合剂	kg	24.23	0.010	0.010	0.010	0.010	0.020	0.020
	木螺钉 M4×65	10个	0.90	3.333	3.333	2.412	2.412	1.692	1.271

第三节 暗配管敷设

工作内容：测位、划线、打眼、沟槽修整、锯管、配管、接地、穿引线、清理现场等。

编号				9-073	9-074	9-075	9-076	9-077
项目名称				薄壁钢管（JDG）砖混结构暗配				
				外径（mm）				
				16	20	25	32	40
单位				10m				
总价（元）				**59.14**	**63.22**	**86.64**	**93.50**	**120.20**
其中	人工费（元）			50.22	52.79	75.47	80.46	104.36
	材料费（元）			8.92	10.43	11.17	13.04	15.84
名称		单位	单价（元）	消耗量				
人工	综合工日	工日	135.00	0.372	0.391	0.559	0.596	0.773
材料	JDG 管	m	—	（10.300）	（10.300）	（10.300）	（10.300）	（10.300）
	铜芯塑料绝缘软电线 BVR-4mm^2	m	2.90	1.842	2.222	2.613	3.143	3.764
	镀锌钢丝 *D*1.2~2.2	kg	7.13	0.060	0.060	0.050	0.050	0.050
	镀锌地线夹 15mm	套	0.13	8.248	—	—	—	—
	镀锌地线夹 20mm	套	0.18	—	8.248	—	—	—
	镀锌地线夹 25mm	套	0.23	—	—	8.248	—	—
	镀锌地线夹 32mm	套	0.27	—	—	—	8.248	—
	镀锌地线夹 40mm	套	0.37	—	—	—	—	8.248
	镀锌电线管塑料护口 *DN*15~20	个	0.23	4.124	4.124	—	—	—
	镀锌电线管塑料护口 *DN*25~32	个	0.36	—	—	1.552	1.552	—
	镀锌电线管塑料护口 *DN*40~50	个	0.42	—	—	—	—	1.552
	钢锯条	条	4.33	0.260	0.260	0.180	0.180	0.200

工作内容：测位、划线、锯管、套丝、揻弯（机）、沟坑修整、配管、接地、穿引线、补漆、清理现场等。

编号				9-078	9-079	9-080	9-081	9-082	9-083
项目名称				镀锌钢管砖混结构暗配					
				公称直径（mm）					
				15 以内	20 以内	25 以内	32 以内	40 以内	50 以内
单位				10m					
总价（元）				**85.52**	**87.17**	**103.73**	**109.59**	**172.50**	**198.42**
其中	人工费（元）			72.77	72.77	86.67	86.67	142.56	159.44
	材料费（元）			12.75	14.40	17.06	22.92	29.94	38.04
	机械费（元）			—	—	—	—	—	0.94
名称		单位	单价（元）	消耗量					
人工	综合工日	工日	135.00	0.539	0.539	0.642	0.642	1.056	1.181
材料	镀锌钢管	m	—	(10.300)	(10.300)	(10.300)	(10.300)	(10.300)	(10.300)
	镀锌钢丝 *D*1.2~2.2	kg	7.13	0.100	0.100	0.100	0.100	0.100	0.100
	镀锌地线夹 15mm	套	0.13	6.406	—	—	—	—	—
	镀锌地线夹 20mm	套	0.18	—	6.406	—	—	—	—
	镀锌地线夹 25mm	套	0.23	—	—	6.406	—	—	—
	镀锌地线夹 32mm	套	0.27	—	—	—	6.406	—	—
	镀锌地线夹 40mm	套	0.37	—	—	—	—	6.406	—
	镀锌地线夹 50mm	套	0.46	—	—	—	—	—	6.396
	镀锌钢管接头 15×2.75	个	1.82	1.602	—	—	—	—	—
	镀锌钢管接头 20×2.75	个	2.10	—	1.602	—	—	—	—
	镀锌钢管接头 25×3.25	个	3.22	—	—	1.602	—	—	—
	镀锌钢管接头 32×3.25	个	4.90	—	—	—	1.602	—	—
	镀锌钢管接头 40×3.5	个	6.72	—	—	—	—	1.602	—
	镀锌钢管接头 50×3.5	个	10.08	—	—	—	—	—	1.652

编号				9-078	9-079	9-080	9-081	9-082	9-083
项目名称				镀锌钢管砖混结构暗配					
				公称直径（mm）					
				15 以内	20 以内	25 以内	32 以内	40 以内	50 以内
单位				10m					
名称		单位	单价（元）	消耗量					
材料	镀锌钢管塑料护口 *DN*15~20	个	0.22	4.124	4.124	—	—	—	—
	镀锌钢管塑料护口 *DN*25	个	0.39	—	—	1.502	—	—	—
	镀锌钢管塑料护口 *DN*32	个	0.45	—	—	—	1.502	—	—
	镀锌钢管塑料护口 *DN*40	个	0.52	—	—	—	—	1.502	—
	镀锌钢管塑料护口 *DN*50	个	0.57	—	—	—	—	—	1.552
	钢锯条	条	4.33	0.300	0.300	0.200	0.200	0.300	0.300
	醇酸清漆	kg	13.59	—	—	—	0.100	0.100	0.070
	铅油（厚漆）	kg	11.17	0.100	0.100	0.100	0.100	0.100	0.180
	铜芯塑料绝缘软电线 BVR-4mm^2	m	2.90	1.401	1.702	2.002	2.503	2.903	3.524
	油漆溶剂油	kg	6.10	—	—	—	—	0.100	0.060
	镀锌锁紧螺母 *DN*15×1.5	个	0.22	4.124	—	—	—	—	—
	镀锌锁紧螺母 *DN*20×1.5	个	0.22	—	4.124	—	—	—	—
	镀锌锁紧螺母 *DN*25×3	个	0.67	—	—	2.002	—	—	—
	镀锌锁紧螺母 *DN*32×3	个	0.67	—	—	—	2.022	—	—
	镀锌锁紧螺母 *DN*40×3	个	1.25	—	—	—	—	2.002	—
	镀锌锁紧螺母 *DN*50×3	个	1.25	—	—	—	—	—	1.602
机械	中小型机械费	元	—	—	—	—	—	—	0.94

工作内容：测位、划线、锯管、套丝、揻弯（机）、沟坑修整、配管、接地、穿引线、补漆、清理现场等。

编号				9-084	9-085	9-086	9-087	9-088
项目名称				镀锌钢管砖混结构暗配				
				公称直径（mm）				
				65 以内	80 以内	100 以内	125 以内	150 以内
单位				10m				
总价（元）				**293.51**	**418.05**	**477.04**	**529.49**	**729.34**
其中	人工费（元）			231.80	343.71	363.29	458.33	650.97
	材料费（元）			59.70	72.33	111.74	64.00	71.21
	机械费（元）			2.01	2.01	2.01	7.16	7.16
名称		单位	单价（元）	消耗量				
人工	综合工日	工日	135.00	1.717	2.546	2.691	3.395	4.822
材料	镀锌钢管	m	—	（10.300）	（10.300）	（10.300）	（10.300）	（10.300）
	铜芯塑料绝缘软电线 BVR-4mm^2	m	2.90	4.284	5.145	6.296	2.042	2.432
	镀锌钢丝 *D*1.2~2.2	kg	7.13	0.100	0.100	0.100	0.110	0.110
	镀锌地线夹 65mm	套	0.74	12.372	—	—	—	—
	镀锌地线夹 80mm	套	0.91	—	6.186	—	—	—
	镀锌地线夹 100mm	套	1.83	—	—	6.186	—	—
	镀锌地线夹 125mm	套	2.65	—	—	—	1.652	—
	镀锌地线夹 150mm	套	3.38	—	—	—	—	1.652
	镀锌钢管接头 65×3.75	个	18.36	1.552	—	—	—	—

编号				9-084	9-085	9-086	9-087	9-088
项目名称				镀锌钢管砖混结构暗配				
				公称直径（mm）				
				65 以内	80 以内	100 以内	125 以内	150 以内
单位				10m				
名称		单位	单价（元）	消耗量				
材料	镀锌钢管接头 80×4	个	25.57	—	1.552	—	—	—
	镀锌钢管接头 100×4	个	44.08	—	—	1.552	—	—
	镀锌钢管接头 125×4.5	个	55.28	—	—	—	0.821	—
	镀锌钢管接头 150×4.5	个	59.76	—	—	—	—	0.821
	镀锌钢管塑料护口 *DN*65	个	0.64	1.552	—	—	—	—
	镀锌钢管塑料护口 *DN*80	个	0.87	—	1.552	—	—	—
	镀锌钢管塑料护口 *DN*100	个	1.03	—	—	1.552	—	—
	钢锯条	条	4.33	0.300	0.450	0.450	—	—
	醇酸清漆	kg	13.59	0.090	0.110	0.140	0.170	0.200
	铅油（厚漆）	kg	11.17	0.210	0.240	0.310	0.380	0.440
	油漆溶剂油	kg	6.10	0.090	0.100	0.130	0.160	0.180
	镀锌锁紧螺母 *DN*65×3	个	1.56	1.602	—	—	—	—
	镀锌锁紧螺母 *DN*80×3	个	2.06	—	1.602	—	—	—
	镀锌锁紧螺母 *DN*100×3	个	2.08	—	—	1.602	—	—
机械	中小型机械费	元	—	2.01	2.01	2.01	7.16	7.16

工作内容：测位、锯管、套丝、揻弯（机）、配管、接地、穿引线、补漆、清理现场等。

编号				9-089	9-090	9-091	9-092	9-093	9-094
项目名称				镀锌钢管地下埋设					
				公称直径（mm）					
				15 以内	20 以内	25 以内	32 以内	40 以内	50 以内
单位				10m					
总价（元）				**68.33**	**74.23**	**90.07**	**100.76**	**153.66**	**172.34**
其中	人工费（元）			57.38	61.56	74.12	79.65	125.69	135.54
	材料费（元）			10.95	12.67	15.95	20.55	27.41	35.86
	机械费（元）			—	—	—	0.56	0.56	0.94
名称		单位	单价（元）	消耗量					
人工	综合工日	工日	135.00	0.425	0.456	0.549	0.590	0.931	1.004
材料	镀锌钢管	m	—	（10.300）	（10.300）	（10.300）	（10.300）	（10.300）	（10.300）
	镀锌钢丝 $D1.2\sim2.2$	kg	7.13	0.040	0.040	0.040	0.040	0.040	0.040
	铜芯塑料绝缘软电线 BVR-4mm^2	m	2.90	1.441	1.742	2.042	2.452	2.933	3.524
	镀锌地线夹 15mm	套	0.13	4.845	—	—	—	—	—
	镀锌地线夹 20mm	套	0.18	—	4.845	—	—	—	—
	镀锌地线夹 25mm	套	0.23	—	—	4.845	—	—	—
	镀锌地线夹 32mm	套	0.27	—	—	—	4.845	—	—
	镀锌地线夹 40mm	套	0.37	—	—	—	—	6.396	—
	镀锌地线夹 50mm	套	0.46	—	—	—	—	—	6.396
	镀锌钢管接头 15×2.75	个	1.82	1.652	—	—	—	—	—
	镀锌钢管接头 20×2.75	个	2.10	—	1.652	—	—	—	—
	镀锌钢管接头 25×3.25	个	3.22	—	—	1.652	—	—	—
	镀锌钢管接头 32×3.25	个	4.90	—	—	—	1.652	—	—
	镀锌钢管接头 40×3.5	个	6.72	—	—	—	—	1.652	—

编号				9-089	9-090	9-091	9-092	9-093	9-094
项目名称				镀锌钢管地下埋设					
				公称直径（mm）					
				15 以内	20 以内	25 以内	32 以内	40 以内	50 以内
单位				10m					
名称		单位	单价（元）	消耗量					
材料	镀锌钢管接头 50×3.5	个	10.08	—	—	—	—	—	1.652
	镀锌钢管塑料护口 *DN*15	个	0.19	1.021	—	—	—	—	—
	镀锌钢管塑料护口 *DN*20	个	0.22	—	1.021	—	—	—	—
	镀锌钢管塑料护口 *DN*25	个	0.39			0.821	—	—	—
	镀锌钢管塑料护口 *DN*32	个	0.45	—	—	—	0.821	—	—
	镀锌钢管塑料护口 *DN*40	个	0.52	—	—	—	—	0.821	—
	镀锌钢管塑料护口 *DN*50	个	0.57	—	—	—	—	—	0.821
	钢锯条	条	4.33	0.300	0.300	0.200	0.200	0.300	0.300
	醇酸磁漆	kg	16.86	0.020	0.020	0.030	0.040	0.050	0.060
	铅油（厚漆）	kg	11.17	0.050	0.060	0.080	0.100	0.120	0.150
	油漆溶剂油	kg	6.10	0.020	0.020	0.030	0.030	0.040	0.050
	镀锌锁紧螺母 *DN*15×3	个	0.33	1.021	—	—	—	—	—
	镀锌锁紧螺母 *DN*20×3	个	0.33	—	1.021	—	—	—	—
	镀锌锁紧螺母 *DN*25×3	个	0.67	—	—	0.801	—	—	—
	镀锌锁紧螺母 *DN*32×3	个	0.67	—	—	—	0.801	—	—
	镀锌锁紧螺母 *DN*40×3	个	1.25	—	—	—	—	0.801	—
	镀锌锁紧螺母 *DN*50×3	个	1.25	—	—	—	—	—	0.801
机械	中小型机械费	元	—	—	—	—	0.56	0.56	0.94

工作内容：测位、锯管、套丝、揻弯（机）、配管、接地、穿引线、补漆、清理现场等。

编号				9-095	9-096	9-097	9-098	9-099
项目名称				镀锌钢管地下埋设				
				公称直径（mm）				
				65 以内	80 以内	100 以内	125 以内	150 以内
单位				10m				
总价（元）				**250.13**	**364.19**	**420.23**	**500.19**	**732.15**
其中	人工费（元）			195.62	293.22	310.23	435.92	656.64
	材料费（元）			52.50	68.96	107.99	62.47	68.35
	机械费（元）			2.01	2.01	2.01	1.80	7.16
名称		单位	单价（元）	消耗量				
人工	综合工日	工日	135.00	1.449	2.172	2.298	3.229	4.864
材料	镀锌钢管	m	—	（10.300）	（10.300）	（10.300）	（10.300）	（10.300）
	镀锌钢丝 D1.2~2.2	kg	7.13	0.040	0.040	0.040	0.040	0.040
	镀锌地线夹 65mm	套	0.74	6.186	—	—	—	—
	镀锌地线夹 80mm	套	0.91	—	6.186	—	—	—
	镀锌地线夹 100mm	套	1.83	—	—	6.186	—	—
	镀锌地线夹 125mm	套	2.65	—	—	—	1.652	—
	镀锌地线夹 150mm	套	3.38	—	—	—	—	1.652
	镀锌钢管接头 65×3.75	个	18.36	1.552	—	—	—	—
	镀锌钢管接头 80×4	个	25.57	—	1.552	—	—	—

编号				9-095	9-096	9-097	9-098	9-099
项目名称				镀锌钢管地下埋设				
				公称直径（mm）				
				65 以内	80 以内	100 以内	125 以内	150 以内
单位				10m				
名称		单位	单价（元）	消耗量				
材料	镀锌钢管接头 100×4	个	44.08	—	—	1.552	—	—
	镀锌钢管接头 125×4.5	个	55.28	—	—	—	0.821	—
	镀锌钢管接头 150×4.5	个	59.76	—	—	—	—	0.821
	镀锌钢管塑料护口 *DN*70	个	0.81	0.821	—	—	—	—
	镀锌钢管塑料护口 *DN*80	个	0.87	—	0.821	—	—	—
	镀锌钢管塑料护口 *DN*100	个	1.03	—	—	0.821	—	—
	钢锯条	条	4.33	0.300	0.450	0.450	—	—
	醇酸磁漆	kg	16.86	0.070	0.090	0.110	0.140	0.160
	铅油（厚漆）	kg	11.17	0.170	0.190	0.250	0.300	0.350
	铜芯塑料绝缘软电线 BVR-4mm^2	m	2.90	4.284	5.145	6.296	2.042	2.032
	油漆溶剂油	kg	6.10	0.070	0.080	0.100	0.130	0.150
	镀锌锁紧螺母 *DN*65×3	个	1.56	0.801	—	—	—	—
	镀锌锁紧螺母 *DN*80×3	个	2.06	—	0.801	—	—	—
	镀锌锁紧螺母 *DN*100×3	个	2.08	—	—	0.801	—	—
机械	中小型机械费	元	—	2.01	2.01	2.01	1.80	7.16

工作内容：测位、划线、打眼、埋螺栓、锯管、套丝、揻弯（机）、配管、接地、气密性试验、穿引线、补漆、清理现场等。

编号				9–100	9–101	9–102	9–103	9–104
项目名称				防爆钢管砖混结构暗配				
				公称直径（mm）				
				15 以内	20 以内	25 以内	32 以内	40 以内
单位				10m				
总价（元）				**130.94**	**138.83**	**170.32**	**183.36**	**257.10**
其中	人工费（元）			123.66	131.09	160.38	170.37	240.17
	材料费（元）			7.28	7.74	9.14	12.19	16.13
	机械费（元）			—	—	0.80	0.80	0.80
名称		单位	单价（元）	消耗量				
人工	综合工日	工日	135.00	0.916	0.971	1.188	1.262	1.779
材料	镀锌钢管	m	—	（10.300）	（10.300）	（10.300）	（10.300）	（10.300）
	防爆活接头	个	—	（4.120）	（4.120）	（1.550）	（1.550）	—
	电力复合脂	kg	22.43	0.050	0.050	0.060	0.060	0.070
	镀锌钢丝 *D*1.2~2.2	kg	7.13	0.100	0.100	0.100	0.100	0.100
	镀锌钢管接头 15×2.75	个	1.82	1.652	—	—	—	—
	镀锌钢管接头 20×2.75	个	2.10	—	1.652	—	—	—

续前

编　　号				9-100	9-101	9-102	9-103	9-104
项目名称				防爆钢管砖混结构暗配				
				公称直径（mm）				
				15 以内	20 以内	25 以内	32 以内	40 以内
单　　位				10m				
名　　称		单位	单价（元）	消　耗　量				
材料	镀锌钢管接头 25×3.25	个	3.22	—	—	1.652	—	—
	镀锌钢管接头 32×3.25	个	4.90	—	—	—	1.652	—
	镀锌钢管接头 40×3.5	个	6.72	—	—	—	—	1.652
	镀锌钢管塑料护口 *DN*15~20	个	0.22	4.124	4.124	—	—	—
	镀锌钢管塑料护口 *DN*25	个	0.39	—	—	1.552	—	—
	镀锌钢管塑料护口 *DN*32	个	0.45	—	—	—	1.552	—
	镀锌钢管塑料护口 *DN*40	个	0.52	—	—	—	—	1.552
	钢锯条	条	4.33	0.300	0.300	0.200	0.200	0.300
	铅油（厚漆）	kg	11.17	0.010	0.010	0.010	0.020	0.030
	油漆溶剂油	kg	6.10	0.020	0.020	0.030	0.040	0.050
机械	中小型机械费	元	—	—	—	0.80	0.80	0.80

工作内容：测位、划线、打眼、埋螺栓、锯管、套丝、揻弯（机）、配管、接地、气密性试验、穿引线、补漆、清理现场等。

编号				9-105	9-106	9-107	9-108
项目名称				防爆钢管砖混结构暗配			
				公称直径（mm）			
				50 以内	65 以内	80 以内	100 以内
单位				10m			
总价（元）				**277.64**	**383.65**	**545.42**	**605.69**
其中	人工费（元）			255.02	347.49	496.53	527.31
	材料费（元）			21.82	34.29	46.55	76.04
	机械费（元）			0.80	1.87	2.34	2.34
名称		单位	单价（元）	消耗量			
人工	综合工日	工日	135.00	1.889	2.574	3.678	3.906
材料	镀锌钢管	m	—	（10.300）	（10.300）	（10.300）	（10.300）
	镀锌钢丝 *D*1.2~2.2	kg	7.13	0.100	0.100	0.100	0.100
	电力复合脂	kg	22.43	0.070	0.080	0.080	0.090
	镀锌钢管接头 50×3.5	个	10.08	1.652	—	—	—
	镀锌钢管接头 65×3.75	个	18.36	—	1.552	—	—
	镀锌钢管接头 80×4	个	25.57	—	—	1.552	—
	镀锌钢管接头 100×4	个	44.08	—	—	—	1.552
	镀锌钢管塑料护口 *DN*50	个	0.57	1.552	—	—	—
	镀锌钢管塑料护口 *DN*65	个	0.64	—	1.552	—	—
	镀锌钢管塑料护口 *DN*80	个	0.87	—	—	1.552	—
	镀锌钢管塑料护口 *DN*100	个	1.03	—	—	—	1.552
	钢锯条	条	4.33	0.300	0.300	0.450	0.450
	铅油（厚漆）	kg	11.17	0.030	0.040	0.040	0.050
	油漆溶剂油	kg	6.10	0.060	0.090	0.100	0.130
机械	中小型机械费	元	—	0.80	1.87	2.34	2.34

工作内容：测位、划线、接管、配管、固定、穿引线、清理现场等。

编号				9-109	9-110	9-111	9-112	9-113	9-114
项目名称				刚性阻燃塑料管敷设 砖、混凝土结构暗配					
				外径（mm）					
				16	20	25	32	40	50
单位				10m					
总价（元）				**70.53**	**75.64**	**79.46**	**85.86**	**91.08**	**94.08**
其中	人工费（元）			68.04	72.90	76.55	82.62	87.48	89.91
	材料费（元）			2.49	2.74	2.91	3.24	3.60	4.17
名称		单位	单价（元）	消耗量					
人工	综合工日	工日	135.00	0.504	0.540	0.567	0.612	0.648	0.666
材料	刚性阻燃管	m	—	（10.600）	（10.600）	（10.600）	（10.600）	（10.600）	（10.600）
	镀锌钢丝 *D*1.2~2.2	kg	7.13	0.070	0.080	0.070	0.070	0.070	0.070
	钢锯条	条	4.33	0.100	0.100	0.100	0.100	0.100	0.100
	难燃塑料管接头 15mm	个	0.51	2.583	—	—	—	—	—
	难燃塑料管接头 20mm	个	0.58	—	2.583	—	—	—	—
	难燃塑料管接头 25mm	个	0.67	—	—	2.583	—	—	—
	难燃塑料管接头 32mm	个	0.80	—	—	—	2.583	—	—
	难燃塑料管接头 40mm	个	0.94	—	—	—	—	2.583	—
	难燃塑料管接头 50mm	个	1.16	—	—	—	—	—	2.583
	黏合剂	kg	24.23	0.010	0.010	0.010	0.010	0.010	0.010

工作内容：测位、划线、接管、配管、固定、穿引线、清理现场等。

编号				9-115	9-116	9-117
项目名称				刚性阻燃管埋地敷设		
				外径（mm）		
				20	32	50
单位				10m		
总价（元）				**69.26**	**78.21**	**87.19**
其中	人工费（元）			67.10	75.60	83.84
	材料费（元）			2.16	2.61	3.35
名称		单位	单价（元）	消耗量		
人工	综合工日	工日	135.00	0.497	0.560	0.621
材料	刚性阻燃管	m	—	（10.600）	（10.600）	（10.600）
	镀锌钢丝 $D1.2\sim2.2$	kg	7.13	0.040	0.040	0.040
	钢锯条	条	4.33	0.100	0.100	0.100
	难燃塑料管接头 20mm	个	0.58	2.062	—	—
	难燃塑料管接头 32mm	个	0.80	—	2.062	—
	难燃塑料管接头 50mm	个	1.16	—	—	2.062
	黏合剂	kg	24.23	0.010	0.010	0.010

第四节　金属软管敷设

工作内容：量尺寸、断管、连接接头、钻孔、攻丝、固定、接地、清理现场等。

编号				9-118	9-119	9-120	9-121	9-122	9-123
项目名称				金属软管敷设					
				内径（mm）					
				16 以内	20 以内	25 以内	32 以内	40 以内	50 以内
				每根长≤ 0.5m					
单位				10m					
总价（元）				**378.52**	**445.58**	**476.85**	**543.94**	**598.97**	**849.88**
其中	人工费（元）			319.14	379.89	402.84	435.92	496.67	562.01
	材料费（元）			59.38	65.69	74.01	108.02	102.30	287.87
名称		单位	单价（元）	消耗量					
人工	综合工日	工日	135.00	2.364	2.814	2.984	3.229	3.679	4.163
材料	金属软管	m	—	（10.300）	（10.300）	（10.300）	（10.300）	（10.300）	（10.300）
	镀锌地线夹 15mm	套	0.13	29.525	—	—	—	—	—
	镀锌地线夹 20mm	套	0.18	—	29.525	—	—	—	—
	镀锌地线夹 25mm	套	0.23	—	—	29.525	—	—	—
	镀锌地线夹 32mm	套	0.27	—	—	—	29.525	—	—
	镀锌地线夹 40mm	套	0.37	—	—	—	—	29.525	—
	镀锌地线夹 50mm	套	0.46	—	—	—	—	—	29.525

编号				9-118	9-119	9-120	9-121	9-122	9-123
项目名称				金属软管敷设					
				内径(mm)					
				16 以内	20 以内	25 以内	32 以内	40 以内	50 以内
				每根长≤ 0.5m					
单位				10m					
名称		单位	单价（元）	消耗量					
材料	金属软管接头 *DN*15	个	0.92	9.842	—	—	—	—	—
	金属软管接头 *DN*20	个	1.24	—	9.842	—	—	—	—
	金属软管接头 *DN*25	个	1.70	—	—	9.842	—	—	—
	金属软管接头 *DN*32	个	2.08	—	—	—	9.842	—	—
	金属软管接头 *DN*40	个	3.92	—	—	—	—	9.842	—
	金属软管接头 *DN*50	个	4.19	—	—	—	—	—	49.208
	金属软管卡子 *DN*15	个	0.32	21.021	—	—	—	—	—
	金属软管卡子 *DN*20	个	0.40	—	21.021	—	—	—	—
	金属软管卡子 *DN*25	个	0.51	—	—	21.021	—	—	—
	金属软管卡子 *DN*32	个	0.57	—	—	—	21.021	—	—
	金属软管卡子 *DN*40	个	0.62	—	—	—	—	21.021	—
	金属软管卡子 *DN*50	个	0.72	—	—	—	—	—	39.367
	半圆头螺钉 M(6~12)×(12~50)	10套	5.10	7.797	7.797	7.797	13.253	7.797	7.797

工作内容：量尺寸、断管、连接接头、钻孔、攻丝、固定、接地、清理现场等。

编号				9-124	9-125	9-126	9-127	9-128	9-129
项目名称				金属软管敷设					
				内径（mm）					
				16 以内	20 以内	25 以内	32 以内	40 以内	50 以内
				每根长≤ 1m					
单位				10m					
总价（元）				**274.56**	**339.53**	**369.76**	**400.19**	**497.25**	**555.94**
其中	人工费（元）			212.49	266.36	281.07	299.57	346.82	394.61
	材料费（元）			62.07	73.17	88.69	100.62	150.43	161.33
名称		单位	单价（元）	消耗量					
人工	综合工日	工日	135.00	1.574	1.973	2.082	2.219	2.569	2.923
材料	金属软管	m	—	（10.300）	（10.300）	（10.300）	（10.300）	（10.300）	（10.300）
	镀锌地线夹 15mm	套	0.13	13.119	—	—	—	—	—
	镀锌地线夹 20mm	套	0.18	—	13.119	—	—	—	—
	镀锌地线夹 25mm	套	0.23	—	—	13.119	—	—	—
	镀锌地线夹 32mm	套	0.27	—	—	—	13.119	—	—
	镀锌地线夹 40mm	套	0.37	—	—	—	—	13.119	—
	镀锌地线夹 50mm	套	0.46	—	—	—	—	—	13.119

编号				9–124	9–125	9–126	9–127	9–128	9–129
项目名称				金属软管敷设					
				内径（mm）					
				16 以内	20 以内	25 以内	32 以内	40 以内	50 以内
				每根长≤ 1m					
单位				10m					
名称		单位	单价（元）	消耗量					
材料	金属软管接头 *DN*15	个	0.92	25.588	—	—	—	—	—
	金属软管接头 *DN*20	个	1.24	—	25.588	—	—	—	—
	金属软管接头 *DN*25	个	1.70	—	—	25.588	—	—	—
	金属软管接头 *DN*32	个	2.08	—	—	—	25.588	—	—
	金属软管接头 *DN*40	个	3.92	—	—	—	—	25.588	—
	金属软管接头 *DN*50	个	4.19	—	—	—	—	—	25.588
	金属软管卡子 *DN*15	个	0.32	28.130	—	—	—	—	—
	金属软管卡子 *DN*20	个	0.40	—	28.130	—	—	—	—
	金属软管卡子 *DN*25	个	0.51	—	—	28.130	—	—	—
	金属软管卡子 *DN*32	个	0.57	—	—	—	28.130	—	—
	金属软管卡子 *DN*40	个	0.62	—	—	—	—	28.130	—
	金属软管卡子 *DN*50	个	0.72	—	—	—	—	—	28.130
	半圆头螺钉 M（6~12）×（12~50）	10 套	5.10	5.456	5.456	5.456	5.456	5.456	5.456

工作内容：量尺寸、断管、连接接头、钻孔、攻丝、固定、接地、清理现场等。

编号				9-130	9-131	9-132	9-133	9-134	9-135
项目名称				金属软管敷设					
				内径(mm)					
				16 以内	20 以内	25 以内	32 以内	40 以内	50 以内
				每根长 1m 以上					
单位				10m					
总价(元)				**188.98**	**212.94**	**239.75**	**270.29**	**332.39**	**385.08**
其中	人工费(元)			140.94	155.52	170.10	189.54	206.55	246.65
	材料费(元)			48.04	57.42	69.65	80.75	125.84	138.43
名称		单位	单价(元)	消耗量					
人工	综合工日	工日	135.00	1.044	1.152	1.260	1.404	1.530	1.827
材料	金属软管	m	—	(10.300)	(10.300)	(10.300)	(10.300)	(10.300)	(10.300)
	镀锌地线夹 15mm	套	0.13	7.568	—	—	—	—	—
	镀锌地线夹 20mm	套	0.18	—	7.568	—	—	—	—
	镀锌地线夹 25mm	套	0.23	—	—	7.568	—	—	—
	镀锌地线夹 32mm	套	0.27	—	—	—	7.568	—	—
	镀锌地线夹 40mm	套	0.37	—	—	—	—	7.568	—
	镀锌地线夹 50mm	套	0.46	—	—	—	—	—	7.568

编号				9–130	9–131	9–132	9–133	9–134	9–135
项目名称				金属软管敷设					
				内径（mm）					
				16 以内	20 以内	25 以内	32 以内	40 以内	50 以内
				每根长 1m 以上					
单位				10m					
名称		单位	单价（元）	消耗量					
材料	金属软管接头 *DN*15	个	0.92	17.715	—	—	—	—	—
	金属软管接头 *DN*20	个	1.24	—	17.715	—	—	—	—
	金属软管接头 *DN*25	个	1.70	—	—	17.715	—	—	—
	金属软管接头 *DN*32	个	2.08	—	—	—	17.715	—	—
	金属软管接头 *DN*40	个	3.92	—	—	—	—	17.715	—
	金属软管接头 *DN*50	个	4.19	—	—	—	—	—	17.715
	金属软管卡子 *DN*15	个	0.32	11.810	—	—	—	—	—
	金属软管卡子 *DN*20	个	0.40	—	11.810	—	—	—	—
	金属软管卡子 *DN*25	个	0.51	—	—	11.810	—	—	—
	金属软管卡子 *DN*32	个	0.57	—	—	—	11.810	—	—
	金属软管卡子 *DN*40	个	0.62	—	—	—	—	23.620	—
	金属软管卡子 *DN*50	个	0.72	—	—	—	—	—	23.620
	铜芯塑料绝缘软电线 BVR–4mm^2	m	2.90	5.102	5.924	6.755	7.912	9.230	10.874
	半圆头螺钉 M（6~12）×（12~50）	10 套	5.10	2.389	2.389	2.389	2.389	2.389	2.389

第五节　线槽安装

工作内容：划线、定位、打眼、槽体清扫、本体固定、配件安装、接地跨接、清理现场等。

编号				9-136	9-137	9-138	9-139
项目名称				金属线槽安装			
				宽＋高（mm）			
				50 以内	80 以内	120 以内	300 以内
单位				10m			
总价（元）				**97.68**	**116.31**	**145.47**	**244.29**
其中	人工费（元）			72.23	90.86	120.02	218.84
	材料费（元）			25.45	25.45	25.45	25.45
名称		单位	单价（元）	消耗量			
人工	综合工日	工日	135.00	0.535	0.673	0.889	1.621
材料	金属线槽	m	—	（10.050）	（10.050）	（10.050）	（10.050）
	铜芯塑料绝缘软电线 BVR-6mm^2	m	2.50	2.437	2.437	2.437	2.437
	铜接地端子带螺栓 DT-6mm^2	个	5.58	1.003	1.003	1.003	1.003
	半圆头镀锌螺栓 M（2~5）×（15~50）	10 个	2.40	5.733	5.733	5.733	5.733

工作内容：划线、定位、打眼、槽体清扫、本体固定、配件安装、清理现场等。

编　号				9-140	9-141	9-142	9-143
项目名称				阻燃型塑料线槽敷设			
				宽 + 高（mm）			
				120 以内	170 以内	260 以内	360 以内
单　位				10m			
总价（元）				**124.95**	**142.93**	**171.33**	**202.06**
其中	人工费（元）			102.47	118.80	144.32	173.48
	材料费（元）			22.48	24.13	27.01	28.58
名　称		单位	单价（元）	消　耗　量			
人工	综合工日	工日	135.00	0.759	0.880	1.069	1.285
材料	塑料线槽	m	—	（10.500）	（10.500）	（10.500）	（10.500）
	塑料线槽配件线槽断面周长 120 以内	个	3.36	6.689	—	—	—
	塑料线槽配件线槽断面周长 170 以内	个	4.51	—	5.351	—	—
	塑料线槽配件线槽断面周长 260 以内	个	6.73	—	—	4.013	—
	塑料线槽配件线槽断面周长 360 以内	个	9.65	—	—	—	2.962

第六节　配 线 拆 换

工作内容：安装固定、调整操作机构、校线压头、断路器解体检查、接触面检查、单体调试、配电件安装注油、压地线、清理现场等。

编　　号				9-144	9-145	9-146	9-147	9-148	9-149	9-150
项目名称				管内抽换线						
				导线截面（mm^2）						
				2.5 以内	4 以内	6 以内	10 以内	16 以内	25 以内	35 以内
单　　位				100m						
总价（元）				**98.72**	**109.52**	**109.57**	**119.86**	**119.86**	**139.30**	**139.30**
其中	人工费（元）			95.04	105.84	105.84	112.86	112.86	132.30	132.30
	材料费（元）			3.68	3.68	3.73	7.00	7.00	7.00	7.00
名　　称		单位	单价（元）	消　耗　量						
人工	综合工日	工日	135.00	0.704	0.784	0.784	0.836	0.836	0.980	0.980
材料	铜芯塑料绝缘电线 BV	m	—	（118.776）	（118.776）	（113.957）	（111.920）	（111.920）	（111.920）	（111.920）
	镀锌钢丝 *D*1.2~2.2	kg	7.13	0.220	0.220	0.220	0.620	0.620	0.620	0.620
	黑胶布 20mm × 20m	卷	2.74	0.400	0.400	0.420	0.630	0.630	0.630	0.630
	滑石粉	kg	0.59	0.110	0.110	0.110	0.170	0.170	0.170	0.170
	塑料带 20mm × 40m	卷	4.73	0.200	0.200	0.200	0.160	0.160	0.160	0.160

工作内容：安装固定、调整操作机构、校线压头、断路器解体检查、接触面检查、单体调试、配电件安装注油、压地线、清理现场等。

编号				9-151	9-152	9-153	9-154	9-155	9-156	9-157
项目名称				管内抽换线						双股胶质线
				导线截面（mm^2）						
				50 以内	70 以内	95 以内	120 以内	150 以内	185 以内	
单位				100m						
总价（元）				**157.66**	**179.90**	**202.04**	**295.19**	**428.34**	**428.20**	**89.51**
其中	人工费（元）			150.66	169.70	191.84	284.99	413.78	413.64	85.73
	材料费（元）			7.00	10.20	10.20	10.20	14.56	14.56	3.78
名称		单位	单价（元）	消耗量						
人工	综合工日	工日	135.00	1.116	1.257	1.421	2.111	3.065	3.064	0.635
材料	铜芯塑料绝缘电线 BV	m	—	（111.920）	（111.920）	（111.920）	（111.920）	（111.920）	（111.920）	（111.920）
	镀锌钢丝 *D*1.2~2.2	kg	7.13	0.620	0.830	0.830	0.830	1.090	1.090	0.220
	黑胶布 20mm×20m	卷	2.74	0.630	1.050	1.050	1.050	1.680	1.680	0.420
	滑石粉	kg	0.59	0.170	0.220	0.220	0.220	0.330	0.330	0.110
	塑料带 20mm×40m	卷	4.73	0.160	0.270	0.270	0.270	0.420	0.420	0.210

工作内容：拆换老化线段及锈蚀失灵器件、接焊（包）压头、排除各种隐患、清理现场等。

编号				9–158	9–159	9–160	9–161
项目名称				灯吊线拆换			
				软吊灯	链式灯	吊杆灯	荧光灯
单位				套			
总价（元）				**13.80**	**22.88**	**20.05**	**13.51**
其中	人工费（元）			4.73	15.66	12.83	6.89
	材料费（元）			9.07	7.22	7.22	6.62
名称		单位	单价（元）	消耗量			
人工	综合工日	工日	135.00	0.035	0.116	0.095	0.051
材料	绝缘导线	m	3.63	2.250	1.740	1.740	1.740
	塑料软管 $De8$	m	0.60	1.500	1.500	1.500	0.500

工作内容：拆换老化线段及锈蚀失灵器件、接焊（包）压头、排除各种隐患、清理现场等。

编号				9-162	9-163	9-164	9-165
项目名称				鼓形绝缘子配线拆换			
				导线截面（mm^2）			
				2.5 以内	4 以内	6 以内	10 以内
单位				100m			
总价（元）				**282.82**	**269.26**	**264.94**	**264.94**
其中	人工费（元）			232.88	222.21	222.21	222.21
	材料费（元）			49.94	47.05	42.73	42.73
名称		单位	单价（元）	消耗量			
人工	综合工日	工日	135.00	1.725	1.646	1.646	1.646
材料	铜芯塑料绝缘电线 BV	m	—	（120.918）	（115.133）	（114.062）	（114.062）
	阻燃塑料管 *D*25	m	7.70	2.210	2.210	2.210	2.210
	鼓形绝缘子 G38	个	0.41	34.850	30.750	24.600	24.600
	铁绑线 *D*2	m	0.42	0.470	0.410	0.350	0.350
	直瓷管 *D*（9~15）×305	个	0.85	9.360	9.360	9.360	9.360
	氢氧化钠（烧碱）	kg	7.24	0.060	0.060	0.060	0.060
	镀锌木螺钉 M（2~5）×（4~50）	10个	2.80	3.587	3.165	2.532	2.532

工作内容：拆换老化线段及锈蚀失灵器件、接焊(包)压头、排除各种隐患、清理现场等。

编号				9-166	9-167	9-168	9-169	9-170	9-171
项目名称				针式绝缘子配线拆换					
				导线截面(mm^2)					
				2.5 以内	4 以内	6 以内	10 以内	16 以内	25 以内
单位				100m					
总价(元)				**355.62**	**355.21**	**376.41**	**399.97**	**399.97**	**1753.46**
其中	人工费(元)			154.85	154.44	175.64	209.66	209.66	1572.21
	材料费(元)			200.77	200.77	200.77	190.31	190.31	181.25
名称		单位	单价(元)	消耗量					
人工	综合工日	工日	135.00	1.147	1.144	1.301	1.553	1.553	11.646
材料	铜芯塑料绝缘电线 BV	m	—	(118.881)	(118.881)	(115.353)	(113.526)	(113.526)	(113.526)
	针式绝缘子 PD-2T	个	5.66	16.400	16.400	16.400	15.380	15.380	14.648
	铁绑线 *D*2	m	0.42	0.390	0.390	0.390	0.780	0.780	0.743
	镀锌铁拉板 40×4×(200~350)	块	6.14	16.690	16.690	16.690	15.900	15.900	15.143
	直瓷管 *D*(9~15)×305	个	0.85	6.240	6.240	6.240	6.240	6.240	5.943

第七节 配线整修

工作内容：线路整修、加换支持物、紧线、加固、拆换老化线段及锈蚀失灵器件、接焊（包）压头、排除各种隐患、清理现场等。

编号				9–172	9–173	9–174	9–175
项目名称				鼓形绝缘子配线整修			
				廊檐及室外干线整修 导线截面（mm^2）			
				2.5 以内	4 以内	6 以内	10 以内
单位				100m			
总价（元）				**76.32**	**78.96**	**72.17**	**72.17**
其中	人工费（元）			45.63	46.17	46.17	46.17
	材料费（元）			30.69	32.79	26.00	26.00
名称		单位	单价（元）	消耗量			
人工	综合工日	工日	135.00	0.338	0.342	0.342	0.342
材料	铜芯塑料绝缘电线 BV	m	—	（35.711）	（35.711）	（35.711）	（35.711）
	鼓形绝缘子 G38	个	0.41	28.700	28.700	23.575	23.575
	塑料胀管 *D*6	个	0.21	29.400	39.400	24.150	24.150
	铁绑线 *D*2	m	0.42	0.130	0.130	0.110	0.110
	直瓷管 *D*（9~15）×305	个	0.85	5.200	5.200	5.200	5.200
	镀锌木螺钉 M（2~5）×（4~50）	10个	2.80	2.954	2.954	2.427	2.427

工作内容：线路整修、加换支持物、紧线、加固、拆换老化线段及锈蚀失灵器件、接焊（包）压头、排除各种隐患、清理现场等。

编号				9–176	9–177	9–178	9–179	9–180	9–181
项目名称				针式绝缘子沿墙干线整修					
				导线截面（mm^2）					
				2.5 以内	4 以内	6 以内	10 以内	16 以内	25 以内
单位				100m					
总价（元）				**211.31**	**211.85**	**211.85**	**180.63**	**169.43**	**169.43**
其中	人工费（元）			45.63	46.17	46.17	46.17	34.97	34.97
	材料费（元）			165.68	165.68	165.68	134.46	134.46	134.46
名称		单位	单价（元）	消耗量					
人工	综合工日	工日	135.00	0.338	0.342	0.342	0.342	0.259	0.259
材料	铜芯塑料绝缘电线 BV	m	—	（35.711）	（35.711）	（35.711）	（35.711）	（35.711）	（35.711）
	镀锌铁拉板 40×4×（200~350）	块	6.14	18.020	18.020	18.020	14.840	14.840	14.840
	铁绑线 *D*2	m	0.42	0.180	0.180	0.180	0.150	0.150	0.150
	针式绝缘子 PD–3T	个	2.85	17.425	17.425	17.425	13.325	13.325	13.325
	直瓷管 *D*（9~15）×305	个	0.85	6.240	6.240	6.240	6.240	6.240	6.240

第八节　电气配线

工作内容：测位、划线、打眼、埋螺钉、钉木、下过墙管、上绝缘子、配线、焊接包头、清理现场等。

编号				9-182	9-183	9-184	9-185	9-186	9-187
项目名称				木结构鼓形绝缘子配线		顶棚内鼓形绝缘子配线		砖、混凝土结构鼓形绝缘子配线	
				导线截面（mm^2）					
				2.5 以内	6 以内	2.5 以内	6 以内	2.5 以内	6 以内
单位				10m					
总价（元）				**30.84**	**39.54**	**34.93**	**42.49**	**86.51**	**89.94**
其中	人工费（元）			23.76	27.95	25.38	27.95	75.33	76.28
	材料费（元）			7.08	11.59	9.55	14.54	11.18	13.66
名称		单位	单价（元）	消耗量					
人工	综合工日	工日	135.00	0.176	0.207	0.188	0.207	0.558	0.565
材料	绝缘电线	m	—	(11.080)	(10.750)	(11.060)	(10.780)	(10.980)	(10.550)
	冲击钻头 *D*6~8	个	5.48	—	—	—	—	0.070	0.070
	镀锌钢丝 *D*1.0	m	0.20	3.804	3.544	4.855	4.244	3.784	3.183
	鼓形绝缘子 G38	个	0.41	10.761	—	13.944	—	10.951	—
	鼓形绝缘子 G50	个	1.03	—	8.989	—	10.721	—	8.048
	塑料软管 *De*10	m	0.78	—	—	0.100	0.100	—	—
	塑料胀管 *D*6~8	个	0.31	—	—	—	—	11.141	8.198
	直瓷管 *D*（9~15）×305	个	0.85	0.450	0.410	0.931	1.241	0.651	0.661
	木螺钉 M（4.5~6）×（15~100）	10个	1.40	1.091	0.911	1.421	1.081	1.101	0.891

工作内容:测位、划线、打眼、埋螺钉、钉木、下过墙管、上绝缘子、配线、焊接包头、清理现场等。

编号				9–188	9–189	9–190	9–191
项目名称				沿钢支架鼓形绝缘子配线		沿钢索鼓形绝缘子配线	
				导线截面(mm^2)			
				2.5 以内	6 以内	2.5 以内	6 以内
单位				10m			
总价(元)				**29.80**	**30.26**	**32.49**	**37.78**
其中	人工费(元)			24.44	25.79	22.95	27.14
	材料费(元)			5.36	4.47	9.54	10.64
名称		单位	单价(元)	消耗量			
人工	综合工日	工日	135.00	0.181	0.191	0.170	0.201
材料	绝缘电线	m	—	(10.660)	(10.620)	(10.480)	(10.420)
	角钢吊架 36×3×135	kg	5.25	—	—	0.611	0.400
	镀锌钢丝 *D*1.0	m	0.20	2.713	1.261	3.664	2.773
	鼓形绝缘子 G38	个	0.41	7.848	—	10.551	—
	鼓形绝缘子 G50	个	1.03	—	3.193	—	6.937
	直瓷管 *D*(9~15)×305	个	0.85	0.490	0.531	—	—
	半圆头镀锌螺栓 M(2~5)×(15~50)	10个	2.40	—	—	0.531	0.350
	沉头螺钉 M6×(55~65)	10个	1.50	0.791	0.320	—	—

工作内容：测位、划线、打眼、安装支架、下过墙管、上绝缘子、配线、焊接包头、清理现场等。

编号				9-192	9-193	9-194	9-195	9-196	9-197	9-198
项目名称				沿屋架、梁、柱、墙针式绝缘子配线						
				导线截面（mm^2）						
				6 以内	16 以内	35 以内	70 以内	120 以内	185 以内	240 以内
单位				10m						
总价（元）				**57.98**	**66.01**	**81.24**	**111.71**	**133.11**	**158.78**	**178.77**
其中	人工费（元）			43.74	53.33	63.72	90.99	112.32	137.16	157.82
	材料费（元）			14.24	12.68	17.52	20.72	20.79	21.62	20.95
名称		单位	单价（元）	消耗量						
人工	综合工日	工日	135.00	0.324	0.395	0.472	0.674	0.832	1.016	1.169
材料	绝缘电线	m	—	（10.800）	（10.800）	（10.800）	（10.800）	（10.800）	（10.800）	（10.800）
	蝶式绝缘子 ED-1	个	3.27	—	—	—	0.260	0.260	0.260	—
	蝶式绝缘子 ED-2	个	2.92	—	—	0.260	—	—	—	—
	蝶式绝缘子 大号	个	4.30	—	—	—	—	—	—	0.260
	针式绝缘子 PD-1T	个	5.66	—	—	—	2.172	2.172	2.172	—
	针式绝缘子 PD-2T	个	5.66	—	—	2.172	—	—	—	—

编号				9-192	9-193	9-194	9-195	9-196	9-197	9-198
项目名称				沿屋架、梁、柱、墙针式绝缘子配线						
				导线截面（mm^2）						
				6以内	16以内	35以内	70以内	120以内	185以内	240以内
单位				10m						
名称		单位	单价（元）	消耗量						
材料	针式绝缘子 PD-3T	个	2.85	4.454	3.854	—	—	—	—	—
	针式绝缘子 大号	个	5.16	—	—	—	—	—	—	2.172
	镀锌钢丝 *D*1.0	m	0.20	3.504	—	—	—	—	—	—
	镀锌钢丝 *D*1.6	m	0.36	—	3.003	2.002	2.302	2.503	2.803	3.203
	镀锌铁拉板 40×4×（200~350）	块	6.14	—	—	0.521	—	—	—	—
	镀锌铁拉板 50×6×650	块	9.68	—	—	—	0.521	0.521	0.521	0.521
	镀锌垫圈 M2~12	10个	0.90	0.450	0.390	—	—	—	—	—
	镀锌垫圈 M14~20	10个	1.70	—	—	0.220	0.220	0.220	0.220	0.220
	钢线卡子 *D*25	个	7.44	—	—	—	—	—	0.260	0.260
	钢线卡子 *D*10~20	个	4.33	—	—	—	0.260	0.260	—	—
	直瓷管 *D*（9~15）×305	个	0.85	0.521	0.310	0.210	—	—	—	—
	直瓷管 *D*（19~25）×300	个	0.98	—	—	—	0.210	0.210	—	—
	直瓷管 *D*32×305	个	1.16	—	—	—	—	—	0.100	0.100

工作内容: 测位、划线、打眼、安装支架、下过墙管、上绝缘子、配线、焊接包头、清理现场等。

编号				9-199	9-200	9-201	9-202	9-203	9-204	9-205
项目名称				跨屋架、梁、柱针式绝缘子配线						
				导线截面(mm²)						
				6 以内	16 以内	35 以内	70 以内	120 以内	185 以内	240 以内
单位				10m						
总价(元)				**33.69**	**41.53**	**52.72**	**75.05**	**95.10**	**122.08**	**146.40**
其中	人工费(元)			26.33	31.05	36.45	55.62	75.60	101.79	126.63
	材料费(元)			7.36	10.48	16.27	19.43	19.50	20.29	19.77
名称		单位	单价(元)	消耗量						
人工	综合工日	工日	135.00	0.195	0.230	0.270	0.412	0.560	0.754	0.938
材料	绝缘电线	m	—	(10.800)	(10.800)	(10.800)	(10.800)	(10.800)	(10.800)	(10.800)
	蝶式绝缘子 ED-1	个	3.27	—	—	—	0.260	0.260	0.260	—
	蝶式绝缘子 ED-2	个	2.92	—	—	0.260	—	—	—	—
	蝶式绝缘子 ED-3	个	2.31	—	0.260	—	—	—	—	—
	蝶式绝缘子 大号	个	4.30	—	—	—	—	—	—	0.260
	针式绝缘子 PD-1T	个	5.66	—	—	—	1.962	1.962	1.962	—
	针式绝缘子 PD-2T	个	5.66	—	—	1.962	—	—	—	—

续前

编号				9-199	9-200	9-201	9-202	9-203	9-204	9-205
项目名称				跨屋架、梁、柱针式绝缘子配线						
				导线截面（mm^2）						
				6 以内	16 以内	35 以内	70 以内	120 以内	185 以内	240 以内
单位				10m						
名称		单位	单价（元）	消耗量						
材料	针式绝缘子 PD-3T	个	2.85	2.232	1.962	—	—	—	—	—
	针式绝缘子 大号	个	5.16	—	—	—	—	—	—	1.962
	镀锌钢丝 *D*1.0	m	0.20	1.802	—	—	—	—	—	—
	镀锌钢丝 *D*1.6	m	0.36	—	1.802	1.902	2.102	2.302	2.503	3.053
	镀锌垫圈 M14~20	10 个	1.70	—	—	0.200	0.200	0.200	0.200	0.200
	镀锌铁拉板 40×4×（200~350）	块	6.14	—	0.521	0.521	—	—	—	—
	镀锌铁拉板 50×6×650	块	9.68	—	—	—	0.521	0.521	0.521	0.521
	镀锌垫圈 M2~12	10 个	0.90	0.220	0.200	—	—	—	—	—
	钢线卡子 *D*25	个	7.44	—	—	—	—	—	0.260	0.260
	钢线卡子 *D*10~20	个	4.33	—	—	—	0.260	0.260	—	—
	直瓷管 *D*（9~15）×305	个	0.85	0.521	0.310	0.210	—	—	—	—
	直瓷管 *D*（19~25）×300	个	0.98	—	—	—	0.210	0.210	—	—
	直瓷管 *D*32×305	个	1.16	—	—	—	—	—	0.100	0.100

工作内容：测位、划线、打眼、安装支架、下过墙管、上绝缘子、配线、焊接包头、清理现场等。

编号				9-206	9-207	9-208	9-209	9-210	9-211	9-212
项目名称				沿屋架、梁、柱蝶式绝缘子配线						
				导线截面（mm^2）						
				6以内	16以内	35以内	70以内	120以内	185以内	240以内
单位				10m						
总价（元）				**55.17**	**63.58**	**75.06**	**106.29**	**127.73**	**153.36**	**176.63**
其中	人工费（元）			43.74	53.33	63.72	90.99	112.32	137.16	157.82
	材料费（元）			11.43	10.25	11.34	15.30	15.41	16.20	18.81
名称		单位	单价（元）	消耗量						
人工	综合工日	工日	135.00	0.324	0.395	0.472	0.674	0.832	1.016	1.169
材料	绝缘电线	m	—	（10.800）	（10.800）	（10.800）	（10.800）	（10.800）	（10.800）	（10.800）
	蝶式绝缘子 ED-1	个	3.27	—	—	—	2.432	2.432	2.432	—
	蝶式绝缘子 ED-2	个	2.92	—	—	2.432	—	—	—	—
	蝶式绝缘子 ED-3	个	2.31	4.454	3.854	—	—	—	—	—
	蝶式绝缘子 大号	个	4.30	—	—	—	—	—	—	2.432
	镀锌钢丝 *D*1.0	m	0.20	3.504	—	—	—	—	—	—
	镀锌钢丝 *D*1.6	m	0.36	—	3.003	2.402	2.703	3.003	3.203	3.504
	镀锌铁拉板 40×4×（200~350）	块	6.14	—	—	0.521	—	—	—	—
	镀锌铁拉板 50×6×650	块	9.68	—	—	—	0.521	0.521	0.521	0.521
	钢线卡子 *D*25	个	7.44	—	—	—	—	—	0.260	0.260
	钢线卡子 *D*10~20	个	4.33	—	—	—	0.260	0.260	—	—
	直瓷管 *D*（9~15）×305	个	0.85	0.521	0.310	0.210	—	—	—	—
	直瓷管 *D*（19~25）×300	个	0.98	—	—	—	0.210	0.210	—	—
	直瓷管 *D*32×305	个	1.16	—	—	—	—	—	0.100	0.100

工作内容：测位、划线、打眼、安装支架、下过墙管、上绝缘子、配线、焊接包头、清理现场等。

编号				9-213	9-214	9-215	9-216	9-217	9-218	9-219
项目名称				跨屋架、梁、柱蝶式绝缘子配线						
				导线截面（mm^2）						
				6 以内	16 以内	35 以内	70 以内	120 以内	185 以内	240 以内
单位				10m						
总价（元）				**32.29**	**40.32**	**47.03**	**70.05**	**90.10**	**117.21**	**144.46**
其中	人工费（元）			26.33	31.05	36.45	55.62	75.60	101.79	126.63
	材料费（元）			5.96	9.27	10.58	14.43	14.50	15.42	17.83
名称		单位	单价（元）	消耗量						
人工	综合工日	工日	135.00	0.195	0.230	0.270	0.412	0.560	0.754	0.938
材料	绝缘电线	m	—	（10.800）	（10.800）	（10.800）	（10.800）	（10.800）	（10.800）	（10.800）
	蝶式绝缘子 ED-1	个	3.27	—	—	—	2.232	2.232	2.232	—
	蝶式绝缘子 ED-2	个	2.92	—	—	2.232	—	—	—	—
	蝶式绝缘子 ED-3	个	2.31	2.232	2.232	—	—	—	—	—
	蝶式绝缘子 大号	个	4.30	—	—	—	—	—	—	2.232
	镀锌钢丝 *D*1.0	m	0.20	1.802	—	—	—	—	—	—
	镀锌钢丝 *D*1.6	m	0.36	—	1.802	1.902	2.102	2.302	2.503	2.803
	镀锌铁拉板 40×4×（200~350）	块	6.14	—	0.521	0.521	—	—	—	—
	镀锌铁拉板 50×6×650	块	9.68	—	—	—	0.521	0.521	0.521	0.521
	钢线卡子 *D*25	个	7.44	—	—	—	—	—	0.260	0.260
	钢线卡子 *D*10~20	个	4.33	—	—	—	0.260	0.260	—	—
	直瓷管 *D*（9~15）×305	个	0.85	0.521	0.310	0.210	—	—	—	—
	直瓷管 *D*（19~25）×300	个	0.98	—	—	—	0.210	0.210	—	—
	直瓷管 *D*32×305	个	1.16	—	—	—	—	—	0.210	0.210

工作内容：测位、划线、打眼、下过墙管、上卡子、配线、焊接包头、清理现场等。

编号				9-220	9-221	9-222	9-223	9-224	9-225
项目名称				木结构塑料护套线明敷设					
				二芯			三芯		
				单芯导线截面（mm^2）					
				2.5 以内	6 以内	10 以内	2.5 以内	6 以内	10 以内
单位				10m					
总价（元）				**36.53**	**43.29**	**60.03**	**43.81**	**48.98**	**67.07**
其中	人工费（元）			33.62	40.64	57.38	40.64	46.17	64.26
	材料费（元）			2.91	2.65	2.65	3.17	2.81	2.81
名称		单位	单价（元）	消耗量					
人工	综合工日	工日	135.00	0.249	0.301	0.425	0.301	0.342	0.476
材料	塑料绝缘导线	m	—	（11.100）	（10.490）	（10.490）	（11.100）	（10.490）	（10.490）
	钢精扎头 1#~5#	包	1.93	0.731	0.731	0.731	0.731	0.731	0.731
	直瓷管 D（9~15）×305	个	0.85	1.552	1.241	1.241	1.852	—	—
	直瓷管 D（19~25）×300	个	0.98	—	—	—	—	1.241	1.241
	鞋钉 20	kg	9.15	0.020	0.020	0.020	0.020	0.020	0.020

工作内容：测位、划线、打眼、埋螺钉、下过墙管、上卡子、配线、焊接包头、清理现场等。

编号				9-226	9-227	9-228	9-229	9-230	9-231
项目名称				砖、混凝土结构塑料护套线明敷设					
				二芯			三芯		
				单芯导线截面（mm^2）					
				2.5 以内	6 以内	10 以内	2.5 以内	6 以内	10 以内
单位				10m					
总价（元）				**105.02**	**106.24**	**124.47**	**112.46**	**113.46**	**128.72**
其中	人工费（元）			101.93	103.41	121.64	109.08	110.43	125.69
	材料费（元）			3.09	2.83	2.83	3.38	3.03	3.03
名称		单位	单价（元）	消耗量					
人工	综合工日	工日	135.00	0.755	0.766	0.901	0.808	0.818	0.931
材料	塑料绝缘导线	m	—	（11.100）	（10.490）	（10.490）	（11.100）	（10.490）	（10.490）
	钢精扎头 1#~5#	包	1.93	0.731	0.731	0.731	0.731	0.731	0.731
	水泥 P·C 32.5	kg	0.36	0.501	0.501	0.501	0.601	0.601	0.601
	直瓷管 *D*（9~15）×305	个	0.85	1.552	1.241	1.241	1.852	—	—
	直瓷管 *D*（19~25）×300	个	0.98	—	—	—	—	1.241	1.241
	鞋钉 20mm	kg	9.15	0.020	0.020	0.020	0.020	0.020	0.020

工作内容：测位、划线、打眼、配线、焊接包头、清理现场等。

编号				9-232	9-233	9-234	9-235	9-236	9-237
项目名称				沿钢索塑料护套线明敷设					
				二芯			三芯		
				单芯导线截面（mm^2）					
				2.5 以内	6 以内	10 以内	2.5 以内	6 以内	10 以内
单位				10m					
总价（元）				**39.43**	**47.15**	**62.86**	**49.15**	**59.71**	**80.95**
其中	人工费（元）			29.43	39.15	57.38	39.15	51.71	75.47
	材料费（元）			10.00	8.00	5.48	10.00	8.00	5.48
名称		单位	单价（元）	消耗量					
人工	综合工日	工日	135.00	0.218	0.290	0.425	0.290	0.383	0.559
材料	塑料绝缘导线	m	—	（10.790）	（10.490）	（10.490）	（10.790）	（10.490）	（10.490）
	钢精扎头 1#~5#	包	1.93	0.511	0.511	0.511	0.511	0.511	0.511
	热轧薄钢板 60×110×1.5	块	4.51	1.802	1.401	0.901	1.802	1.401	0.901
	半圆头镀锌螺栓 M（2~5）×（15~50）	10个	2.40	0.370	0.290	0.180	0.370	0.290	0.180

工作内容: 测位、划线、打眼、下过墙管、上绝缘子、配料、粘接底板、上卡子、配线、焊接包头、清理现场等。

编号				9-238	9-239	9-240	9-241	9-242	9-243
项目名称				砖、混凝土结构黏结塑料护套线明敷设					
				二芯			三芯		
				单芯导线截面(mm²)					
				2.5 以内	6 以内	10 以内	2.5 以内	6 以内	10 以内
单位				10m					
总价(元)				**70.13**	**75.26**	**94.97**	**74.43**	**89.46**	**117.41**
其中	人工费(元)			60.21	65.61	85.32	64.26	79.65	107.60
	材料费(元)			9.92	9.65	9.65	10.17	9.81	9.81
名称		单位	单价(元)	消耗量					
人工	综合工日	工日	135.00	0.446	0.486	0.632	0.476	0.590	0.797
材料	塑料绝缘导线	m	—	(11.100)	(10.490)	(10.490)	(10.490)	(10.490)	(10.490)
	钢筋扎头底板	kg	3.98	0.040	0.040	0.040	0.040	0.040	0.040
	钢精扎头 1#~5#	包	1.93	0.731	0.731	0.731	0.731	0.731	0.731
	黏合剂	kg	24.23	0.290	0.290	0.290	0.290	0.290	0.290
	直瓷管 D(9~15)×305	个	0.85	1.552	1.241	1.241	1.852	—	—
	直瓷管 D(19~25)×300	个	0.98	—	—	—	—	1.241	1.241

工作内容：清扫线槽、放配线、编号、对号、摇测绝缘、接焊包（压）头、清理现场等。

编号				9-244	9-245	9-246	9-247
项目名称				线槽配线			
				导线截面（mm^2）			
				2.5 以内	6 以内	16 以内	35 以内
单位				10m			
总价（元）				**15.42**	**16.50**	**19.34**	**23.55**
其中	人工费（元）			11.07	12.15	14.99	19.04
	材料费（元）			4.35	4.35	4.35	4.51
名称		单位	单价（元）	消耗量			
人工	综合工日	工日	135.00	0.082	0.090	0.111	0.141
材料	绝缘电线	m	—	（10.500）	（10.500）	（10.500）	（10.500）
	扁形塑料绑带	m	6.64	0.541	0.541	0.541	0.541
	标志牌 塑料扁形	个	0.45	0.601	0.601	0.601	0.601
	棉纱	kg	16.11	0.030	0.030	0.030	0.040

工作内容：清扫线槽、放配线、编号、对号、摇测绝缘、接焊包（压）头、清理现场等。

编号				9-248	9-249	9-250	9-251
项目名称				线槽配线			
				导线截面（mm^2）			
				70 以内	120 以内	185 以内	240 以内
单位				10m			
总价（元）				**30.30**	**58.94**	**80.70**	**138.89**
其中	人工费（元）			25.79	54.27	75.87	134.06
	材料费（元）			4.51	4.67	4.83	4.83
名称		单位	单价（元）	消耗量			
人工	综合工日	工日	135.00	0.191	0.402	0.562	0.993
材料	绝缘电线	m	—	（10.500）	（10.500）	（10.500）	（10.500）
	扁形塑料绑带	m	6.64	0.541	0.541	0.541	0.541
	标志牌 塑料扁形	个	0.45	0.601	0.601	0.601	0.601
	棉纱	kg	16.11	0.040	0.050	0.060	0.060

工作内容：扫管、涂滑石粉、穿线、编号、焊接包头、清理现场等。

编号				9-252	9-253	9-254	9-255	9-256	9-257	9-258
项目名称				管内穿线 穿照明线						
				铝芯			铜芯			
				导线截面（mm^2）						
				2.5 以内	4 以内	6 以内	1.5 以内	2.5 以内	4 以内	6 以内
单位				10m						
总价（元）				**13.91**	**9.16**	**9.61**	**12.77**	**14.26**	**9.75**	**10.44**
其中	人工费（元）			12.56	8.24	8.24	11.07	12.56	8.10	8.24
	材料费（元）			1.35	0.92	1.37	1.70	1.70	1.65	2.20
名称		单位	单价（元）	消耗量						
人工	综合工日	工日	135.00	0.093	0.061	0.061	0.082	0.093	0.060	0.061
材料	绝缘电线	m	—	（11.600）	（11.000）	（11.000）	（11.600）	（11.600）	（11.000）	（11.000）
	电气绝缘胶带 18mm×10m×0.13mm	卷	4.55	0.030	0.020	0.030	0.030	0.030	0.020	0.030
	铝压接管 $2.5mm^2$	个	0.71	1.251	—	—	—	—	—	—
	铝压接管 $4mm^2$	个	0.71	—	0.711	—	—	—	—	—
	铝压接管 $6mm^2$	个	1.59	—	—	0.571	—	—	—	—
	棉纱	kg	16.11	0.020	0.020	0.020	0.020	0.020	0.020	0.020
	汽油（综合）	kg	7.74	—	—	—	0.050	0.050	0.050	0.060
	锡基钎料	kg	42.48	—	—	—	0.020	0.020	0.020	0.030

工作内容:扫管、涂滑石粉、穿线、编号、焊接包头、清理现场等。

编号				9-259	9-260	9-261	9-262	9-263	9-264	9-265
项目名称				管内穿线 穿动力线 铝芯						
				导线截面(mm²)						
				2.5 以内	4 以内	6 以内	10 以内	16 以内	25 以内	35 以内
单位				10m						
总价(元)				**9.02**	**9.47**	**11.06**	**11.81**	**13.30**	**16.33**	**16.33**
其中	人工费(元)			8.24	8.24	9.72	11.07	12.56	15.39	15.39
	材料费(元)			0.78	1.23	1.34	0.74	0.74	0.94	0.94
名称		单位	单价(元)	消耗量						
人工	综合工日	工日	135.00	0.061	0.061	0.072	0.082	0.093	0.114	0.114
材料	绝缘电线	m	—	(10.500)	(10.500)	(10.500)	(10.500)	(10.500)	(10.500)	(10.500)
	钳接管	个	—	—	—	—	(0.310)	(0.310)	(0.310)	(0.310)
	电气绝缘胶带 18mm×10m×0.13mm	卷	4.55	0.020	0.020	0.020	0.020	0.020	0.030	0.030
	铝压接管 4mm²	个	0.71	0.511	—	—	—	—	—	—
	铝压接管 6mm²	个	1.59	—	0.410	—	—	—	—	—
	铝压接管 10mm²	个	2.48	—	—	0.310	—	—	—	—
	棉纱	kg	16.11	0.020	0.030	0.030	0.040	0.040	0.050	0.050

工作内容：扫管、涂滑石粉、穿线、编号、焊接包头、清理现场等。

编号				9-266	9-267	9-268	9-269	9-270	9-271	9-272
项目名称				管内穿线 穿动力线 铝芯						
				导线截面（mm^2）						
				50以内	70以内	95以内	120以内	150以内	185以内	240以内
单位				10m						
总价（元）				**24.95**	**33.42**	**35.65**	**42.22**	**57.72**	**77.51**	**130.77**
其中	人工费（元）			23.76	32.13	34.16	40.64	55.89	75.47	128.52
	材料费（元）			1.19	1.29	1.49	1.58	1.83	2.04	2.25
名称		单位	单价（元）	消耗量						
人工	综合工日	工日	135.00	0.176	0.238	0.253	0.301	0.414	0.559	0.952
材料	绝缘电线	m	—	（10.500）	（10.500）	（10.400）	（10.400）	（10.400）	（10.400）	（10.400）
	钳接管	个	—	（0.200）	（0.200）	（0.200）	（0.100）	（0.100）	（0.100）	（0.100）
	电气绝缘胶带 18mm×10m×0.13mm	卷	4.55	0.050	0.070	0.080	0.100	0.120	0.130	0.140
	棉纱	kg	16.11	0.060	0.060	0.070	0.070	0.080	0.090	0.100

工作内容：扫管、涂滑石粉、穿线、编号、焊接包头、清理现场等。

编号				9-273	9-274	9-275	9-276	9-277	9-278	9-279
项目名称				管内穿线 穿动力线 铜芯						
				导线截面（mm^2）						
				1.5 以内	2.5 以内	4 以内	6 以内	10 以内	16 以内	25 以内
单位				10m						
总价（元）				**9.69**	**11.17**	**12.81**	**12.85**	**14.63**	**14.67**	**17.79**
其中	人工费（元）			8.24	9.72	11.07	11.07	12.56	12.56	15.39
	材料费（元）			1.45	1.45	1.74	1.78	2.07	2.11	2.40
名称		单位	单价（元）	消耗量						
人工	综合工日	工日	135.00	0.061	0.072	0.082	0.082	0.093	0.093	0.114
材料	绝缘电线	m	—	（10.500）	（10.500）	（10.500）	（10.500）	（10.500）	（10.500）	（10.500）
	电气绝缘胶带 18mm×10m×0.13mm	卷	4.55	0.070	0.070	0.080	0.090	0.100	0.110	0.120
	棉纱	kg	16.11	0.020	0.020	0.030	0.030	0.040	0.040	0.050
	汽油（综合）	kg	7.74	0.050	0.050	0.060	0.060	0.070	0.070	0.080
	锡基钎料	kg	42.48	0.010	0.010	0.010	0.010	0.010	0.010	0.010

工作内容：扫管、涂滑石粉、穿线、编号、焊接包头、清理现场等。

编号				9-280	9-281	9-282	9-283	9-284
项目名称				管内穿线 穿动力线 铜芯				
				导线截面（mm^2）				
				35 以内	50 以内	70 以内	95 以内	120 以内
单位				10m				
总价（元）				**18.26**	**33.93**	**35.82**	**43.13**	**44.66**
其中	人工费（元）			15.39	30.78	32.13	39.15	40.64
	材料费（元）			2.87	3.15	3.69	3.98	4.02
名称		单位	单价（元）	消耗量				
人工	综合工日	工日	135.00	0.114	0.228	0.238	0.290	0.301
材料	绝缘电线	m	—	（10.500）	（10.500）	（10.500）	（10.500）	（10.500）
	电气绝缘胶带 18mm×10m×0.13mm	卷	4.55	0.130	0.140	0.150	0.160	0.170
	焊锡膏 50g 瓶装	kg	49.90	—	—	0.010	0.010	0.010
	棉纱	kg	16.11	0.050	0.060	0.060	0.070	0.070
	汽油（综合）	kg	7.74	0.080	0.090	0.090	0.100	0.100
	锡基钎料	kg	42.48	0.020	0.020	0.020	0.020	0.020

工作内容：扫管、涂滑石粉、穿线、编号、焊接包头、清理现场等。

编号				9-285	9-286	9-287
项目名称				管内穿线 穿动力线 铜芯		
				导线截面（mm^2）		
				150 以内	185 以内	240 以内
单位				10m		
总价（元）				**72.76**	**77.14**	**135.17**
其中	人工费（元）			68.45	72.63	129.87
	材料费（元）			4.31	4.51	5.30
名称		单位	单价（元）	消耗量		
人工	综合工日	工日	135.00	0.507	0.538	0.962
材料	绝缘电线	m	—	（10.500）	（10.500）	（10.500）
	电气绝缘胶带 18mm × 10m × 0.13mm	卷	4.55	0.180	0.190	0.200
	焊锡膏 50g 瓶装	kg	49.90	0.010	0.010	0.010
	棉纱	kg	16.11	0.080	0.090	0.100
	汽油（综合）	kg	7.74	0.110	0.110	0.130
	锡基钎料	kg	42.48	0.020	0.020	0.030

工作内容：扫管、涂滑石粉、穿线、编号、焊接包头、清理现场等。

编　号				9-288	9-289	9-290	9-291	9-292
项目名称				管内穿线 穿多芯软导线 二芯				
				单芯导线截面（mm^2）				
				0.75 以内	1 以内	1.5 以内	2.5 以内	4 以内
单　位				10m				
总价（元）				**9.74**	**12.69**	**12.74**	**14.27**	**14.56**
其中	人工费（元）			8.24	11.07	11.07	12.56	12.56
	材料费（元）			1.50	1.62	1.67	1.71	2.00
名　称		单位	单价（元）	消　耗　量				
人工	综合工日	工日	135.00	0.061	0.082	0.082	0.093	0.093
材料	铜芯多股绝缘电线	m	—	(10.800)	(10.800)	(10.800)	(10.800)	(10.800)
	电气绝缘胶带 18mm×10m×0.13mm	卷	4.55	0.080	0.090	0.100	0.110	0.120
	棉纱	kg	16.11	0.020	0.020	0.020	0.020	0.030
	汽油（综合）	kg	7.74	0.050	0.060	0.060	0.060	0.070
	锡基钎料	kg	42.48	0.010	0.010	0.010	0.010	0.010

工作内容：扫管、涂滑石粉、穿线、编号、焊接包头、清理现场等。

编号				9-293	9-294	9-295	9-296	9-297
项目名称				管内穿线 穿多芯软导线 四芯				
				单芯导线截面(mm^2)				
				0.75 以内	1 以内	1.5 以内	2.5 以内	4 以内
单位				10m				
总价(元)				**14.27**	**14.49**	**17.36**	**17.41**	**17.95**
其中	人工费(元)			12.56	12.56	15.39	15.39	15.39
	材料费(元)			1.71	1.93	1.97	2.02	2.56
名称		单位	单价(元)	消耗量				
人工	综合工日	工日	135.00	0.093	0.093	0.114	0.114	0.114
材料	铜芯多股绝缘电线	m	—	(10.800)	(10.800)	(10.800)	(10.800)	(10.800)
	电气绝缘胶带 18mm×10m×0.13mm	卷	4.55	0.110	0.140	0.150	0.160	0.170
	棉纱	kg	16.11	0.020	0.020	0.020	0.020	0.020
	汽油(综合)	kg	7.74	0.060	0.070	0.070	0.070	0.080
	锡基钎料	kg	42.48	0.010	0.010	0.010	0.010	0.020

工作内容：扫管、涂滑石粉、穿线、编号、焊接包头、清理现场等。

编号				9-298	9-299	9-300	9-301	9-302
项目名称				管内穿线 穿多芯软导线 八芯				
				单芯导线截面（mm^2）				
				0.75 以内	1 以内	1.5 以内	2.5 以内	4 以内
单位				10m				
总价（元）				**18.54**	**19.66**	**21.15**	**21.70**	**23.75**
其中	人工费（元）			16.88	16.88	18.23	18.23	19.58
	材料费（元）			1.66	2.78	2.92	3.47	4.17
名称		单位	单价（元）	消耗量				
人工	综合工日	工日	135.00	0.125	0.125	0.135	0.135	0.145
材料	铜芯多股绝缘电线	m	—	（10.800）	（10.800）	（10.800）	（10.800）	（10.800）
	电气绝缘胶带 18mm × 10m × 0.13mm	卷	4.55	0.170	0.200	0.230	0.240	0.250
	焊锡膏 50g 瓶装	kg	49.90	—	—	—	0.010	0.010
	棉纱	kg	16.11	—	0.030	0.030	0.030	0.040
	汽油（综合）	kg	7.74	0.060	0.070	0.070	0.070	0.080
	锡基钎料	kg	42.48	0.010	0.020	0.020	0.020	0.030

工作内容：扫管、涂滑石粉、穿线、编号、焊接包头、清理现场等。

编号				9-303	9-304	9-305	9-306
项目名称				管内穿线 穿多芯软导线 十六芯			
				单芯导线截面（mm^2）			
				0.75 以内	1 以内	1.5 以内	2.5 以内
单位				10m			
总价（元）				**22.98**	**23.40**	**26.41**	**27.94**
其中	人工费（元）			19.58	19.58	22.41	23.76
	材料费（元）			3.40	3.82	4.00	4.18
名称		单位	单价（元）	消耗量			
人工	综合工日	工日	135.00	0.145	0.145	0.166	0.176
材料	铜芯多股绝缘电线	m	—	（10.800）	（10.800）	（10.800）	（10.800）
	电气绝缘胶带 18mm×10m×0.13mm	卷	4.55	0.260	0.300	0.340	0.380
	焊锡膏 50g 瓶装	kg	49.90	0.010	0.010	0.010	0.010
	棉纱	kg	16.11	0.020	0.030	0.030	0.030
	汽油（综合）	kg	7.74	0.070	0.080	0.080	0.080
	锡基钎料	kg	42.48	0.020	0.020	0.020	0.020

第九节 钢索架设

工作内容: 测位、断料、调直架设、剔注拉紧装置、钢索去污垢、绑扎、钻眼、搣弯、组装、打眼、铁活制作、埋注螺栓、拉紧、安装中间固定卡、连接、固定、刷漆、清理现场等。

编号				9–307	9–308	9–309	9–310
项目名称				圆钢		钢丝绳	
				直径(mm)			
				6 以内	10 以内	6 以内	9 以内
单位				10m			
总价(元)				**45.25**	**52.57**	**31.98**	**38.81**
其中	人工费(元)			37.26	40.37	23.49	26.60
	材料费(元)			7.99	12.20	8.49	12.21
名称		单位	单价(元)	消耗量			
人工	综合工日	工日	135.00	0.276	0.299	0.174	0.197
材料	钢索	m	—	(10.500)	(10.500)	(10.500)	(10.500)
	铁件(综合)	kg	9.49	0.368	0.600	0.368	0.600
	钢锯条	条	4.33	0.053	0.053	0.053	0.053
	钢线卡子 *D*6	个	2.92	1.073	—	1.073	—
	钢线卡子 *D*10~20	个	4.33	—	1.073	—	1.073
	醇酸清漆	kg	13.59	0.032	0.042	—	—
	汽油(综合)	kg	7.74	—	—	0.053	0.053
	铅油(厚漆)	kg	11.17	0.063	0.095	—	—
	心形环	个	2.29	—	—	0.537	0.537

第十节　母线拉紧装置及钢索拉紧装置制作与安装

工作内容：测位、断料、调直架设、剔注拉紧装置、钢索去污垢、绑扎、钻眼、搣弯、组装、打眼、铁活制作、埋注螺栓、拉紧、安装中间固定卡、连接、固定、刷漆、清理现场等。

编号				9-311	9-312	9-313	9-314
项目名称				母线拉紧装置		钢索拉紧装置	
				母线截面（mm^2）		索具螺栓直径（mm）	
				500以内	1200以内	16以内	20以内
单位				套			
总价（元）				**99.80**	**125.58**	**155.18**	**171.05**
其中	人工费（元）			74.25	95.85	111.92	126.50
	材料费（元）			24.04	28.22	43.26	44.55
	机械费（元）			1.51	1.51	—	—
名称		单位	单价（元）	消耗量			
人工	综合工日	工日	135.00	0.550	0.710	0.829	0.937
材料	钢板（综合）	kg	4.18	4.430	5.429	—	—
	拉紧绝缘子 J-2	个	2.35	2.123	2.123	—	—
	铁件（综合）	kg	9.49	—	—	0.840	0.976
	索具螺旋扣 M20×200	套	32.92	—	—	1.072	1.072
	双头螺栓 M16×340	10套	5.02	0.107	0.107	—	—
机械	中小型机械费	元	—	1.51	1.51	—	—

第十一节　接线箱、接线盒安装

工作内容：测位、打眼、埋螺栓、箱子开孔、补漆、固定、清理现场等。

编　号				9-315	9-316	9-317	9-318
项目名称				铁接线箱　明装			
				半周长（mm）			
				500 以内	700 以内	1000 以内	1500 以内
单　位				个			
总价（元）				**110.94**	**148.39**	**182.02**	**213.24**
其中	人工费（元）			68.18	104.22	129.87	155.52
	材料费（元）			40.14	40.14	47.09	51.68
	机械费（元）			2.62	4.03	5.06	6.04
名　称		单位	单价（元）	消　耗　量			
人工	综合工日	工日	135.00	0.505	0.772	0.962	1.152
材料	接线箱	个		（1.010）	（1.010）	（1.010）	（1.010）
	电焊条 L-60 *D*3.2	kg	7.59	0.400	0.400	0.600	0.600
	防锈漆	kg	15.51	0.210	0.210	0.520	0.780
	圆钢 *D*10	kg	3.92	0.100	0.100	0.260	0.400
	膨胀螺栓（综合）	10 套	8.20	4.080	4.080	4.080	4.080
机械	中小型机械费	元	—	2.62	4.03	5.06	6.04

工作内容：测位、打眼、埋螺栓、箱子开孔、补漆、固定、清理现场等。

编号				9-319	9-320	9-321	9-322
项目名称				铁接线箱　暗装			
				半周长（mm）			
				500 以内	700 以内	1000 以内	1500 以内
单位				个			
总价（元）				**105.87**	**143.59**	**184.91**	**221.70**
其中	人工费（元）			92.34	128.66	158.49	189.54
	材料费（元）			9.99	9.99	20.26	24.84
	机械费（元）			3.54	4.94	6.16	7.32
名称		单位	单价（元）	消耗量			
人工	综合工日	工日	135.00	0.684	0.953	1.174	1.404
材料	接线箱	个	—	（1.010）	（1.010）	（1.010）	（1.010）
	电焊条 L-60 *D*3.2	kg	7.59	0.400	0.400	0.600	0.600
	防锈漆	kg	15.51	0.210	0.210	0.520	0.780
	砌筑水泥砂浆 M5.0	m^3	330.94	0.010	0.010	0.020	0.020
	圆钢 *D*10	kg	3.92	0.100	0.100	0.260	0.400
机械	中小型机械费	元	—	3.54	4.94	6.16	7.32

工作内容：测位、固定、修孔、清理现场等。

	编　　号			9-323	9-324	9-325	9-326
	项目名称			钢制接线盒　明装		钢制灯头盒 T1-T4　明装	
				明装	钢索上	明装	钢索上
	单　　位			个			
	总价（元）			**12.14**	**37.53**	**12.42**	**37.53**
其中	人工费（元）			10.67	3.38	10.94	3.38
	材料费（元）			1.45	34.14	1.45	34.14
	机械费（元）			0.02	0.01	0.03	0.01
	名　　称	单位	单价（元）	消　耗　量			
人工	综合工日	工日	135.00	0.079	0.025	0.081	0.025
材料	接线盒	个	—	（1.020）	（1.020）	—	—
	钢接线盒（灯具配用）	个			—	（1.020）	（1.020）
	镀锌薄钢板 360×360×5	块	31.07	—	1.050	—	1.050
	塑料胀管 *D*6	个	0.21	2.100	—	2.100	—
	半圆头镀锌螺钉 M5×20	套	0.48	2.110	3.165	2.110	3.165
机械	中小型机械费	元	—	0.02	0.01	0.03	0.01

工作内容：测位、固定、修孔、清理现场等。

编号				9-327	9-328	9-329	9-330	9-331	9-332
项目名称				钢制接线盒　暗装			钢制灯头盒 T1-T4　暗装		
				砖结构	混凝土结构	轻钢龙骨	砖结构	混凝土结构	轻钢龙骨
单位				个					
总价（元）				**14.28**	**29.55**	**15.63**	**5.80**	**9.46**	**6.26**
其中	人工费（元）			9.45	21.47	9.99	0.95	2.30	1.08
	材料费（元）			4.83	7.11	5.16	4.83	7.11	5.16
	机械费（元）			—	0.97	0.48	0.02	0.05	0.02
名称		单位	单价（元）	消耗量					
人工	综合工日	工日	135.00	0.070	0.159	0.074	0.007	0.017	0.008
材料	接线盒	个	—	(1.020)	(1.020)	(1.020)	—	—	—
	钢接线盒（灯具配用）	个	—	—	—	—	(1.020)	(1.020)	(1.020)
	扁钢 60mm 以内	kg	3.67	—	0.100	—	—	0.100	—
	圆钢 *D*10	kg	3.92	0.040	0.180	0.110	0.040	0.180	0.110
	电焊条 L-60 *D*3.2	kg	7.59	0.180	0.360	0.270	0.180	0.360	0.270
	铝合金大龙骨 *h*=45（U 形）	m	12.75	—	—	0.210	—	—	0.210
	砌筑水泥砂浆 M5.0	m^3	330.94	0.010	0.010	—	0.010	0.010	—
机械	中小型机械费	元	—	—	0.97	0.48	0.02	0.05	0.02

第十章　照明器具安装

说　明

一、本章包括普通灯具及吸顶灯整修、普通灯具及吸顶灯、工厂灯安装、装饰灯安装、荧光灯整修、荧光灯安装、医疗专用灯安装、路灯及庭院灯安装8节，共168条基价子目。

二、工程计价时应注意的问题。

1. 本章灯器具的安装均以综合方式编制，吊线、吊杆、吊链的长度和品种均已综合考虑在基价子目内，与实际有出入时，不再进行调整，规格品种不全时，可套用相近子目。

2. 各种灯具的安装均包括支架安装，不包括支架制作。

3. 本章基价子目中成型灯具包括二次现场进行组装，未包括组装时另加器件，如电容器、熔断器等，需用时应另套相应基价子目。

4. 各种灯具安装子目是以出厂时达到安装条件，其饰件、配件等完整无损，应符合质量标准和设计要求，并附有合格证和试验记录。

5. 除点光源艺术灯具、歌舞厅灯具、发光棚灯、广告灯箱、内藏组合式荧光灯、荧光灯光沿外，其他灯具至接线盒的金属软管、管内穿线等，基价子目内均未包括，应另行计算。

6. 管形氙气灯不包括接触器、按钮、绝缘子安装及管线敷设，庭院路灯未包括灯柱基础制作、安装。各种灯具的安装除注明者外均不包括灯具的防水、隔热装置。

7. 节日灯安装子目已综合考虑了高空作业的因素，不包括单独节日灯工程的搭、拆架子工作。

8. 串灯钢索按吊钢索子目乘以系数1.5，工程量按钢丝绳延长米计算。

9. 各式灯具均包括组装、安装固定、擦洗灯罩、接焊包（压）头、上罩、测量绝缘电阻和上保护网套及试亮等。但不包括保护网套的本身价格，如使用时应按实计算。

10. 杆上路灯安装已考虑高空作业因素，使用时不得再进行调整。

11. 本章除注明者外，均包括部件清洗、接焊包（压）头和试亮等全过程。

12. 本章中一般灯具、开关、插座的试运行，不包括全负荷运行所需费用。

13. 灯具整修工程中更换电线执行本册基价“配管配线”相应子目。

工程量计算规则

一、灯具安装分别以“套”“个”“台”等为计量单位计算。

二、组合荧光灯光带、荧光灯光沿以“m”为计量单位计算。

三、节日灯灯架、吊钢索、配线以“100m”为计量单位计算。

四、钢管式灯柱制作以“根”为计量单位计算。

五、彩控器以“台”为计量单位计算。
六、发光棚灯以“m^2”为计量单位计算。
七、立体广告灯箱、天棚荧光灯带以“m”为计量单位计算。
八、杆上路灯安装以“套”为计量单位计算。

第一节　普通灯具及吸顶灯整修

工作内容：灯具整修、加换支持物、紧线加固、接焊压包头、排除隐患、清理现场等。

编　号				10-001	10-002	10-003	10-004	10-005
项目名称				普通灯具及吸顶灯整修				
				普通吊线灯	瓷罗口平灯	吊链灯	各式壁灯	普通吸顶灯
单　位				套				
总价（元）				**16.32**	**16.32**	**16.15**	**16.15**	**10.31**
其中	人工费（元）			12.69	12.69	12.69	12.69	7.02
	材料费（元）			3.63	3.63	3.46	3.46	3.29
名　称		单位	单价（元）	消　耗　量				
人工	综合工日	工日	135.00	0.094	0.094	0.094	0.094	0.052
材料	瓷夹板 40mm	副	0.09	5.217	5.217	5.217	5.217	5.217
	塑料胀管 *D*6~8	个	0.31	5.267	5.267	5.267	5.267	5.267
	镀锌螺钉	只	0.16	9.526	9.526	8.468	8.468	7.409

第二节　普通灯具及吸顶灯

工作内容：测定、划线、打眼、埋塑料膨胀管、灯具安装、接线、焊接包头、接地、清理现场等。

编　　号				10-006	10-007	10-008
项目名称				吸顶灯安装　灯罩周长（mm）		
				≤ 800	≤ 1100	>1100
单　　位				套		
总价（元）				**32.19**	**33.18**	**37.65**
其中	人工费（元）			19.44	19.44	19.44
	材料费（元）			12.75	13.74	18.21
名　　称		单位	单价（元）	消　耗　量		
人工	综合工日	工日	135.00	0.144	0.144	0.144
材料	成套灯具	套	—	(1.010)	(1.010)	(1.010)
	铜芯塑料绝缘电线　BV-2.5mm^2	m	1.61	0.459	1.073	1.073
	塑料接线柱　双线	个	4.33	—	—	1.033
	塑料胀管　*D*6~8	个	0.31	4.414	4.414	4.414
	冲击钻头　*D*6~8	个	5.48	0.028	0.028	0.028
	铜接线端子　20A	个	10.06	1.018	1.018	1.018
	木螺钉 M（2~4）×（6~65）	个	0.06	4.174	4.174	4.174

工作内容：测定、划线、打眼、埋塑料膨胀管、上塑料圆台、灯具组装、吊链加工、接线、焊接包头、接地、清理现场等。

编号				10-009	10-010	10-011	10-012
项目名称				软线吊灯	吊链灯	防水吊灯	普通弯脖灯
单位				套			
总价（元）				**20.94**	**25.57**	**15.08**	**34.11**
其中	人工费（元）			12.83	18.36	8.51	18.36
	材料费（元）			8.11	7.21	6.57	15.75
名称		单位	单价（元）	消耗量			
人工	综合工日	工日	135.00	0.095	0.136	0.063	0.136
材料	成套灯具	套	—	（1.010）	（1.010）	（1.010）	（1.010）
	铜芯塑料绝缘电线 BV-2.5mm^2	m	1.61	0.306	0.306	0.306	1.481
	铜芯橡皮花线 BXH 2×23/0.15mm^2	m	1.77	2.043	1.532	1.175	—
	木螺钉 M（2~4）×（6~65）	个	0.06	3.130	3.130	3.130	6.260
	塑料吊线盒	个	1.73	1.053	1.053	1.053	—
	塑料圆台	块	1.53	1.053	1.053	1.053	1.053
	塑料胀管 *D*6~8	个	0.31	1.104	1.104	1.104	3.311
	冲击钻头 *D*6~8	个	5.48	0.007	0.007	0.007	0.021
	铜接线端子 20A	个	10.06	—	—	—	1.018

工作内容：测定、划线、打眼、埋塑料膨胀管、上塑料圆台、灯具组装、吊链加工、接线、焊接包头、接地、清理现场等。

编号				10-013	10-014	10-015	10-016	10-017
项目名称				瓷罗口平灯安装		普通壁灯	防水灯头	座灯头
				无罩	有罩			
单位				套				
总价（元）				**8.84**	**11.41**	**31.11**	**12.81**	**13.74**
其中	人工费（元）			7.83	10.40	18.36	7.97	11.07
	材料费（元）			1.01	1.01	12.75	4.84	2.67
名称		单位	单价（元）	消耗量				
人工	综合工日	工日	135.00	0.058	0.077	0.136	0.059	0.082
材料	成套灯具	套	—	（1.010）	（1.010）	（1.010）	（1.010）	（1.010）
	铜芯塑料绝缘电线 BV-2.5mm^2	m	1.61	0.311	0.311	0.459	0.306	0.306
	铜芯橡皮花线 BXH 2×23/0.15mm^2	m	1.77	—	—	—	1.226	—
	塑料圆台	块	1.53	0.251	0.251	—	1.053	1.053
	塑料胀管 *D*6~8	个	0.31	—	—	4.414	1.104	1.104
	冲击钻头 *D*6~8	个	5.48	—	—	0.028	0.007	0.007
	铜接线端子 20A	个	10.06	—	—	1.018	—	—
	木螺钉 M（2~4）×（6~65）	个	0.06	2.117	2.117	4.174	3.130	3.130

第三节　工厂灯安装

工作内容：测位、划线、打眼、埋螺栓、灯具安装、接线、焊接包头、清理现场等。

编　　号				10-018	10-019	10-020	10-021	10-022
项目名称				吸顶式工厂罩灯安装	弯杆式工厂罩灯安装	悬挂式工厂罩灯安装	吊管式工厂罩灯安装	吊链式工厂罩灯安装
单　　位				套				
总价（元）				**32.76**	**35.51**	**37.91**	**35.72**	**40.67**
其中	人工费（元）			18.77	18.77	19.71	18.77	18.77
	材料费（元）			13.99	16.74	18.20	16.95	21.90
名　　称		单位	单价（元）	消　耗　量				
人工	综合工日	工日	135.00	0.139	0.139	0.146	0.139	0.139
材料	成套灯具	套	—	（1.010）	（1.010）	（1.010）	（1.010）	（1.010）
	铜芯塑料绝缘电线 BV-2.5mm^2	m	1.61	1.226	2.656	1.838	3.064	4.137
	冲击钻头 *D*10	个	7.47	—	—	0.014	—	0.014
	冲击钻头 *D*6~8	个	5.48	0.028	0.036	—	0.028	—
	塑料胀管 *D*6~8	个	0.31	4.414	5.518	—	4.414	—
	铜接线端子 20A	个	10.06	1.018	1.018	1.018	1.018	1.018
	圆镀锌挂钩底座 *D*100	个	3.46	—	—	1.023	—	1.023
	金属膨胀螺栓 M8	套	0.66	—	—	2.047	—	2.047
	木螺钉 M（2~4）×（6~65）	个	0.06	4.174	5.217	—	4.174	—

工作内容：测位、划线、打眼、埋螺栓、灯具安装、接线、焊接包头、清理现场等。

编号				10-023	10-024	10-025
项目名称				防尘防水灯安装		
				直杆式	弯杆式	吸顶式
单位				套		
总价（元）				**44.09**	**43.82**	**41.13**
其中	人工费（元）			27.14	27.14	27.14
	材料费（元）			16.95	16.68	13.99
名称		单位	单价（元）	消耗量		
人工	综合工日	工日	135.00	0.201	0.201	0.201
材料	成套灯具	套	—	（1.010）	（1.010）	（1.010）
	冲击钻头 *D*6~8	个	5.48	0.028	0.036	0.028
	塑料胀管 *D*6~8	个	0.31	4.414	5.518	4.414
	铜接线端子 20A	个	10.06	1.018	1.018	1.018
	铜芯塑料绝缘电线 BV-2.5mm^2	m	1.61	3.064	2.656	1.226
	木螺钉 M（2~4）×（6~65）	个	0.06	4.174	4.174	4.174

工作内容：测位、划线、打眼、埋螺栓、上底台、支架安装、灯具安装、接线、焊接包头、清理现场等。

编号				10–026	10–027	10–028	10–029
项目名称				密封灯具安装 安全灯		密封灯具安装 防爆灯	
				直杆式	弯杆式	直杆式	弯杆式
单位				套			
总价(元)				**56.29**	**60.74**	**56.56**	**61.01**
其中	人工费(元)			38.21	38.21	38.48	38.48
	材料费(元)			18.08	22.53	18.08	22.53
名称		单位	单价（元）	消耗量			
人工	综合工日	工日	135.00	0.283	0.283	0.285	0.285
材料	成套灯具	套	—	(1.010)	(1.010)	(1.010)	(1.010)
	扁钢(综合)	kg	3.67	—	1.190	—	1.190
	冲击钻头 *D*10	个	7.47	0.028	0.036	0.028	0.036
	铜芯塑料绝缘电线 BV–2.5mm^2	m	1.61	3.064	2.656	3.064	2.656
	铜接线端子 20A	个	10.06	1.018	1.018	1.018	1.018
	金属膨胀螺栓 M8	套	0.66	4.093	5.117	4.093	5.117

工作内容：测位、划线、打眼、埋螺栓、上底台、支架安装、灯具安装、接线、焊接包头、清理现场等。

编号				10-030	10-031	10-032	10-033
项目名称				密封灯具安装 高压水银防爆灯 弯杆式	密封灯具安装 高压水银防爆灯 直杆式	密封灯具安装 防爆荧光灯	密封灯具安装 应急灯
单位				套			
总价（元）				**62.75**	**61.98**	**56.29**	**30.60**
其中	人工费（元）			44.55	44.55	38.21	28.89
	材料费（元）			18.20	17.43	18.08	1.71
名称		单位	单价（元）	消耗量			
人工	综合工日	工日	135.00	0.330	0.330	0.283	0.214
材料	成套灯具	套	—	（1.010）	（1.010）	（1.010）	（1.010）
	铜接线端子 20A	个	10.06	1.018	1.018	1.018	—
	铜芯塑料绝缘电线 BV-2.5mm^2	m	1.61	3.064	2.656	3.064	—
	铜芯橡皮绝缘电线 BX-3×2.5mm^2	m	1.56	—	—	—	0.511
	塑料胀管 *D*6~8	个	0.31	—	—	—	2.207
	冲击钻头 *D*10	个	7.47	0.043	0.028	0.028	0.014
	金属膨胀螺栓 M8	套	0.66	4.093	4.093	4.093	—
	木螺钉 M（2~4）×（6~65）	个	0.06	—	—	—	2.087

工作内容：测位、画线、打眼、埋螺栓、灯具安装、接线、焊接包头。

编号				10-034	10-035	10-036	10-037	10-038	10-039
项目名称				烟囱、水塔独立式塔架标志灯　高度（m）					
				30 以内	50 以内	100 以内	120 以内	150 以内	200 以内
单位				10 套					
总价（元）				**1017.36**	**1396.71**	**2864.16**	**3450.06**	**4520.61**	**5936.76**
其中	人工费（元）			603.45	982.80	2450.25	3036.15	4106.70	5522.85
	材料费（元）			413.91	413.91	413.91	413.91	413.91	413.91
名称		单位	单价（元）	消耗量					
人工	综合工日	工日	135.00	4.470	7.280	18.150	22.490	30.420	40.910
材料	成套灯具	套	—	（10.100）	（10.100）	（10.100）	（10.100）	（10.100）	（10.100）
	大小头 20×15	个	1.58	10.300	10.300	10.300	10.300	10.300	10.300
	镀锌钢管 *DN*15	m	6.70	10.300	10.300	10.300	10.300	10.300	10.300
	镀锌钢管 *DN*20	m	8.60	15.450	15.450	15.450	15.450	15.450	15.450
	管卡子 15~20	个	0.98	20.600	20.600	20.600	20.600	20.600	20.600
	接线盒 100×100	个	6.55	10.300	10.300	10.300	10.300	10.300	10.300
	塑料护口 15~20	个	0.20	20.600	20.600	20.600	20.600	20.600	20.600
	橡皮绝缘线 BLX-2.5mm^2	m	0.85	57.000	57.000	57.000	57.000	57.000	57.000
	镀锌精制六角带帽螺栓 M12×（14~75）	套	1.25	40.800	40.800	40.800	40.800	40.800	40.800
	锁紧螺母（15~20）×1.5	个	0.22	20.600	20.600	20.600	20.600	20.600	20.600

工作内容：测位、画线、打眼、埋螺栓、支架安装、灯具组装、接线、焊接包头、清理现场等。

编号				10-040	10-041	10-042	10-043
项目名称				防潮灯安装	腰形船顶灯安装	管形氙气灯安装	投光灯安装
单位				套			
总价（元）				**31.55**	**31.99**	**64.21**	**49.33**
其中	人工费（元）			18.50	18.50	32.27	28.35
	材料费（元）			13.05	13.49	28.20	17.24
	机械费（元）			—	—	3.74	3.74
名称		单位	单价（元）	消耗量			
人工	综合工日	工日	135.00	0.137	0.137	0.239	0.210
材料	成套灯具	套	—	（1.010）	（1.010）	（1.010）	（1.010）
	铜芯塑料绝缘电线 BV-2.5mm^2	m	1.61	0.919	0.919	—	—
	铜芯塑料绝缘电线 BV-4mm^2	m	2.44	—	—	0.919	0.919
	钢板（综合）	kg	4.18	—	—	2.980	0.993
	冲击钻头 *D*6~8	个	5.48	0.021	0.028	—	—
	塑料胀管 *D*6~8	个	0.31	3.311	4.414	—	—
	低碳钢焊条（综合）	kg	6.01	—	—	0.100	0.100
	铜接线端子 20A	个	10.06	1.018	1.018	1.018	1.018
	沉头螺钉 M10×53	套	0.65	—	—	4.093	—
	木螺钉 M（2~4）×（6~65）	个	0.06	3.130	4.174	—	—
机械	中小型机械费	元	—	—	—	3.74	3.74

工作内容：测位、划线、打眼、埋螺栓、灯具安装、接线、焊接包头、清理现场等。

编号				10-044	10-045	10-046	10-047	10-048	10-049
项目名称				普通防水灯安装	防爆灯具安装				
					安全灯	防爆灯	高压水银防爆灯	防爆荧光灯	防爆安全吸顶灯
单位				套					
总价（元）				**28.53**	**67.64**	**71.96**	**88.47**	**72.19**	**63.73**
其中	人工费（元）			16.88	58.05	62.37	78.03	66.69	58.05
	材料费（元）			11.65	9.59	9.59	10.44	5.50	5.68
名称		单位	单价（元）	消耗量					
人工	综合工日	工日	135.00	0.125	0.430	0.462	0.578	0.494	0.430
材料	成套灯具	套	—	(1.010)	(1.010)	(1.010)	(1.010)	(1.010)	(1.010)
	铜芯塑料绝缘电线 BV-2.5mm^2	m	1.61	1.084	2.558	2.558	6.140	3.070	3.070
	扁钢 60mm 以内	kg	3.67	—	0.953	0.953	—	—	—
	扁钢 60mm 以外	kg	3.68	—	0.311	0.311	—	—	—
	吊盒	个	1.11	1.033	—	—	—	—	—
	防水灯头	个	1.05	1.043	—	—	—	—	—
	塑料软管 *De*8	m	0.60	0.201	—	—	—	—	—
	塑料圆台	块	1.53	1.053	—	—	—	—	—
	镀锌木螺钉 M(2~5)×(4~50)	10个	2.80	2.117	—	—	—	—	—
	镀锌螺钉 M(6~12)×(12~120)	个	0.22	—	2.117	2.117	—	—	—
	六角螺栓 M(6~8)×(20~50)	套	0.18	—	2.047	2.047	3.070	3.070	4.093

第四节 装饰灯安装

工作内容：开箱清点、测位画线、打眼、埋螺栓、支架制作与安装、灯具拼装固定、挂装饰部件、焊接线包头。

编号				10-050	10-051	10-052	10-053	10-054	10-055
项目名称				吊式蜡烛灯					
				灯体直径300mm以内	灯体直径400mm以内	灯体直径500mm以内	灯体直径600mm以内	灯体直径900mm以内	灯体直径1400mm以内
				灯体垂吊长度500mm以内		灯体垂吊长度600mm以内		灯体垂吊长度700mm以内	灯体垂吊长度1400mm以内
单位				10套					
总价（元）				**5986.54**	**7136.25**	**8548.93**	**9800.60**	**12852.77**	**15937.78**
其中	人工费（元）			5817.15	6957.90	8370.00	9618.75	12602.25	15569.55
	材料费（元）			169.39	178.35	178.93	181.85	250.52	367.63
	机械费（元）			—	—	—	—	—	0.60
名称		单位	单价（元）	消耗量					
人工	综合工日	工日	135.00	43.090	51.540	62.000	71.250	93.350	115.330
材料	成套灯具	套	—	（10.100）	（10.100）	（10.100）	（10.100）	（10.100）	（10.100）
	花线 $2\times23\times0.15mm^2$	m	1.14	6.110	6.110	6.620	9.180	20.360	40.720
	圆钢 $D10\sim14$	kg	3.93	5.190	7.470	7.470	7.470	10.160	—
	圆钢 $D15\sim24$	kg	3.89	—	—	—	—	—	25.030

续前

编号				10-050	10-051	10-052	10-053	10-054	10-055
项目名称				吊式蜡烛灯					
				灯体直径300mm以内	灯体直径400mm以内	灯体直径500mm以内	灯体直径600mm以内	灯体直径900mm以内	灯体直径1400mm以内
				灯体垂吊长度500mm以内		灯体垂吊长度600mm以内		灯体垂吊长度700mm以内	灯体垂吊长度1400mm以内
单位				10套					
名称		单位	单价（元）	消耗量					
材料	热轧角钢 <60	kg	3.72	—	—	—	—	—	9.800
	精制六角带帽螺栓 M10×（80~130）	套	1.04	20.400	20.400	20.400	20.400	20.400	20.400
	膨胀螺栓 M12	套	1.75	18.360	18.360	18.360	18.360	—	—
	膨胀螺栓 M16	套	4.09	—	—	—	—	18.360	18.360
	冲击钻头 *D*12	个	8.00	0.510	0.510	0.510	0.510	—	—
	冲击钻头 *D*16	个	9.52	—	—	—	—	0.680	0.680
	塑料导线 BV-105℃ 2.5mm²	m	2.11	13.230	13.230	13.230	13.230	13.230	13.230
	金属软管尼龙接头 25	个	0.94	10.300	10.300	10.300	10.300	10.300	10.300
	管接头 15~20	个	1.38	20.600	20.600	20.600	20.600	20.600	20.600
	铜接线端子 DT-2.5	个	1.83	10.150	10.150	10.150	10.150	10.150	10.150
机械	中小型机械费	元	—	—	—	—	—	—	0.60

工作内容：开箱清点、测位画线、打眼、埋螺栓、支架制作与安装、灯具拼装固定、挂装饰部件、焊接线包头。

编号				10-056	10-057	10-058	10-059	10-060
项目名称				吊式挂片灯				
				灯体直径 350mm 以内	灯体直径 450mm 以内	灯体直径 550mm 以内	灯体直径 650mm 以内	灯体直径 900mm 以内
				灯体垂吊长度 350mm 以内	灯体垂吊长度 500mm 以内	灯体垂吊长度 550mm 以内	灯体垂吊长度 600mm 以内	灯体垂吊长度 1100mm 以内
单位				10 套				
总价（元）				**1975.04**	**2560.52**	**3125.92**	**3496.99**	**3840.47**
其中	人工费（元）			1803.60	2382.75	2937.60	3307.50	3628.80
	材料费（元）			171.44	177.77	188.32	189.49	211.67
名称		单位	单价（元）	消耗量				
人工	综合工日	工日	135.00	13.360	17.650	21.760	24.500	26.880
材料	成套灯具	套	—	（10.100）	（10.100）	（10.100）	（10.100）	（10.100）
	圆钢 $D5.5\sim9.0$	kg	3.90	2.080	2.080	2.080	2.080	4.660
	精制六角带帽螺栓 M10×（80~130）	套	1.04	30.600	30.600	30.600	30.600	30.600
	膨胀螺栓 M12	套	1.75	18.360	18.360	18.360	18.360	18.360
	冲击钻头 $D12$	个	8.00	0.510	0.510	0.510	0.510	0.510
	塑料导线 BV-105℃ $2.5mm^2$	m	2.11	6.100	6.100	6.100	6.100	6.100
	花线 $2\times23\times0.15mm^2$	m	1.14	5.190	7.130	9.160	10.180	13.230
	圆木台 150~250	块	4.34	10.500	10.500	10.500	10.500	10.500
	铜接线端子 DT-2.5	个	1.83	10.150	10.150	10.150	10.150	10.150
	瓷接头 双	个	0.80	15.450	20.600	30.900	30.900	41.700

工作内容：开箱清点、测位画线、打眼、埋螺栓、支架制作与安装、灯具拼装固定、挂装饰部件、焊接线包头。

编号				10-061	10-062	10-063	10-064	10-065	10-066
项目名称				吊式吊杆式组合灯安装					
				灯体直径 500mm 以内	灯体直径 700mm 以内	灯体直径 900mm 以内	灯体直径 1000mm 以内	灯体直径 1800mm 以内	灯体直径 3000mm 以内
				灯体垂吊长度 1750mm 以内			灯体垂吊长度 4200mm 以内		
单位				10 套					
总价（元）				**5699.53**	**7416.89**	**9496.20**	**13241.79**	**17187.99**	**29165.59**
其中	人工费（元）			5224.50	6791.85	8830.35	12413.25	15516.90	25860.60
	材料费（元）			447.86	579.76	620.57	828.54	1671.09	3304.99
	机械费（元）			27.17	45.28	45.28	—	—	—
名称		单位	单价（元）	消耗量					
人工	综合工日	工日	135.00	38.700	50.310	65.410	91.950	114.940	191.560
材料	成套灯具	套	—	（10.100）	（10.100）	（10.100）	（10.100）	（10.100）	（10.100）
	塑料导线 BV-105℃ $2.5mm^2$	m	2.11	54.160	77.370	96.710	254.500	509.000	1018.000
	金属软管尼龙接头 25	个	0.94	10.300	10.300	10.300	10.300	—	—
	铜接线端子 DT-2.5	个	1.83	10.150	10.150	10.150	10.150	20.300	20.300
	瓷接头 双	个	0.80	82.400	82.400	82.400	92.700	103.000	206.000
	圆钢 *D*10~14	kg	3.93	5.440	6.530	6.530	22.670	32.400	64.790
	热轧角钢 <60	kg	3.72	31.720	52.860	52.860	—	—	—
	精制六角带帽螺栓 M10×（80~130）	套	1.04	30.600	30.600	30.600	30.600	—	—
	管接头 15~20	个	1.38	20.600	20.600	20.600	20.600	—	—
	冲击钻头 *D*10	个	7.47	—	—	—	—	5.100	10.200
	冲击钻头 *D*12	个	8.00	0.510	0.510	0.510	0.510	—	—
	膨胀螺栓 M10	套	1.53	—	—	—	—	204.000	408.000
	膨胀螺栓 M12	套	1.75	20.400	20.400	20.400	20.400	—	—
机械	中小型机械费	元	—	27.17	45.28	45.28	—	—	—

工作内容：开箱清点、测位画线、打眼、埋螺栓、支架制作与安装、灯具拼装固定、挂装饰部件、焊接线包头。

编号				10-067	10-068	10-069	10-070
项目名称				吊式玻璃罩灯（带装饰）			
				灯体直径 900mm 以内	灯体直径 1100mm 以内	灯体直径 1500mm 以内	灯体直径 2000mm 以内
				灯体垂吊长度 500mm 以内	灯体垂吊长度 700mm 以内	灯体垂吊长度 850mm 以内	灯体垂吊长度 1100mm 以内
单位				10 套			
总价（元）				**1802.03**	**2193.53**	**2723.14**	**3347.12**
其中	人工费（元）			1552.50	1944.00	2431.35	3038.85
	材料费（元）			249.53	249.53	291.79	308.27
名称		单位	单价（元）	消耗量			
人工	综合工日	工日	135.00	11.500	14.400	18.010	22.510
材料	成套灯具	套	—	（10.100）	（10.100）	（10.100）	（10.100）
	冲击钻头 $D12$	个	8.00	0.510	0.510	—	—
	冲击钻头 $D14$	个	8.58	—	—	0.510	0.510
	瓷接头 双	个	0.80	27.810	27.810	30.900	51.500
	管接头 15~20	个	1.38	20.600	20.600	20.600	20.600
	金属软管尼龙接头 25	个	0.94	10.300	10.300	10.300	10.300
	塑料导线 BV-105℃ 2.5mm^2	m	2.11	13.230	13.230	13.230	13.230
	铜接线端子 DT-2.5	个	1.83	10.150	10.150	10.150	10.150
	圆钢 $D10$~14	kg	3.93	7.400	7.400	10.160	10.160
	圆木台 150~250	块	4.34	10.500	10.500	10.500	10.500
	精制六角带帽螺栓 M10×（80~130）	套	1.04	30.600	30.600	30.600	30.600
	膨胀螺栓 M12	套	1.75	18.360	18.360	—	—
	膨胀螺栓 M14	套	3.31	—	—	18.360	18.360

工作内容：开箱清点、测位画线、打眼、埋螺栓、支架制作与安装、灯具拼装固定、挂装饰部件、焊接线包头。

编　号				10-071	10-072	10-073	10-074	10-075	10-076
项目名称				吸顶式玻璃罩灯（带装饰）					
				灯体半周长 1500mm 以内	灯体半周长 2000mm 以内	灯体半周长 2500mm 以内	灯体半周长 3000mm 以内		
				灯体垂吊长度 400mm 以内				灯体垂吊长度 700mm 以内	灯体垂吊长度 1600mm 以内
单　位				10 套					
总价（元）				**2641.14**	**3279.44**	**4040.57**	**5268.84**	**6794.55**	**14766.44**
其中	人工费（元）			2011.50	2524.50	3160.35	3792.15	4550.85	12514.50
	材料费（元）			571.68	677.67	783.63	1274.45	2041.46	2049.70
	机械费（元）			57.96	77.27	96.59	202.24	202.24	202.24
名　称		单位	单价（元）	消　耗　量					
人工	综合工日	工日	135.00	14.900	18.700	23.410	28.090	33.710	92.700
材料	成套灯具	套	—	（10.100）	（10.100）	（10.100）	（10.100）	（10.100）	（10.100）
	冲击钻头 *D*12	个	8.00	1.020	1.020	1.020	1.020	—	—
	冲击钻头 *D*16	个	9.52	—	—	—	—	5.440	5.440
	瓷接头 双	个	0.80	20.600	20.600	20.600	30.900	30.900	41.200
	管接头 15~20	个	1.38	20.600	20.600	20.600	20.600	20.600	20.600
	金属软管尼龙接头 25	个	0.94	10.300	10.300	10.300	10.300	10.300	10.300
	热轧角钢 <60	kg	3.72	68.130	90.850	113.560	237.510	237.510	237.510
	塑料导线 BV-105℃ 2.5mm^2	m	2.11	30.540	40.720	50.900	61.080	61.080	61.080
	铜接线端子 DT-2.5	个	1.83	10.150	10.150	10.150	10.150	10.150	10.150
	圆钢 *D*10~14	kg	3.93	14.920	14.920	14.920	14.920	14.920	14.920
	精制六角带帽螺栓 M10×（80~130）	套	1.04	40.800	40.800	40.800	40.800	163.200	163.200
	膨胀螺栓 M12	套	1.75	40.800	40.800	40.800	40.800	—	—
	膨胀螺栓 M16	套	4.09	—	—	—	—	163.200	163.200
机械	中小型机械费	元	—	57.96	77.27	96.59	202.24	202.24	202.24

工作内容：开箱清点、测位、划线、打眼、埋螺栓、灯具拼装固定、挂装饰部件、接线、上管、上泡、接焊包（压）头、试亮、清理现场等。

编　号				10-077	10-078	10-079	10-080
项目名称				标志应急灯			
				吸顶式	吊杆式	墙壁式	嵌入式
单　位				套			
总价（元）				**39.65**	**40.78**	**39.73**	**43.42**
其中	人工费（元）			23.36	27.27	23.36	27.27
	材料费（元）			16.29	13.51	16.37	16.15
名　称		单位	单价（元）	消　耗　量			
人工	综合工日	工日	135.00	0.173	0.202	0.173	0.202
材料	成套灯具	套	—	(1.010)	(1.010)	(1.010)	(1.010)
	冲击钻头 *D*6~8	个	5.48	0.014	0.028	0.028	—
	塑料接线柱 双线	个	4.33	1.030	—	1.030	1.030
	塑料胀管 *D*6~8	个	0.31	2.200	4.400	2.200	—
	铜接线端子 20A	个	10.06	1.015	1.015	1.015	1.015
	铜芯塑料绝缘电线 BV-2.5mm^2	m	1.61	0.458	0.458	0.458	0.916
	铜芯橡皮绝缘电线 BX-3×2.5mm^2	m	1.56	—	0.509	—	—
	木螺钉 M(2~4)×(6~65)	个	0.06	2.080	4.160	2.080	—

工作内容：开箱清点、测位、划线、打眼、埋螺栓、灯具拼装固定、挂装饰部件、接线、上管、上泡、接焊包（压）头、试亮、清理现场等。

编　　号				10-081	10-082	10-083	10-084
项目名称				水下艺术灯具安装			
				简易型彩灯	密封型彩灯	喷水池灯	幻光型灯
单　　位				套			
总价（元）				**37.24**	**40.46**	**42.22**	**42.91**
其中	人工费（元）			30.92	30.92	34.29	36.59
	材料费（元）			6.32	9.54	7.93	6.32
名　　称		单位	单价（元）	消　耗　量			
人工	综合工日	工日	135.00	0.229	0.229	0.254	0.271
材料	成套灯具	套	—	（1.010）	（1.010）	（1.010）	（1.010）
	冲击钻头 *D*12	个	8.00	0.012	0.024	0.018	0.012
	防水橡胶圈	个	2.07	1.500	1.500	1.500	1.500
	膨胀螺栓 M10	套	1.53	2.040	4.080	3.060	2.040

工作内容：开箱清点、测位、划线、打眼、埋螺栓、灯具拼装固定、挂装饰部件、接线、上管、上泡、接焊包（压）头、试亮、清理现场等。

编号				10-085	10-086	10-087	10-088	10-089	10-090	10-091
项目名称				点光源艺术灯具安装						
				嵌入式灯具			吸顶式射灯	滑轨式射灯	吸顶式	滑轨
				直径 ϕ150	直径 ϕ200	直径 ϕ350				
单位				套						m
总价（元）				**44.43**	**48.75**	**50.24**	**36.13**	**11.07**	**26.41**	**29.91**
其中	人工费（元）			33.48	37.80	39.29	24.30	11.07	14.58	18.36
	材料费（元）			10.95	10.95	10.95	11.83	—	11.83	11.55
名称		单位	单价（元）	消耗量						
人工	综合工日	工日	135.00	0.248	0.280	0.291	0.180	0.082	0.108	0.136
材料	成套灯具	套	—	（1.010）	（1.010）	（1.010）	（1.010）	（1.010）	（1.010）	—
	射灯滑轨	m	—	—	—	—	—	—	—	（1.010）
	冲击钻头 *D*6~8	个	5.48	—	—	—	0.014	—	0.014	0.014
	塑料胀管 *D*6~8	个	0.31	—	—	—	2.200	—	2.200	2.200
	铜接线端子 20A	个	10.06	1.015	1.015	1.015	1.015	—	1.015	0.914
	铜芯塑料绝缘电线 BV-2.5mm^2	m	1.61	0.458	0.458	0.458	0.458	—	0.458	0.916
	木螺钉 M（2~4）×（6~65）	个	0.06	—	—	—	2.080	—	2.080	2.080

工作内容：开箱清点、测位、划线、打眼、埋螺栓、灯具拼装固定、挂装饰部件、接线、上管、上泡、接焊包（压）头、试亮、清理现场等。

编号				10-092	10-093	10-094
项目名称				草坪灯具安装		
				立柱式	墙壁式	地埋灯
单位				套		
总价（元）				**161.57**	**60.85**	**84.88**
其中	人工费（元）			130.01	53.87	69.93
	材料费（元）			31.56	6.98	14.95
名称		单位	单价（元）	消耗量		
人工	综合工日	工日	135.00	0.963	0.399	0.518
材料	成套灯具	套	—	（1.010）	（1.010）	（1.010）
	冲击钻头 *D*10	个	7.47	—	0.050	—
	塑料接线柱 双线	个	4.33	1.030	1.030	1.030
	塑料软管 *De*8	m	0.60	—	—	0.525
	铜接线端子 20A	个	10.06	1.015	—	—
	铜芯橡皮绝缘电线 BX-2.5mm^2	m	1.56	—	0.510	—
	铜芯橡皮绝缘电线 BX-4mm^2	m	2.17	4.080	—	—
	小石子	t	82.73	—	—	0.123
	地脚螺栓 M12×160 以下	套	1.97	4.080	—	—
	金属膨胀螺栓 M8	套	0.66	—	2.040	—

工作内容：开箱清点、测位画线、打眼、埋螺栓、支架制作与安装、灯具拼装固定、挂装饰部件、焊接包头。

编号				10-095	10-096	10-097	10-098	10-099	10-100	10-101
项目名称				歌舞厅灯具安装						
				变色转盘灯	雷达射灯	十二头幻影转彩灯	维纳斯旋转彩灯	卫星旋转效果灯	飞碟旋转效果灯	八头转灯
单位				套						
总价（元）				**109.56**	**147.93**	**158.86**	**130.11**	**190.02**	**273.55**	**133.28**
其中	人工费（元）			103.41	137.97	140.94	112.19	183.87	259.61	119.34
	材料费（元）			6.15	9.96	17.92	17.92	6.15	13.94	13.94
名称		单位	单价（元）	消耗量						
人工	综合工日	工日	135.00	0.766	1.022	1.044	0.831	1.362	1.923	0.884
材料	成套灯具	套	—	（1.010）	（1.010）	（1.010）	（1.010）	（1.010）	（1.010）	（1.010）
	塑料导线 BV-105℃ 2.5mm^2	m	2.11	2.036	2.036	2.036	2.036	2.036	2.036	2.036
	金属软管尼龙接头 25	个	0.94	—	1.030	1.030	1.030	—	1.030	1.030
	铜接线端子 DT-2.5	个	1.83	1.015	1.015	1.015	1.015	1.015	1.015	1.015
	管接头 15~20	个	1.38	—	2.060	2.060	2.060	—	2.060	2.060
	膨胀螺栓 M12	套	1.75	—	—	4.080	4.080	—	2.040	2.040
	冲击钻头 *D*12	个	8.00	—	—	0.102	0.102	—	0.051	0.051

工作内容：开箱清点、测位画线、打眼、埋螺栓、支架制作与安装、灯具拼装固定、挂装饰部件、焊接包头。

编号				10-102	10-103	10-104	10-105	10-106	10-107	10-108
项目名称				歌舞厅灯具安装						
				十八头转灯	滚筒灯	频闪灯	太阳灯	雨灯	歌星灯	边界灯
单位				套						
总价（元）				**197.20**	**169.60**	**204.29**	**137.74**	**122.48**	**130.04**	**191.06**
其中	人工费（元）			171.32	155.66	190.35	123.80	108.54	116.10	177.12
	材料费（元）			25.88	13.94	13.94	13.94	13.94	13.94	13.94
名称		单位	单价（元）	消耗量						
人工	综合工日	工日	135.00	1.269	1.153	1.410	0.917	0.804	0.860	1.312
材料	成套灯具	套	—	(1.010)	(1.010)	(1.010)	(1.010)	(1.010)	(1.010)	(1.010)
	塑料导线 BV-105℃ 2.5mm^2	m	2.11	2.036	2.036	2.036	2.036	2.036	2.036	2.036
	金属软管尼龙接头 25	个	0.94	1.030	1.030	1.030	1.030	1.030	1.030	1.030
	铜接线端子 DT-2.5	个	1.83	1.015	1.015	1.015	1.015	1.015	1.015	1.015
	管接头 15~20	个	1.38	2.060	2.060	2.060	2.060	2.060	2.060	2.060
	膨胀螺栓 M12	套	1.75	8.160	2.040	2.040	2.040	2.040	2.040	2.040
	冲击钻头 *D*12	个	8.00	0.204	0.051	0.051	0.051	0.051	0.051	0.051

工作内容：开箱清点、测位画线、打眼、埋螺栓、支架制作与安装、灯具拼装固定、挂装饰部件、焊接线包头。

编号				10-109	10-110	10-111	10-112	10-113	10-114
项目名称				歌舞厅灯具安装					
				射灯	泡泡发生器	迷你满天星彩灯	迷你单立盘彩灯	单排 20 头宇宙灯	双排 20 头宇宙灯
单位				套					
总价(元)				**75.14**	**115.80**	**129.23**	**134.77**	**140.30**	**174.32**
其中	人工费(元)			63.18	105.84	115.29	120.83	126.36	160.38
	材料费(元)			11.96	9.96	13.94	13.94	13.94	13.94
名称		单位	单价(元)	消耗量					
人工	综合工日	工日	135.00	0.468	0.784	0.854	0.895	0.936	1.188
材料	成套灯具	套	—	(1.010)	(1.010)	(1.010)	(1.010)	(1.010)	(1.010)
	塑料导线 BV-105℃ 2.5mm^2	m	2.11	2.036	2.036	2.036	2.036	2.036	2.036
	金属软管尼龙接头 25	个	0.94	1.030	1.030	1.030	1.030	1.030	1.030
	管接头 15~20	个	1.38	2.060	2.060	2.060	2.060	2.060	2.060
	铜接线端子 DT-2.5	个	1.83	1.015	1.015	1.015	1.015	1.015	1.015
	膨胀螺栓 M12	套	1.75	1.020	—	2.040	2.040	2.040	2.040
	冲击钻头 D12	个	8.00	0.026	—	0.051	0.051	0.051	0.051

工作内容：开箱清点、测位画线、打眼、埋螺栓、支架制作与安装、灯具拼装固定、挂装饰部件、焊接包头。

编　　号				10–115	10–116	10–117	10–118
项目名称				歌舞厅灯具安装			
				镜面球灯	蛇管灯	满天星彩灯	彩控器
单　　位				套			
总价（元）				**176.21**	**12.97**	**12.05**	**9.26**
其中	人工费（元）			162.27	12.29	10.67	8.64
	材料费（元）			13.94	0.68	1.38	0.62
名　　称		单位	单价（元）	消　耗　量			
人工	综合工日	工日	135.00	1.202	0.091	0.079	0.064
材料	成套灯具	套	—	（1.010）	（1.010）	（1.010）	—
	彩控器	台	—	—	—	—	（1.010）
	塑料导线 BV–105℃ $2.5mm^2$	m	2.11	2.036	0.061	0.061	0.204
	金属软管尼龙接头 25	个	0.94	1.030	—	—	—
	管接头 15~20	个	1.38	2.060	—	—	—
	铜接线端子 DT–2.5	个	1.83	1.015	—	—	0.102
	尼龙卡带 4×50	个	0.18	—	3.090	3.090	—
	镀锌钢丝 *D*2.8~4	kg	6.91	—	—	0.101	—
	膨胀螺栓 M12	套	1.75	2.040	—	—	—
	冲击钻头 *D*12	个	8.00	0.051	—	—	—

工作内容：1. 节日灯具组装：打眼、锥丝、固定、上灯口、接地线、上灯泡、清洗安装灯罩、接焊包（压）头、试亮、清理现场等。2. 节日灯配线：放线、紧线、绑扎、断线、接焊包（压）头、遥测绝缘、清理现场等。

编号				10–119	10–120	10–121	10–122
项目名称				节日灯具组装		节日灯配线	
				玻璃罩勾边灯	胶防水灯口串灯	沿钢索配夹板线	沿角钢穿软管卡线
单位				套		100m	
总价（元）				**15.61**	**6.77**	**869.16**	**499.50**
其中	人工费（元）			14.18	5.54	304.97	304.97
	材料费（元）			1.43	1.23	564.19	194.53
名称		单位	单价（元）	消耗量			
人工	综合工日	工日	135.00	0.105	0.041	2.259	2.259
材料	成套灯具	套	—	（1.010）	—	—	—
	瓷夹板 50mm	副	0.12	—	—	164.800	—
	瓷瓶	个	10.88	—	—	8.200	—
	镀锌钢丝 *D*0.1~0.5	kg	4.87	—	—	1.050	0.510
	防水灯头	个	1.05	—	1.030	—	—
	焊锡	kg	59.85	—	—	0.210	—
	焊锡膏 50g 瓶装	kg	49.90	—	—	1.050	—
	黑胶布 20mm × 20m	卷	2.74	—	—	1.050	—
	塑料带 20mm × 40m	卷	4.73	—	—	0.530	—
	塑料软管 *De*8	m	0.60	—	—	—	46.370
	铁绑线 *D*2	m	0.42	—	—	0.120	—
	铜芯塑料绝缘电线 BV–1.5mm^2	m	1.61	—	—	—	102.000
	铜芯塑料绝缘电线 BV–2.5mm^2	m	1.61	—	—	102.000	—
	硬塑料管 *DN*20	m	6.16	—	—	23.470	—
	圆机螺钉 M4 ×（10~40）	套	0.42	2.109	0.360	168.800	—
	圆机螺钉 M6 ×（12~50）	套	0.51	1.060	—	—	—

工作内容：开箱清点、测位、划线、打眼、埋螺栓、灯具拼装固定、挂装饰部件、接线、上管、上泡、接焊包（压）头、试亮、清理现场等。

编 号				10–123	10–124	10–125
项目名称				其他灯具安装		
				发光棚荧光灯	立体广告灯箱	天棚荧光灯带
单 位				m^2	m	
总价（元）				**128.24**	**68.67**	**35.94**
其中	人工费（元）			70.74	39.96	18.90
	材料费（元）			57.50	28.71	17.04
名 称		单位	单价（元）	消 耗 量		
人工	综合工日	工日	135.00	0.524	0.296	0.140
材料	成套灯具	套	—	（0.408）	（0.808）	（0.808）
	冲击钻头 *D*12	个	8.00	—	0.019	—
	冲击钻头 *D*6~8	个	5.48	0.057	—	—
	金属软管 *D*15	m	2.95	2.060	0.824	0.206
	金属软管接头 *DN*15	个	0.92	4.120	1.648	1.030
	塑料接线柱 双线	个	4.33	2.060	0.824	0.824
	塑料胀管 *D*6~8	个	0.31	8.800	—	—
	铜接线端子 20A	个	10.06	2.030	0.812	0.609
	铜芯塑料绝缘电线 BV–2.5mm^2	m	1.61	9.162	4.275	3.420
	镀锌膨胀螺栓 带2个螺母、2个垫圈 M10	套	1.75	—	3.264	—
	镀锌自攻螺钉 ST（4~6）×（10~16）	个	0.17	—	1.660	1.660
	木螺钉 M（2~4）×（6~65）	个	0.06	8.320	—	—

第五节 荧光灯整修

工作内容：灯具整修、加换支持物、紧线加固、接焊压包头、排除隐患、清理现场等。

编号				10-126
项目名称				各式荧光灯整修
单位				套
总价（元）				**23.73**
其中	人工费（元）			12.15
	材料费（元）			11.58
名称		单位	单价（元）	消耗量
人工	综合工日	工日	135.00	0.090
材料	瓷夹板 40mm	副	0.09	4.969
	塑料胀管 *D*6~8	个	0.31	5.016
	镇流器	套	20.35	0.325
	座灯头	个	5.49	0.334
	镀锌螺钉	只	0.16	7.061

第六节　荧光灯安装

工作内容：测位、划线、打眼、埋塑料膨胀管、上塑料圆台（木台）、吊链或吊杆、灯具组装、接线、焊接包头、试亮、清理现场等。

编　号				10-127	10-128	10-129	10-130	10-131	10-132
项目名称				普通荧光灯安装					
				吊链式			吊杆		
				单管	双管	三管	单管	双管	三管
单　位				套					
总价（元）				**43.45**	**48.85**	**51.96**	**42.94**	**48.61**	**51.98**
其中	人工费（元）			20.79	26.19	29.30	21.74	27.41	30.78
	材料费（元）			22.66	22.66	22.66	21.20	21.20	21.20
名　称		单位	单价（元）	消　耗　量					
人工	综合工日	工日	135.00	0.154	0.194	0.217	0.161	0.203	0.228
材料	成套灯具	套	—	（1.010）	（1.010）	（1.010）	（1.010）	（1.010）	（1.010）
	灯具吊杆 *D*15	根	—	—	—	—	（2.040）	（2.040）	（2.040）
	冲击钻头 *D*6~8	个	5.48	0.014	0.014	0.014	0.014	0.014	0.014
	吊盒	个	1.11	2.040	2.040	2.040	—	—	—
	瓜子灯链　大号	m	0.79	3.030	3.030	3.030	—	—	—
	塑料圆台	块	1.53	2.100	2.100	2.100	2.100	2.100	2.100
	塑料胀管 *D*6~8	个	0.31	2.200	2.200	2.200	2.200	2.200	2.200
	铜接线端子 20A	个	10.06	1.015	1.015	1.015	1.015	1.015	1.015
	铜芯塑料绝缘电线 BV-2.5mm^2	m	1.61	0.458	0.458	0.458	4.123	4.123	4.123
	铜芯橡皮花线 BXH 2×23/0.15mm^2	m	1.77	1.527	1.527	1.527	—	—	—
	木螺钉 M（2~4）×（6~65）	个	0.06	6.240	6.240	6.240	6.240	6.240	6.240

工作内容：测位、划线、打眼、埋塑料膨胀管、上塑料圆台（木台）、吊链或吊杆、吊管加工、灯具组装、接线、焊接包头、试亮、清理现场等。

编号				10–133	10–134	10–135	10–136	10–137	10–138	10–139
项目名称				普通荧光灯安装						
				吸顶式			嵌入式			
				单管	双管	三管	单管	双管	三管	四管
单位				套						
总价（元）				**32.53**	**37.66**	**40.77**	**60.46**	**74.63**	**103.41**	**112.59**
其中	人工费（元）			19.71	24.84	27.95	23.09	37.26	45.63	54.81
	材料费（元）			12.82	12.82	12.82	37.37	37.37	57.78	57.78
名称		单位	单价（元）	消耗量						
人工	综合工日	工日	135.00	0.146	0.184	0.207	0.171	0.276	0.338	0.406
材料	成套灯具	套	—	（1.010）	（1.010）	（1.010）	（1.010）	（1.010）	（1.010）	（1.010）
	冲击钻头 *D*6~8	个	5.48	0.014	0.014	0.014	—	—	—	—
	冲击钻头 *D*10	个	7.47	—	—	—	0.011	0.011	0.023	0.023
	塑料胀管 *D*6~8	个	0.31	2.200	2.200	2.200	—	—	—	—
	铜接线端子 20A	个	10.06	1.015	1.015	1.015	1.015	1.015	1.015	1.015
	铜芯塑料绝缘电线 BV–2.5mm^2	m	1.61	1.069	1.069	1.069	3.512	3.512	3.512	3.512
	镀锌槽型吊码 单边 δ=3	个	1.07	—	—	—	2.060	2.060	—	—
	镀锌槽型吊码 双边 δ=3	个	1.61	—	—	—	—	—	2.060	2.060
	镀锌圆钢吊杆 带4个螺母、4个垫圈 *D*8	根	9.15	—	—	—	2.100	2.100	4.200	4.200
	木螺钉 M（2~4）×（6~65）	个	0.06	2.080	2.080	2.080	—	—	—	—

第七节　医疗专用灯安装

工作内容：测位、划线、打眼、埋螺栓、灯具安装、接线、焊接包(压)头、试亮、清洗现场等。

编　号				10-140	10-141	10-142	10-143
项目名称				医疗专用灯安装			
				病房信号指示灯	病房暗脚灯	病房紫外线杀菌灯	无影灯
单　位				套			
总价(元)				**63.22**	**75.17**	**43.86**	**347.74**
其中	人工费(元)			46.04	46.04	30.92	285.93
	材料费(元)			17.18	29.13	12.94	61.81
名　称		单位	单价(元)	消　耗　量			
人工	综合工日	工日	135.00	0.341	0.341	0.229	2.118
材料	成套灯具	套	—	(1.010)	(1.010)	(1.010)	(1.010)
	冲击钻头 *D*6~8	个	5.48	0.028	—	0.014	—
	冲击钻头 *D*18	个	9.52	—	—	—	0.024
	镀锌薄钢板 360×360×5	块	31.07	—	—	—	1.050
	塑料接线柱 双线	个	4.33	1.030	1.030	—	1.030
	塑料胀管 *D*6~8	个	0.31	4.400	0.550	2.200	—
	铜接线端子 20A	个	10.06	1.015	1.030	1.015	1.015
	铜芯塑料绝缘电线 BV-2.5mm^2	m	1.61	0.458	0.826	1.069	0.916
	地脚螺栓 M16×(120~300)	套	3.14	—	4.080	—	4.080
	木螺钉 M(2~4)×(6~65)	个	0.06	4.160	—	4.160	—

第八节 路灯及庭院灯安装

工作内容：测位、划线、灯具组装、试亮、清理现场等。

编号				10-144	10-145	10-146	10-147	10-148	10-149
项目名称				庭院柱灯安装					
				庭院柱灯					
				单火	双火	三火	四火	五火	七火
单位				套					
总价（元）				**99.85**	**155.74**	**222.29**	**268.78**	**314.00**	**404.72**
其中	人工费（元）			59.00	114.89	181.44	226.94	272.16	362.88
	材料费（元）			40.85	40.85	40.85	41.84	41.84	41.84
名称		单位	单价（元）	消耗量					
人工	综合工日	工日	135.00	0.437	0.851	1.344	1.681	2.016	2.688
材料	成套灯具	套	—	（1.010）	（1.010）	（1.010）	（1.010）	（1.010）	（1.010）
	瓷接头 1~3 回路	个	0.96	—	—	—	1.030	1.030	1.030
	塑料接线柱 双线	个	4.33	1.030	1.030	1.030	1.030	1.030	1.030
	地脚螺栓 M20×300	10 个	89.20	0.408	0.408	0.408	0.408	0.408	0.408
机械	中小型机械费	元	—	—	—	—	—	—	—

工作内容：测位、划线、灯具安装、试亮、清理现场等。

编号				10-150	10-151	10-152	10-153	10-154
项目名称				庭院柱灯安装			庭院灯柱安装	
				庭院柱灯	高压水银柱灯		钢管式灯柱制作	
				九火	单火	双火	ϕ100 以内	ϕ100 以外
单位				套			根	
总价（元）				**495.44**	**130.29**	**183.95**	**214.46**	**339.88**
其中	人工费（元）			453.60	64.80	103.68	41.85	54.00
	材料费（元）			41.84	65.49	80.27	172.61	285.88
名称		单位	单价（元）	消耗量				
人工	综合工日	工日	135.00	3.360	0.480	0.768	0.310	0.400
材料	成套灯具	套	—	（1.010）	（1.010）	（1.010）	—	—
	瓷接头 1~3 回路	个	0.96	1.030	—	—	—	—
	焊接钢管 *DN*100	m	41.28	—	—	—	4.160	—
	焊接钢管 *DN*150	m	68.51	—	—	—	—	4.160
	锯条（各种规格）	根	0.42	—	—	—	2.100	2.100
	塑料接线柱 双线	个	4.33	1.030	1.030	1.030	—	—
	铜芯塑料绝缘电线 BV-2.5mm^2	m	1.61	—	15.300	24.480	—	—
	地脚螺栓 M20×300	10 个	89.20	0.408	0.408	0.408	—	—
机械	中小型机械费	元	—	—	—	—	—	—

工作内容：开箱清点、测定划线、打眼埋螺栓、灯具拼装固定、挂装饰部件、灯具安装、焊接包头、试亮、清理现场等。

编号				10-155	10-156	10-157	10-158	10-159	10-160	10-161
项目名称				杆上路灯安装						
				马路弯灯	长臂灯（长度）			投光灯、探照灯（灯头）		
					1.5m	2.0m	3.0m	1数	2数	4数
单位				套						
总价（元）				**70.58**	**323.22**	**356.50**	**437.44**	**440.16**	**521.04**	**725.64**
其中	人工费（元）			37.94	93.42	124.88	202.50	193.05	248.40	356.40
	材料费（元）			32.64	229.80	231.62	234.94	247.11	272.64	369.24
名称		单位	单价（元）	消耗量						
人工	综合工日	工日	135.00	0.281	0.692	0.925	1.500	1.430	1.840	2.640
材料	成套灯具	套	—	(1.010)	(1.010)	(1.010)	(1.010)	(1.010)	(1.010)	(1.010)
	铜芯塑料绝缘电线 BV-2.5mm^2	m	1.61	6.190	9.190	10.320	12.380	3.100	4.650	6.190
	保险丝管 10A	个	10.38	1.030	1.030	1.030	1.030	1.030	2.050	4.100
	镀锌垫圈 M16	个	0.17	—	4.080	4.080	4.080	4.080	4.080	4.080
	镀锌横担抱箍	副	5.59	1.060	2.120	2.120	2.120	2.120	2.120	2.120
	镀锌角钢横担 50×5×800	根	20.07	—	—	—	—	1.060	1.060	1.060

编号				10-155	10-156	10-157	10-158	10-159	10-160	10-161
项目名称				杆上路灯安装						
				马路弯灯	长臂灯（长度）			投光灯、探照灯（灯头）		
					1.5m	2.0m	3.0m	1 数	2 数	4 数
单位				套						
名称		单位	单价（元）	消耗量						
材料	镀锌管卡子 *D*100~150	个	5.12	—	—	—	—	2.080	2.080	2.080
	镀锌支架支撑 <50 × 50 × 1320	副	155.75	—	1.060	1.060	1.060	1.060	1.060	1.060
	镀锌铁拉板 40 × 4 ×（200~350）	块	6.14	—	2.030	2.030	2.030	—	—	—
	防水弯头	个	11.09	—	—	—	—	1.040	1.040	7.310
	焊接钢管 *DN*15	m	4.84	—	—	—	—	1.410	1.410	1.410
	铁绑线 *D*1	m	0.20	—	1.000	1.000	1.000	—	—	—
	针式绝缘子 PD-3T	个	2.85	2.050	4.100	4.100	4.100	—	—	—
	镀锌六角螺母 M12	10 个	0.03	2.040	4.080	4.080	4.080	4.080	4.080	4.080
	镀锌六角螺栓 M5 × 10	套	0.05	3.060	—	—	—	—	—	—
	镀锌六角螺栓 M12 × 50	套	0.54	—	4.080	4.080	4.080	4.080	8.160	14.280
	镀锌木螺钉 M（2~5）×（4~50）	10 个	2.80	—	—	—	—	0.422	4.080	4.080
机械	中小型机械费	元	—	—	—	—	—	—	—	—

工作内容：开箱清点、测定划线、打眼埋螺栓、灯具拼装固定、挂装饰部件、灯具安装、焊接包头、试亮、清理现场等。

编号				10-162	10-163	10-164	10-165	10-166	10-167	10-168
项目名称				地面射灯		立面点光源灯			立面轮廓灯	
				固定式	嵌入式	灯具直径（mm）			灯泡型	灯管型
						150 以内	250 以内	350 以内		
单位				套						
总价（元）				**60.57**	**72.89**	**29.99**	**32.15**	**33.23**	**68.67**	**45.26**
其中	人工费（元）			40.10	48.33	19.04	21.20	22.28	39.96	28.22
	材料费（元）			20.47	24.56	10.95	10.95	10.95	28.71	17.04
名称		单位	单价（元）	消耗量						
人工	综合工日	工日	135.00	0.297	0.358	0.141	0.157	0.165	0.296	0.209
材料	成套灯具	套	—	（1.010）	（1.010）	（1.010）	（1.010）	（1.010）	（0.808）	（0.808）
	铜芯塑料绝缘电线 BV-2.5mm^2	m	1.61	1.985	2.382	0.458	0.458	0.458	4.275	3.420
	冲击钻头 *D*6~8	个	5.48	0.028	0.034	—	—	—	—	—
	冲击钻头 *D*12	个	8.00	—	—	—	—	—	0.019	—
	金属软管 *D*15	m	2.95	—	—	—	—	—	0.824	0.206
	金属软管接头 *DN*15	个	0.92	—	—	—	—	—	1.648	1.030
	塑料接线柱 双线	个	4.33	1.030	1.236	—	—	—	0.824	0.824
	铜接线端子 20A	个	10.06	1.015	1.218	1.015	1.015	1.015	0.812	0.609
	镀锌膨胀螺栓 带2个螺母、2个垫圈 M10	套	1.75	—	—	—	—	—	3.264	—
	镀锌自攻螺钉 ST（4~6）×（10~16）	个	0.17	—	—	—	—	—	1.660	1.660
	金属膨胀螺栓 M6	套	0.60	4.080	4.896	—	—	—	—	—

第十一章　电气调整试验

说　　明

一、本章包括变压器系统调试、送配电装置系统调试、母线系统调试、自动投入装置系统调试、接地系统调试 5 节，共 10 条基价子目。

二、工程计价时应注意的问题。

1. 本章基价子目中均包括电气调试所需材料的消耗及仪表使用费，不包括试验仪表及试验机构的转移费用。

2. 本章基价中不包括各种电气设备的烘干处理、电缆故障的查找、电动机的抽芯检查以及由于设备元件缺陷造成的更换、修理。

3. 本章基价调试范围只限于电气设备本身的调整试验，不包括电动机带动机械设备的试运行工作。

4. 电气试验调整的工作内容除已注明者外，均应包括整理填写试验记录、报告等附属工作。

5. 电力变压器系统调试不包括电缆、接地网、避雷器、自动装置、特殊保护装置的试验调整。

工程量计算规则

一、电力变压器系统、送配电设备系统、自动投入装置系统的调试以“系统”为计量单位计算。

二、接地装置调试中接地极以“组”为计量单位计算，接地网以“系统”为计量单位计算。

三、母线系统调试以“段”为计量单位计算。

第一节　变压器系统调试

工作内容：变压器、断路器、互感器、隔离开关、风冷及油循环冷却系统电气装置、常规保护装置等一、二次回路的调试及空投试验。

编　号				11-001	11-002
项目名称				变压器系统调试（容量 kV·A）	
				800 以内	2000 以内
单　位				系统	
总价（元）				**1448.66**	**3720.33**
其中	人工费（元）			942.03	2382.89
	材料费（元）			17.75	23.20
	机械费（元）			488.88	1314.24
名　称		单位	单价（元）	消　耗　量	
人工	综合工日	工日	135.00	6.978	17.651
材料	铜芯橡皮绝缘电线 BX-2.5mm^2	m	1.56	1.535	2.016
	自粘性橡胶带 25mm×20m	卷	20.00	0.768	1.003
机械	中小型机械费	元	—	488.88	1314.24

第二节 送配电装置系统调试

工作内容: 自动开关或断路器、常规保护装置、电测量仪表、电力电缆等一、二次回路系统的调试。

编号				11-003	11-004
项目名称				送配电装置系统调试 交流供电	
				≤ 1kV	≤ 10kV
					带断路器
单位				系统	
总价(元)				**335.47**	**1166.88**
其中	人工费(元)			274.59	667.98
	材料费(元)			3.19	9.55
	机械费(元)			57.69	489.35
名称		单位	单价(元)	消耗量	
人工	综合工日	工日	135.00	2.034	4.948
材料	铜芯橡皮绝缘电线 BX-2.5mm^2	m	1.56	0.275	0.826
	自粘性橡胶带 25mm×20m	卷	20.00	0.138	0.413
机械	中小型机械费	元	—	57.69	489.35

第三节　母线系统调试

工作内容：母线耐压试验，接触电阻测量，母线绝缘监视装置，电测量仪表及一、二次回路的调试，接地电阻测试。

编　号				11-005	11-006
项目名称				母线系统调试	
				电压≤ 1kV	电压≤ 10kV
单　位				段	
总价（元）				**581.28**	**2131.36**
其中	人工费（元）			405.00	1485.00
	材料费（元）			6.78	24.86
	机械费（元）			169.50	621.50
名　称		单位	单价（元）	消　耗　量	
人工	综合工日	工日	135.00	3.000	11.000
材料	电器调试材料费	元	—	6.78	24.86
机械	中小型机械费	元	—	169.50	621.50

第四节　自动投入装置系统调试

工作内容：自动装置、继电器及控制回路的调整试验。

编　号				11-007	11-008
项目名称				备用电源自动投入装置	备用电机自动投入装置
单　位				系统（套）	
总价（元）				**689.84**	**318.13**
其中	人工费（元）			460.08	193.05
	材料费（元）			30.37	30.37
	机械费（元）			199.39	94.71
名　称		单位	单价（元）	消　耗　量	
人工	综合工日	工日	135.00	3.408	1.430
材料	铜芯橡皮绝缘电线 BX-2.5mm^2	m	1.56	9.173	9.173
	自粘性橡胶带 25mm×20m	卷	20.00	0.803	0.803
机械	中小型机械费	元	—	199.39	94.71

第五节　接地系统调试

工作内容：接地电阻试验。

编　　号				11-009	11-010
项目名称				备用电源自动投入装置 ≤ 6 根接地极	接地网
单　　位				组	系统
总价（元）				**373.81**	**929.21**
其中	人工费（元）			324.68	811.76
	材料费（元）			18.75	41.50
	机械费（元）			30.38	75.95
名　　称		单位	单价（元）	消　耗　量	
人工	综合工日	工日	135.00	2.405	6.013
材料	铜芯塑料绝缘电线 BV-4mm^2	m	2.44	2.465	6.260
	白布	kg	12.98	0.321	0.619
	金属清洗剂	kg	11.50	0.745	1.582
机械	中小型机械费	元	—	30.38	75.95

第十二章　弱 电 工 程

说　明

一、本章包括弱电线路工程,楼宇安全防范系统和有线电视及广播系统3节,共69条基价子目。
二、工程计价时应注意的问题。
1. 设计图中的管线敷设应符合有关专业的规定。
2. 共用天线系按成套供应考虑。
3. 其他有线电视及扩声设备系按专业成套供应考虑。
4. 所有缆、线为专业缆线。
5. 工程计价应考虑信号、场强、效果等系统的联合调试费用。

工程量计算规则

一、弱电线路敷设依据规格、安装方式,按长度以“100m”为单位计算。
二、室内分线箱按数量以“台”为单位计算。
三、电话出线口依据单、双孔,按数量以“10个”为单位计算。
四、楼宇安全防范设备安装以“套”“台”为单位计算。
五、安全防范系统调试以“系统”为单位计算。
六、天线杆基础制作与安装、天线杆安装按数量以“套”为单位计算。
七、电视前端设备箱安装按数量以“台”为单位计算。
八、各种共用天线配套盒按数量以“个”为单位计算。
九、广播分线箱、扬声器箱、扬声器安装,按数量分别以“台”“个”和“只”为单位计算。

第一节　弱电线路工程

工作内容：开箱、线缆检查、编号、穿放、布放、断线、固定、封头、清理。

编　号				12-001	12-002	12-003	12-004	12-005
项目名称				电话线（缆）			4 对双绞线缆敷设	
				2×0.5mm 以内	2×1.0mm 以内	20 对以内	沿桥架、支架	沿管道、线槽
单　位				100m				
总价（元）				**81.78**	**89.88**	**398.68**	**231.90**	**178.54**
其中	人工费（元）			81.00	89.10	378.00	202.50	175.50
	材料费（元）			0.78	0.78	20.68	29.40	3.04
名　称		单位	单价（元）	消　耗　量				
人工	综合工日	工日	135.00	0.600	0.660	2.800	1.500	1.300
材料	话线（缆）	m	—	(102.000)	(102.000)	(101.500)	(101.500)	(101.500)
	镀锌钢丝 *D*0.7~1.2	kg	7.34	—	—	—	—	0.240
	镀锌钢丝 *D*1.8~2.8	kg	7.13	0.110	0.110	2.900	—	—
	塑料护口	个	0.32	—	—	—	—	4.000
	尼龙扎扣	个	0.49	—	—	—	60.000	—

工作内容: 扫管、清扫盒子、上护口、涂滑石粉、穿线、编号、焊接包(压)头、摇测绝缘、记录等。

编号				12-006	12-007	12-008	12-009	12-010	12-011
项目名称				管内穿屏蔽软线(RVP)		管内穿屏蔽软线(RVVP)			
				导线截面(mm^2)					
				0.5 以内	1.5 以内	2×1.0 以内	2×1.5 以内	4×1.0 以内	4×1.5 以内
单位				100m					
总价(元)				**126.97**	**129.53**	**134.43**	**135.91**	**159.74**	**162.44**
其中	人工费(元)			108.14	110.70	113.54	115.02	135.81	138.51
	材料费(元)			18.83	18.83	20.89	20.89	23.93	23.93
名称		单位	单价(元)	消耗量					
人工	综合工日	工日	135.00	0.801	0.820	0.841	0.852	1.006	1.026
材料	RVP 屏蔽线	m	—	(108.000)	(108.000)	—	—	—	—
	RVVP 屏蔽线	m	—	—	—	(108.000)	(108.000)	(108.000)	(108.000)
	滑石粉	kg	0.59	0.110	0.110	0.110	0.110	0.110	0.110
	破布	kg	5.07	0.060	0.060	0.060	0.060	0.070	0.070
	焊锡	kg	59.85	0.110	0.110	0.120	0.120	0.130	0.130
	焊锡膏 50g 瓶装	kg	49.90	0.010	0.010	0.015	0.015	0.020	0.020
	汽油 60#~70#	kg	6.67	0.500	0.500	0.600	0.600	0.700	0.700
	塑料胶布带 25×10	卷	2.17	0.750	0.750	1.000	1.000	1.350	1.350
	镀锌钢丝 *D*1.2~2.2	kg	7.13	0.900	0.900	0.900	0.900	1.000	1.000

工作内容：敷设穿放电缆、制作缆接头。

编号				12-012	12-013	12-014	12-015
项目名称				管内穿同轴电缆		线槽配同轴电缆	
				SYV-75-5	SYV-75-9	SYV-75-5	SYV-75-9
单位				100m			
总价(元)				**271.90**	**323.20**	**200.35**	**255.70**
其中	人工费(元)			248.40	299.70	176.85	232.20
	材料费(元)			23.50	23.50	23.50	23.50
名称		单位	单价(元)	消耗量			
人工	综合工日	工日	135.00	1.840	2.220	1.310	1.720
材料	同轴电缆	m	—	(105.060)	(105.060)	(105.600)	(105.600)
	镀锌钢丝 *D*1.2~2.2	kg	7.13	1.500	1.500	1.500	1.500
	塑料护口	个	0.32	40.000	40.000	40.000	40.000

工作内容：1. 室内分线箱：安装、箱体接地。2. 电话出线口：接焊终端头、面板安装、固定。

编　号				12-016	12-017	12-018	12-019
项目名称				室内分线箱		电话出线口	
				明装	暗装	单孔	双孔
单　位				台		10个	
总价（元）				**59.83**	**71.08**	**58.08**	**58.08**
其中	人工费（元）			54.00	67.50	54.00	54.00
	材料费（元）			4.99	2.74	4.08	4.08
	机械费（元）			0.84	0.84	—	—
名　称		单位	单价（元）	消　耗　量			
人工	综合工日	工日	135.00	0.400	0.500	0.400	0.400
材料	电话接线箱	台	—	（1.010）	（1.010）	—	—
	电话出线口	个	—	—	—	（10.200）	（10.200）
	镀锌精制六角带帽螺栓	10套	2.00	—	—	2.040	2.040
	膨胀螺栓 M8	套	0.55	4.080	—	—	—
	塑料护口	个	0.32	6.060	6.060	—	—
	棉纱	kg	16.11	0.050	0.050	—	—
机械	中小型机械费	元	—	0.84	0.84	—	—

第二节　楼宇安全防范系统

工作内容：开箱检查、设备初验、组装、调整、检查接线、划线定位、系统调试。

编　号				12-020	12-021	12-022	12-023	12-024
项目名称				对讲分机	密码键盘	读卡器		可视门镜
						不带键盘	带键盘	
单　位				套				台
总价（元）				**107.86**	**161.05**	**202.23**	**269.19**	**303.40**
其中	人工费（元）			105.84	159.03	200.21	267.17	301.59
	材料费（元）			2.02	2.02	2.02	2.02	1.81
名　称		单位	单价（元）	消　耗　量				
人工	综合工日	工日	135.00	0.784	1.178	1.483	1.979	2.234
材料	控制设备	套	—	（1.000）	（1.000）	—	—	（1.000）
	读卡机	台	—	—	—	（1.000）	（1.000）	—
	焊锡丝	kg	60.79	0.010	0.010	0.010	0.010	0.020
	酒精	kg	6.06	0.020	0.020	0.020	0.020	0.050
	脱脂棉	kg	28.74	0.020	0.020	0.020	0.020	0.010
	镀锌机螺钉 M4	套	0.17	4.220	4.220	4.220	4.220	—

工作内容: 开箱检查、设备初验、组装、调整、检查接线、划线定位、系统调试。

编　号				12-025	12-026	12-027
项目名称				自动闭门器	可视对讲主机	控制器
单　位				台		
总价(元)				**188.11**	**609.41**	**602.09**
其中	人工费(元)			181.85	598.73	597.65
	材料费(元)			6.26	10.68	4.44
名　称		单位	单价(元)	消　耗　量		
人工	综合工日	工日	135.00	1.347	4.435	4.427
材料	控制设备	套	—	(1.000)	(1.000)	(1.000)
	酒精	kg	6.06	—	0.020	0.020
	脱脂棉	kg	28.74	—	0.020	0.020
	焊锡丝	kg	60.79	0.010	0.020	0.020
	镀锌六角螺栓 M4×40	套	0.12	4.080	4.080	4.080
	镀锌六角螺栓 M8×25	套	0.50	4.080	4.080	4.080
	膨胀螺栓 M10	套	1.53	2.040	4.080	—

工作内容：开箱检查、设备初验、组装、调整、检查接线、划线定位、系统调试。

编号				12-028	12-029
项目名称				电控锁	电磁吸力锁
单位				台	
总价（元）				**242.49**	**404.25**
其中	人工费（元）			241.25	397.85
	材料费（元）			1.24	6.40
名称		单位	单价（元）	消耗量	
人工	综合工日	工日	135.00	1.787	2.947
材料	控制设备	套	—	（1.000）	（1.000）
	酒精	kg	6.06	0.010	0.010
	脱脂棉	kg	28.74	0.020	0.020
	焊锡丝	kg	60.79	0.010	0.010
	镀锌六角螺栓 M8×25	套	0.50	—	4.080
	膨胀螺栓 M10	套	1.53	—	2.040

工作内容：开箱检查、设备组装、检查基础、安装设备、调试设备、试运行。

编号				12-030	12-031	12-032
项目名称				摄像设备安装		
				红外光源 CCD	黑色 CCD（含半球）	彩色 CCD（含半球）
单位				台		
总价（元）				**137.22**	**111.03**	**135.19**
其中	人工费（元）			135.41	109.22	133.38
	材料费（元）			1.81	1.81	1.81
名称		单位	单价（元）	消耗量		
人工	综合工日	工日	135.00	1.003	0.809	0.988
材料	设备	台	—	（1.000）	（1.000）	（1.000）
	酒精	kg	6.06	0.050	0.050	0.050
	焊锡丝	kg	60.79	0.020	0.020	0.020
	脱脂棉	kg	28.74	0.010	0.010	0.010

工作内容: 开箱检查、设备初验、安装设备、找正调整、试运行。

编号					12-033	12-034
项目名称					彩色监视器安装(cm)	
					≤56	>56
单位					台	
总价(元)					**88.28**	**95.57**
其中	人工费(元)				87.08	94.37
	材料费(元)				1.20	1.20
名称			单位	单价(元)	消耗量	
人工	综合工日		工日	135.00	0.645	0.699
材料	设备		台	—	(1.000)	(1.000)
	焊锡丝		kg	60.79	0.010	0.010
	酒精		kg	6.06	0.050	0.050
	脱脂棉		kg	28.74	0.010	0.010

工作内容：开箱检查、设备初验、基础清理、打孔安装、找正调整、接线、试运行。

编号				12-035	12-036	12-037	12-038	12-039
项目名称				云台安装			防护罩安装	
				电动云台≤ 8kg	电动云台≤ 25kg	手动云台	普通防护罩	密封防护罩
单位				台				
总价（元）				**220.57**	**281.04**	**153.34**	**42.88**	**83.38**
其中	人工费（元）			217.76	273.24	150.53	40.64	81.14
	材料费（元）			2.81	7.80	2.81	2.24	2.24
名称		单位	单价（元）	消耗量				
人工	综合工日	工日	135.00	1.613	2.024	1.115	0.301	0.601
材料	设备	台	—	（1.000）	（1.000）	（1.000）	（1.000）	（1.000）
	膨胀螺栓 M8	套	0.55	5.100	—	5.100	4.080	4.080
	膨胀螺栓 M10	套	1.53	—	5.100	—	—	—

工作内容：开箱检查、设备初验、基础清理、打孔安装、找正调整、接线、试运行。

编号				12-040	12-041
项目名称				摄像机支架安装	
				避式摄像机支架	悬挂式摄像机支架
单位				台	
总价（元）				**21.92**	**208.62**
其中	人工费（元）			13.64	200.34
	材料费（元）			8.28	8.28
名称		单位	单价（元）	消耗量	
人工	综合工日	工日	135.00	0.101	1.484
材料	设备、器件	台	—	（1.000）	（1.000）
	镀锌六角螺栓 M8×25	套	0.50	4.080	4.080
	膨胀螺栓 M10	套	1.53	4.080	4.080

工作内容：开箱检查、设备初验、检查基础、找正调整、调试设备、试运行。

编号				12-042	12-043
项目名称				交流稳压电源	
				≤ 5kV·A	>5kV·A
单位				台	
总价（元）				**207.84**	**338.52**
其中	人工费（元）			195.62	326.30
	材料费（元）			12.22	12.22
名称		单位	单价（元）	消耗量	
人工	综合工日	工日	135.00	1.449	2.417
材料	设备	台	—	（1.000）	（1.000）
	焊锡丝	kg	60.79	0.010	0.010
	焊片 4	个	1.12	10.000	10.000
	酒精	kg	6.06	0.020	0.020
	脱脂棉	kg	28.74	0.010	0.010

工作内容：开箱检查、设备初验、检查基础、找正调整、调试设备、试运行。

编号				12-044
项目名称				UPS 不间断电源
单位				套
总价（元）				**206.49**
其中	人工费（元）			194.27
	材料费（元）			12.22
名称		单位	单价（元）	消耗量
人工	综合工日	工日	135.00	1.439
材料	设备	台	—	（1.000）
	焊锡丝	kg	60.79	0.010
	酒精	kg	6.06	0.020
	脱脂棉	kg	28.74	0.010
	焊片 4	个	1.12	10.000

工作内容: 开箱检查、设备初验、检查基础、打孔安装、找正调整、调试设备、试运行。

编号				12-045	12-046	12-047
项目名称				录像、记录设备安装		
				录像机不带编辑机	录像机带编辑机	多画面分割器
单位				台		
总价(元)				**91.53**	**196.16**	**155.52**
其中	人工费(元)			91.53	196.16	155.52
	材料费(元)			—	—	—
名称		单位	单价(元)	消耗量		
人工	综合工日	工日	135.00	0.678	1.453	1.152
材料	设备	台	—	(1.000)	(1.000)	(1.000)

工作内容：开箱检查、设备初验、定位安装、调试、试运行。

编号				12-048
项目名称				显示终端安装
单位				台
总价（元）				**909.50**
其中	人工费（元）			894.51
	材料费（元）			14.99
名称		单位	单价（元）	消耗量
人工	综合工日	工日	135.00	6.626
材料	设备	台	—	（1.000）
	焊锡丝	kg	60.79	0.220
	洗涤剂	kg	4.80	0.070
	白绸	m^2	4.18	0.220
	塑料胶粘带 20mm×50m	卷	3.03	0.120

工作内容:工作准备、指标测试、功能测试、联调测试、系统试验运行、验交。

编　号				12-049	12-050	12-051	12-052	12-053
项目名称				安全防范系统调试(点)				
				20 以内	40 以内	72 以内	144 以内	288 以内
单　位				系统				
总价(元)				**1270.96**	**2415.55**	**4228.32**	**8347.42**	**16538.65**
其中	人工费(元)			1259.15	2391.93	4181.09	8252.96	16349.72
	材料费(元)			11.81	23.62	47.23	94.46	188.93
名　称		单位	单价(元)	消　耗　量				
人工	综合工日	工日	135.00	9.327	17.718	30.971	61.133	121.109
材料	酒精	kg	6.06	1.000	2.000	4.000	8.000	16.000
	脱脂棉	kg	28.74	0.200	0.400	0.800	1.600	3.200

第三节　有线电视及广播系统

工作内容：1. 天线杆基础制作与安装、天线杆安装：本体安装、单体调试。2. 电视前端设备箱：开箱清理、组装机柜、安装就位、装接电源、安装地线、通电检查。

编　号				12–054	12–055	12–056
项目名称				天线杆基础制作、安装	天线杆安装	电视前端设备箱
单　位				套		台
总价（元）				**603.81**	**1230.08**	**300.65**
其中	人工费（元）			537.30	934.20	290.25
	材料费（元）			44.63	277.17	8.08
	机械费（元）			21.88	18.71	2.32
名　称		单位	单价（元）	消　耗　量		
人工	综合工日	工日	135.00	3.980	6.920	2.150
材料	设备箱体	台	—	—	—	（1.010）
	镀锌钢管 *DN*25	m	12.56	—	0.770	—
	镀锌钢管 *DN*40	m	22.98	—	2.830	—
	镀锌钢管 *DN*50	m	24.59	—	2.580	—
	精制六角带帽螺栓 M12×（65~80）	10套	12.50	—	0.408	—

续前

编号				12-054	12-055	12-056
项目名称				天线杆基础制作、安装	天线杆安装	电视前端设备箱
单位				套		台
名称		单位	单价（元）	消耗量		
材料	普通钢板 0~3 号 δ4.5~7.0	kg	3.84	7.230	—	—
	地脚螺栓 M25×250	套	9.40	—	4.080	—
	圆钢 *D*8~14	kg	3.91	2.500	3.900	0.270
	扁钢卡子 25×4	kg	6.58	—	0.760	—
	镀锌钢绞线 *D*6	kg	6.31	—	4.320	—
	钢线卡子 *D*6	个	2.92	—	12.360	—
	心形环	个	2.29	—	3.090	—
	镀锌精制六角带帽螺栓	10 套	2.00	—	0.306	—
	电焊条 E4303 *D*3.2	kg	7.59	0.934	0.564	0.088
	粗砂	t	86.14	—	—	0.064
	水泥	kg	0.39	—	—	2.170
机械	中小型机械费	元	—	21.88	18.71	2.32

工作内容：开箱检验、清理端口、安装固定、连接调试。

编号				12-057	12-058	12-059	12-060	12-061
项目名称				共用天线配套设备				
				天线放大器	电源盒	衰减均衡器	二分配器	四分配器
单位				个				
总价（元）				**52.05**	**170.10**	**29.24**	**25.95**	**33.03**
其中	人工费（元）			51.44	170.10	28.49	25.11	31.73
	材料费（元）			0.61	—	0.75	0.84	1.30
名称		单位	单价（元）	消耗量				
人工	综合工日	工日	135.00	0.381	1.260	0.211	0.186	0.235
材料	共用天线配套盒	个	—	（1.010）	（1.010）	（1.010）	（1.010）	（1.010）
	塑料嘴	个	0.22	2.100	—	2.100	3.150	5.250
	木螺钉 M4×（26~32）	个	0.07	2.080	—	4.160	2.080	2.080

工作内容: 开箱检验、清理端口、安装固定、连接调试。

编　　号				12-062	12-063	12-064	12-065
项目名称				二分支器	四分支器	混合器	用户终端盒
单　　位				个			
总价(元)				**29.54**	**35.94**	**53.08**	**32.32**
其中	人工费(元)			28.49	35.10	51.44	31.32
	材料费(元)			1.05	0.84	1.64	1.00
名　　称		单位	单价(元)	消　耗　量			
人工	综合工日	工日	135.00	0.211	0.260	0.381	0.232
材料	共用天线配套盒	个	—	(1.010)	(1.010)	(1.010)	(1.010)
	自攻螺钉 M4×30	个	0.06	2.080	6.240	4.160	—
	塑料嘴	个	0.22	4.200	2.100	6.300	—
	镀锌半圆头螺钉 M4×75	套	0.48	—	—	—	2.080

工作内容：开箱检查、安装固定、接线。

编号				12-066	12-067	12-068	12-069
项目名称				广播分线箱	扬声器箱（mm）		扬声器安装
					300×250 以内	450×350 以内	
单位				台	个		只
总价（元）				**85.39**	**86.34**	**94.44**	**16.84**
其中	人工费（元）			85.05	85.05	93.15	16.20
	材料费（元）			0.34	1.29	1.29	0.64
名称		单位	单价（元）	消耗量			
人工	综合工日	工日	135.00	0.630	0.630	0.690	0.120
材料	扬声器	个	—	—	—	—	（1.010）
	成品箱	个	—	（1.010）	（1.010）	（1.010）	—
	瓷接头	个	0.96	—	1.040	1.040	—
	木螺钉 M20~25	个	0.07	—	4.220	4.220	4.220
	木螺钉 M40	个	0.08	4.220	—	—	—
	塑料软线 RVS2×0.5	m	1.10	—	—	—	0.310

第十三章　电气附属工程

说　明

一、本章包括电气附属工程 1 节，共 49 条基价子目，不适用于大面积的土建修补工程。

二、工程计价时应注意的问题。

1. 本章楼板打透眼按无吊顶考虑，如有吊顶人工费乘以系数 1.2。

2. 各项工程均包括现场内领退材料、全部水平运距及完工清理等。

工程量计算规则

一、开槽依据墙质、管径，按长度以“m”为单位计算。

二、打眼依据墙、楼板厚度、孔径，按数量以“个”为单位计算。

三、剔洞依据墙洞尺寸，按数量以“个”为单位计算。

四、支架制作、安装以“100kg”为单位计算。

五、埋木砖、植注燕尾螺栓、预埋吊钩，按数量以“个”为单位计算。

电气附属工程

工作内容：定位、剔槽、清理渣土等。

编号				13-001	13-002	13-003	13-004
项目名称				剔砖槽			
				管径（mm）			
				20 以内	40 以内	50 以内	75 以内
单位				m			
总价（元）				**14.18**	**16.88**	**21.87**	**24.30**
其中	人工费（元）			14.18	16.88	21.87	24.30
	材料费（元）			—	—	—	—
名称		单位	单价（元）	消耗量			
人工	综合工日	工日	135.00	0.105	0.125	0.162	0.180

工作内容：定位、剔槽、清理渣土等。

编　号				13-005	13-006	13-007	13-008
项目名称				剔混凝土槽			
				管径(mm)			
				20以内	40以内	50以内	75以内
单　位				m			
总价(元)				**40.50**	**64.80**	**113.40**	**162.00**
其中	人工费(元)			40.50	64.80	113.40	162.00
	材料费(元)			—	—	—	—
名　称		单位	单价(元)	消　耗　量			
人工	综合工日	工日	135.00	0.300	0.480	0.840	1.200

工作内容：定位、打眼、清理渣土等。

编　　号				13-009	13-010	13-011	13-012	13-013	13-014	13-015
项目名称				剔墙眼						
				半砖	一砖	一砖半	二砖	二砖半	木板、板条墙	轻质墙
单　　位				个						
总价（元）				**14.85**	**24.03**	**33.75**	**56.16**	**73.04**	**7.43**	**12.29**
其中	人工费（元）			14.85	24.03	33.75	56.16	73.04	7.43	12.29
	材料费（元）			—	—	—	—	—	—	—
名　　称		单位	单价（元）	消　耗　量						
人工	综合工日	工日	135.00	0.110	0.178	0.250	0.416	0.541	0.055	0.091

工作内容：定位、打眼、清理渣土等。

编号					13-016	13-017	13-018	13-019
项目名称					混凝土墙打透眼（厚 100mm 以内）			
					透眼直径（mm）			
					25 以内	50 以内	120 以内	200 以内
单位					个			
总价（元）					**19.58**	**24.17**	**28.35**	**32.40**
其中	人工费（元）				19.58	24.17	28.35	32.40
	材料费（元）				—	—	—	—
名称		单位	单价（元）		消耗量			
人工	综合工日	工日	135.00		0.145	0.179	0.210	0.240

工作内容：定位、打眼、清理渣土等。

编　　号				13-020	13-021	13-022	13-023
项目名称				混凝土墙打透眼（厚 150mm 以内）			
				透眼直径（mm）			
				25 以内	50 以内	120 以内	200 以内
单　　位				个			
总价（元）				**37.80**	**38.88**	**48.60**	**64.80**
其中	人工费（元）			37.80	38.88	48.60	64.80
	材料费（元）			—	—	—	—
名　　称		单位	单价（元）	消　耗　量			
人工	综合工日	工日	135.00	0.280	0.288	0.360	0.480

工作内容：定位、打眼、清理渣土等。

编号				13-024	13-025	13-026
项目名称				现浇混凝土楼板打透眼（厚 100mm 以内）		
				透眼直径（mm）		
				25 以内	50 以内	120 以内
单位				个		
总价（元）				**14.58**	**20.52**	**23.63**
其中	人工费（元）			14.58	20.52	23.63
	材料费（元）			—	—	—
名称		单位	单价（元）	消耗量		
人工	综合工日	工日	135.00	0.108	0.152	0.175

工作内容：定位、打眼、清理渣土等。

编　　号				13-027	13-028	13-029	13-030	13-031	13-032
项目名称				现浇混凝土楼板打透眼（厚 150mm 以内）				木楼板打透眼	
				透眼直径（mm）					
				25 以内	50 以内	120 以内	200 以内	50 以内	150 以内
单　　位				个					
总价（元）				**26.46**	**32.40**	**38.34**	**52.65**	**12.29**	**14.58**
其中	人工费（元）			26.46	32.40	38.34	52.65	12.29	14.58
	材料费（元）			—	—	—	—	—	—
名　　称		单位	单价（元）	消　耗　量					
人工	综合工日	工日	135.00	0.196	0.240	0.284	0.390	0.091	0.108

工作内容：定位、剔凿墙洞、清理渣土等。

编　号				13-033	13-034	13-035	13-036	13-037
项目名称				砖墙剔洞				
				高 × 宽 × 深（mm）				
				300 × 400 × 240 以内	400 × 600 × 240 以内	600 × 800 × 240 以内	60 × 100 × 100 以内	100 × 100 × 100 以内
单　位				个				
总价（元）				**66.15**	**101.93**	**152.55**	**9.72**	**12.96**
其中	人工费（元）			66.15	101.93	152.55	9.72	12.96
	材料费（元）			—	—	—	—	—
名　称		单位	单价（元）	消　耗　量				
人工	综合工日	工日	135.00	0.490	0.755	1.130	0.072	0.096

工作内容：平直、划线、断料、摵弯、组对、焊接等。

编号				13-038	13-039	13-040	13-041
项目名称				支架制作			
				螺栓抱箍式	螺栓固定式		
					5kg	20kg	40kg
单位				100kg			
总价（元）				**2020.28**	**1019.10**	**493.86**	**349.70**
其中	人工费（元）			1712.34	964.71	464.40	326.03
	材料费（元）			183.82	—	—	—
	机械费（元）			124.12	54.39	29.46	23.67
名称		单位	单价（元）	消耗量			
人工	综合工日	工日	135.00	12.684	7.146	3.440	2.415
材料	型钢	kg	—	（106.000）	（106.000）	（106.000）	（106.000）
	镀锌六角螺栓 M10×（14~75）	套	0.91	202.000	—	—	—
机械	中小型机械费	元	—	124.12	54.39	29.46	23.67

工作内容：测位、打孔、埋设螺栓、紧固、补刷油漆等。

编号				13-042	13-043	13-044	13-045
项目名称				支架安装			
				螺栓抱箍式	螺栓固定式		
					5kg	20kg	40kg
单位				100kg			
总价（元）				**652.51**	**954.57**	**493.37**	**360.85**
其中	人工费（元）			621.00	815.00	427.68	316.44
	材料费（元）			—	82.82	35.50	18.93
	机械费（元）			31.51	56.75	30.19	25.48
名称		单位	单价（元）	消耗量			
人工	综合工日	工日	135.00	4.600	6.037	3.168	2.344
材料	膨胀螺栓	套	1.16	—	71.400	30.600	16.320
机械	中小型机械费	元	—	31.51	56.75	30.19	25.48

工作内容：测位，剔孔，植注螺栓，制作、安装吊钩，下木砖等。

编号				13-046	13-047	13-048	13-049
项目名称				现浇混凝土预埋木砖	植注燕尾螺栓		预埋吊钩
					M9	M16	$D20$
单位				个			
总价（元）				**9.72**	**31.15**	**57.44**	**9.05**
其中	人工费（元）			9.72	6.48	8.10	9.05
	材料费（元）			—	24.67	49.34	—
名称		单位	单价（元）	消耗量			
人工	综合工日	工日	135.00	0.072	0.048	0.060	0.067
材料	水泥 32.5 级	kg	0.36	—	0.100	0.200	—
	粗砂	t	86.14	—	0.286	0.572	—

第十四章　措 施 项 目

说　明

本章包括安全文明施工措施费（含环境保护、文明施工、安全施工、临时设施），冬雨季施工增加费，非夜间施工照明费，竣工验收存档资料编制费，施工难度增加措施费，在有害身体健康环境中施工降效增加费，施工用水电接通及拆除费等7项。

一、安全文明施工措施费（含环境保护、文明施工、安全施工、临时设施）是指现场文明施工、安全施工所需要的各项费用和为达到环保部门要求所需要的环境保护费用，以及施工企业为进行建筑安装工程施工所必须搭设的生活和生产用的临时建筑物、构筑物和其他临时设施等的费用。

二、冬雨季施工增加费是指在冬期或雨期施工需增加的临时设施，防滑、排除雨雪，人工及施工机械效率降低等费用。

三、非夜间施工照明费是指为保证工程施工正常进行，在地下室等特殊施工部位施工时所采用的照明设备的安拆、维护、摊销、照明用电及人工降效等费用。

四、竣工验收存档资料编制费是指按城建档案管理规定，在竣工验收后应提交的档案资料所发生的编制费用。

五、施工难度增加措施费指由于生产车间，居民居住、营业性用房（商场、旅店、医院等）不停产、不停业、不搬迁，进行施工所引起的人工效率降低而发生的费用。

六、在有害身体健康的环境中施工降效增加费用是指在民法通则有关规定允许的前提下，房屋修缮工程由于车间装置范围内有害气体或高分贝的噪声超过国家标准以致影响身体健康而降效的增加费用，不包括劳保条例规定应享受的工种保健费。

七、施工用水电接通及拆除费是指施工现场用水、用电的临时管线及施工现场以外接通和拆除临时水源、电源所消耗的人工、材料、仪表、申报等费用。

计 算 规 则

一、安全文明施工措施费（含环境保护、文明施工、安全施工、临时设施）是按综合维修考虑的，以分部分项工程费中的人工费、材料费、机械费合计为基数乘以相应费率计算。本项费用中人工费占16%。

二、冬雨季施工增加费、非夜间施工照明费、竣工验收存档资料编制费以分部分项工程费及可计量的措施项目费中的人工费、机械费合计为基数乘以相应费率计算。费率详见措施项目费率表。

措施项目费率表

序号	项目名称	取费基数	费率		人工费占比
			一般计税	简易计税	
1	安全文明施工费	分部分项工程费合计	4.11%	4.10%	16%
2	冬雨季施工增加费	人工费＋机械费（分部分项工程项目＋可计量的措施项目）	1.60%	1.72%	60%
3	非夜间施工照明费		0.13%	0.12%	10%
4	竣工资料存档验收费		0.20%	0.22%	—
5	施工难度增加费	人工费（分部分项工程项目＋可计量的措施项目）	3.49%	3.49%	100%
6	在有害身体健康的环境中施工降效增加费		10.00%	10.00%	100%

三、施工难度增加措施费以分部分项工程费及可计量的措施项目费中的人工费的 3.49% 计取，全部为人工费。

四、在有害身体健康的环境中施工降效增加费按分部分项工程费中人工费的 10% 计取，全部为人工费。

五、施工用水、用电接通及拆除费应按实际发生计取，其人工单价拆除用工每工日 113 元，其他用工每工日 135 元。

附　　录

附录一　企业管理费、规费、利润和税金

一、企业管理费。

企业管理费是指施工企业组织施工生产和经营管理所需费用。包括：

1. 管理人员工资：指按工资总额构成规定，支付给管理人员和后勤人员的各项费用。

2. 办公费：指企业管理办公用的文具、纸张、账表、印刷、邮电、书报、办公软件、现场监控、会议、水电、烧水和集体取暖降温（包括现场临时宿舍取暖降温）、建筑工人实名制管理等费用。

3. 差旅交通费：指职工因公出差、调动工作的差旅费、住勤补助费，市内交通费和误餐补助费，职工探亲路费，劳动力招募费，职工退休、退职一次性路费，工伤人员就医路费，工地转移费以及管理部门使用的交通工具的油料、燃料及牌照费。

4. 固定资产使用费：指管理和试验部门及附属生产单位使用的属于固定资产的房屋、设备、仪器等的折旧、大修、维修或租赁费。

5. 工具用具使用费：指企业施工生产和管理使用的不属于固定资产的工具、器具、家具、交通工具和检验、试验、测绘、消防用具等的购置、维修和摊销费。

6. 劳动保险和职工福利费：指由企业支付的职工退职金、按规定支付给离休干部的经费，集体福利费、夏季防暑降温、冬季取暖补贴、上下班交通补贴等。

7. 劳动保护费：企业按规定发放的劳动保护用品的支出。如工作服、手套、防暑降温饮料以及在有碍身体健康的环境中施工的保健费用等。

8. 检验试验费：指施工企业按照有关标准规定，对建筑以及材料、构件和建筑安装物进行一般鉴定、检查所发生的费用，包括自设实验室进行试验所耗用的材料等费用。不包括新结构、新材料的试验费，对构件做破坏性试验及其他特殊要求检验试验的费用和建设单位委托检测机构进行检测的费用，对此类检测发生的费用，由建设单位在工程建设其他费用中列支。但对施工企业提供的具有合格证明的材料进行检测不合格的，该检测费用由施工企业支付。

9. 工会经费：指企业按《中华人民共和国工会法》规定的全部职工工资总额比例计提的工会经费。

10. 职工教育经费：指按职工工资总额的规定比例计提，企业为职工进行专业技术和职业技能培训，专业技术人员继续教育、职工职业技能鉴定、职业资格认定、安全教育培训以及根据需要对职工进行各类文化教育所发生的费用。

11. 财产保险费：指施工管理用财产、车辆等的保险费用。

12. 财务费：指企业为施工生产筹集资金或提供预付款担保、履约担保、职工工资支付担保等所发生的各种费用。

13. 税金：指企业按规定缴纳的城市维护建设税、教育附加、地方教育附加、房产税、车船使用税、土地使用税、印花税等。

14. 其他：包括技术转让费、技术开发费、工程定位复测费、投标费、业务招待费、绿化费、广告费、公证费、法律顾问费、审计费、咨询费、保险费等。

企业管理费以分部分项工程费及可计量措施项目费中人工费和机械费合计乘以相应费率计算，其中人工费、机械费为基期价格。企业管理费费率见下表。

企业管理费费率表

项目名称	计算基数	费率	
		一般计税	简易计税
管理费	基期人工费 + 基期机械费 (分部分项工程项目 + 可计量的措施项目)	23.25%	23.86%

二、规费。

规费是指按照国家法律、法规规定,有政府和有关部门规定必须缴纳或计取的费用。包括:

1. 社会保险费。

(1)养老保险费:指企业按照规定标准为职工缴纳的基本养老保险费。

(2)失业保险费:指企业按照规定标准为职工缴纳的失业保险费。

(3)医疗保险费:指企业按照规定标准为职工缴纳的基本医疗保险费。

(4)工伤保险费:指企业按照规定标准为职工缴纳的工伤保险费。

(5)生育保险费:指企业按照规定标准为职工缴纳的生育保险费。

2. 住房公积金:指企业按规定标准为职工缴纳的住房公积金。

规费 = 人工费合计 × 37.64%

三、利润。

利润是指施工企业完成所承包工程获得的盈利。

利润 = 人工费合计 × 27%

其中,施工装备费率(取费基数与利润相同)按 6% 计算。

四、税金。

税金是指国家税法规定的应计入安装工程造价内的增值税销项税额。税金按税前总价乘以相应税率或征收率计算。税率或征收率见下表。

税率或征收率表

项目名称	计算基数	税率或征收率	
		一般计税	简易计税
增值税销项税额	税前工程造价	9.00%	3.00%

五、企业管理费和规费的各项费用组成的划分比例如下，供施工企业内部核算参考。

1. 企业管理费（见下表）。

企业管理费的各项费用组成及比例划分表

序号	项目	比例	序号	项目	比例
1	管理人员工资	24.74%	9	工会经费	9.88%
2	办公费	10.78%	10	职工教育经费	10.88%
3	差旅交通费	2.95%	11	财产保险费	0.38%
4	固定资产使用费	4.26%	12	财务费	8.85%
5	工具用具使用费	0.88%	13	税金	8.52%
6	劳动保险和职工福利费	10.10%	14	其他	4.34%
7	劳动保护费	2.16%			
8	检验试验费	1.28%		合计	100.00%

2. 规费（见下表）。

规费的各项费用组成比例划分表

序号	项目		比例
1	社会保险费	养老保险	40.92%
		失业保险	1.28%
		医疗保险	25.58%
		工伤保险	2.81%
		生育保险	1.28%
2	住房公积金		28.13%
	合计		100.00%

附录二　工程价格计算程序

一、安装工程施工图预算计算程序。

安装工程施工图预算应按下表计算各项费用。

安装工程施工图预算计算程序表

序号	费用项目名称	计算方法
1	分部分项工程费合计	Σ（工程量 × 编制期预算基价）
2	其中：人工费	Σ（工程量 × 编制期预算基价中人工费）
3	措施项目费合计	Σ措施项目计价
4	其中：人工费	Σ措施项目计价中人工费
5	小计	（1）+（3）
6	其中：人工费小计	（2）+（4）
7	企业管理费	（基期人工费 + 基期机械费）× 管理费费率
8	规费	（6）× 37.64%
9	利润	（6）× 相应利润率
10	其中：施工装备费	（6）× 相应施工装备费费率
11	税金	[（5）+（7）+（8）+（9）] × 税率或征收率
12	含税造价	（5）+（7）+（8）+（9）+（11）

注：基期人工费 = Σ（工程量 × 基期预算基价中人工费）。

　　基期机械费 = Σ（工程量 × 基期预算基价中机械费）。

二、建筑安装工程费用组成（见下图）。

- 建筑安装工程费
  - 人工费
    - 1. 计时工资或计件工资
    - 2. 奖金
    - 3. 津贴、补贴
    - 4. 加班加点工资
    - 5. 特殊情况下支付的工资
    - 6. 生产工具用具使用费
  - 材料费
    - 1. 材料原价
    - 2. 运杂费
    - 3. 运输损耗费
    - 4. 采购及保管费
  - 施工机具使用费
    - 1. 施工机械费使用费
      - ①折旧费
      - ②大修理费
      - ③维护费
      - ④安拆费及场外运费
      - ⑤人工费
      - ⑥燃料动力费
      - ⑦税费
    - 2. 仪器仪表使用费
  - 企业管理费
    - 1. 管理人员工资
    - 2. 办公费
    - 3. 差旅交通费
    - 4. 固定资产使用费
    - 5. 工具用具使用费
    - 6. 劳动保险和职工福利费
    - 7. 劳动保护费
    - 8. 检验试验费
    - 9. 工会经费
    - 10. 职工教育经费
    - 11. 财产保险费
    - 12. 财务费
    - 13. 税金
    - 14. 其他
  - 利润
  - 规费
    - 1. 社会保险费
      - ①养老保险费
      - ②失业保险费
      - ③医疗保险费
      - ④工伤保险费
      - ⑤生育保险费
    - 2. 住房公积金
  - 税金（增值税销项税额）

建筑安装工程费用项目组成图

附录三　材料价格

说　明

一、本附录的材料价格为不含税价格，是确定预算基价子目中材料费的基期价格。在编制工程计价文件时，应按编制期价格重新确定材料价格。

二、材料价格由材料采购价、运杂费、运输损耗费和采购及保管费组成。计算公式如下：

采购价为供应地点交货价格：

材料价格 =（采购价 + 运费）×（1+ 运输损耗率）×（1+ 采购及保管费费率）

采购价为施工现场交货价格：

材料价格 = 采购价 ×（1+ 采购及保管费费率）

三、运杂费指供货地点运至工地仓库（或现场指定堆放地点）所发生的全部费用。运输损耗指材料在运输装卸过程中不可避免的损耗，材料损耗率见下表。

材料损耗率表

材料类别	损耗率
页岩标砖、空心砖、砂、水泥、陶粒、耐火土、水泥地面砖、白瓷砖、卫生洁具、玻璃灯罩	1.0%
机制瓦、脊瓦、水泥瓦	3.0%
石棉瓦、石子、黄土、耐火砖、玻璃、色石子、大理石板、水磨石板、混凝土管、缸瓦管	0.5%
砌块、白灰	1.5%

注：表中未列的材料类别，不计损耗。

四、采购及保管费是指为组织采购、供应和保管材料、工程设备的过程中所需要的各项费用。采购及保管费费率按 0.42% 计取。

五、附录中材料价格是编制期内天津市建筑材料市场综合取定的施工现场交货价格，并考虑了采购及保管费。

六、采用简易计税方法计取增值税时，材料的含税价格按照税务部门有关规定计算，以“元”为单位的材料价格按系数 1.1086 调整。

材料价格表

序号	名称	规格	单位	单价（元）	附注
1	水泥	32.5 级	kg	0.36	
2	水泥		kg	0.39	
3	碎石	0.5~3.2	t	82.73	
4	粗砂		t	86.14	
5	混凝土保护板	300 × 150 × 30	块	1.99	
6	混凝土保护板	300 × 250 × 30	块	3.10	
7	石棉橡胶板	δ1.5	m^2	31.89	
8	石棉水泥板	δ10	m^2	31.15	
9	石棉布	δ3	m^2	57.20	
10	木板		m^3	1672.03	
11	木板	170 × 85 × 20	块	0.56	
12	脚手杆	*D*100 × 6000	根	135.61	
13	胶木板	δ20	kg	10.37	
14	铁件	（综合）	kg	9.49	
15	垫铁		kg	8.61	
16	钢垫板	（综合）	kg	6.72	
17	镀锌垫圈	M2~12	10 个	0.90	
18	镀锌垫圈	M14~20	10 个	1.70	
19	钢丝绳	*D*4.5	m	0.70	
20	圆钢	*D*5.5~9.0	kg	3.90	
21	圆钢	*D*8~14	kg	3.91	

材料价格表（续表）

序号	名称	规格	单位	单价（元）	附注
22	圆钢	$D10$	kg	3.92	
23	圆钢	$D10$~14	kg	3.93	
24	圆钢	$D15$~24	kg	3.89	
25	镀锌圆钢	$D5.5$~9.0	kg	4.74	
26	镀锌圆钢	$D10$~14	kg	4.80	
27	扁钢	<59×4	kg	4.54	
28	角钢	63mm 以内	kg	3.47	
29	扁钢	60mm 以内	kg	3.67	
30	扁钢	60mm 以外	kg	3.68	
31	镀锌扁钢	50×5×450	根	3.94	
32	镀锌扁钢	40×4×770	根	4.38	
33	镀锌扁钢	40×4	kg	4.51	
34	镀锌扁钢	60×6	kg	4.53	
35	中厚钢板	（综合）	kg	3.71	
36	角钢支架		kg	21.68	
37	热轧薄钢板	$\delta2.6$~3.2	kg	3.72	
38	普通钢板	0~3 号 $\delta4.5$~7.0	kg	3.84	
39	普碳钢板	0~3 号 $\delta1.0$~1.5	kg	3.99	
40	镀锌钢管塑料护口	$DN100$	个	1.03	
41	镀锌钢管塑料护口	$DN15$	个	0.19	
42	镀锌钢管塑料护口	$DN15$~20	个	0.22	

材料价格表（续表）

序号	名称	规格	单位	单价（元）	附注
43	镀锌钢管塑料护口	*DN*25	个	0.39	
44	镀锌钢管塑料护口	*DN*32	个	0.45	
45	镀锌钢管塑料护口	*DN*40	个	0.52	
46	镀锌钢管塑料护口	*DN*50	个	0.57	
47	镀锌钢管塑料护口	*DN*65	个	0.64	
48	镀锌钢管塑料护口	*DN*70	个	0.81	
49	镀锌钢管塑料护口	*DN*80	个	0.87	
50	镀锌钢管卡子	*DN*15	个	1.58	
51	镀锌钢管卡子	*DN*20	个	1.70	
52	镀锌钢管卡子	*DN*25	个	1.83	
53	镀锌钢管卡子	*DN*32	个	2.04	
54	镀锌钢管卡子	*DN*40	个	2.74	
55	镀锌钢管卡子	*DN*50	个	2.97	
56	镀锌钢管卡子	*DN*65	个	3.34	
57	镀锌钢管卡子	*DN*80	个	3.55	
58	镀锌钢管卡子	*DN*100	个	3.66	
59	镀锌钢管卡子	*DN*125	个	5.12	
60	镀锌钢管卡子	*DN*150	个	6.72	
61	镀锌钢管接头	15 × 2.75	个	1.82	
62	镀锌钢管接头	20 × 2.75	个	2.10	
63	镀锌钢管接头	25 × 3.25	个	3.22	

材料价格表（续表）

序号	名称	规格	单位	单价（元）	附注
64	镀锌钢管接头	32 × 3.25	个	4.90	
65	镀锌钢管接头	40 × 3.5	个	6.72	
66	镀锌钢管接头	50 × 3.5	个	10.08	
67	镀锌钢管接头	65 × 3.75	个	18.36	
68	镀锌钢管接头	80 × 4	个	25.57	
69	镀锌钢管接头	100 × 4	个	44.08	
70	镀锌钢管接头	125 × 4.5	个	55.28	
71	镀锌钢管接头	150 × 4.5	个	59.76	
72	镀锌钢管活接头	*DN*25	个	4.71	
73	镀锌钢管活接头	*DN*32	个	6.40	
74	镀锌钢管	*DN*15	m	6.70	
75	镀锌钢管	*DN*20	m	8.60	
76	镀锌钢管	*DN*25	m	12.56	
77	镀锌钢管	*DN*40	m	22.98	
78	镀锌钢管	*DN*50	m	24.59	
79	半圆头螺钉	M10 × 100	套	1.09	
80	半圆头螺钉	M（6~8）×（12~30）	10 套	5.19	
81	半圆头镀锌螺栓	M（2~5）×（15~50）	10 个	2.40	
82	半圆头镀锌螺钉	M5 × 20	套	0.48	
83	直瓷管	*D*（9~15）× 305	个	0.85	
84	直瓷管	*D*（19~25）× 300	个	0.98	

材料价格表（续表）

序号	名称	规格	单位	单价（元）	附注
85	直瓷管	$D32\times305$	个	1.16	
86	瓷夹板	40mm	副	0.09	
87	瓷夹板	50mm	副	0.12	
88	瓷接头	1~3 回路	个	0.96	
89	瓷接头	双	个	0.80	
90	电缆卡子	（综合）	个	0.39	
91	镀锌电缆卡子	2×35	套	0.85	
92	镀锌电缆卡子	3×100	套	2.17	
93	镀锌电缆卡子	3×50	套	1.62	
94	镀锌电缆吊挂	3.0×100	套	0.85	
95	镀锌钢丝	$D0.7$~1.2	kg	7.34	
96	镀锌钢丝	$D1.2$~2.2	kg	7.13	
97	镀锌钢丝	$D2.5$~4.0	kg	6.91	
98	镀锌钢丝	（综合）	kg	7.16	
99	圆木台	150~250	块	4.34	
100	针式绝缘子	PD–1T	个	5.66	
101	针式绝缘子	PD–2T	个	5.66	
102	针式绝缘子	PD–3T	个	2.85	
103	针式绝缘子	大号	个	5.16	
104	自粘性橡胶带	20mm×5m	卷	10.50	
105	硬铜绞线	TJ–（2.5~4.0）mm^2	m	1.33	

材料价格表（续表）

序号	名称	规格	单位	单价（元）	附注
106	硬铜绞线	TJ–6mm^2	kg	54.36	
107	硬塑料管	*DN*70	m	11.09	
108	硬塑料管	*DN*150	m	16.04	
109	橡皮绝缘线	BLX–2.5mm^2	m	0.85	
110	橡皮绝缘导线	16mm^2	m	9.86	
111	铜压接管	16mm^2	个	0.96	
112	铜压接管	35mm^2	个	1.10	
113	铜压接管	50mm^2	个	1.69	
114	铜压接管	70mm^2	个	2.74	
115	铜压接管	120mm^2	个	5.21	
116	铜压接管	240mm^2	个	10.43	
117	铜压接管	400mm^2	个	17.38	
118	铜芯橡皮绝缘电线	BX–2.5mm^2	m	1.56	
119	铜芯橡皮绝缘电线	BX–4mm^2	m	2.17	
120	铜芯塑料绝缘软电线	BVR–2.5mm^2	m	1.95	
121	铜芯塑料绝缘软电线	BVR–4mm^2	m	2.90	
122	铜芯塑料绝缘软电线	BVR–35mm^2	m	23.45	
123	铜芯塑料绝缘电线	BV–2.5mm^2	m	1.61	
124	铜芯塑料绝缘电线	BV–4mm^2	m	2.44	
125	铜芯塑料绝缘电线	BV–25mm^2	m	14.93	
126	铜接线端子	20A	个	10.06	

材料价格表（续表）

序号	名称	规格	单位	单价（元）	附注
127	铜接线端子	DT-2.5	个	1.83	
128	铜接线端子	DT-6	个	5.58	
129	铜接线端子	DT-10	个	9.10	
130	铜接线端子	DT-16	个	10.05	
131	铜接线端子	DT-25	个	11.28	
132	铜接线端子	DT-35	个	13.06	
133	铜接线端子	DT-50	个	15.71	
134	铜接线端子	DT-70	个	20.54	
135	铜接线端子	DT-120	个	33.16	
136	铜接线端子	DT-150	个	41.14	
137	铜接线端子	DT-185	个	50.09	
138	铜接线端子	DT-240	个	61.30	
139	铜接线端子	DT-300	个	66.51	
140	铜接线端子	DT-400	个	79.19	
141	铜接线端子	DT-95	个	26.24	
142	铜压板	5×40	m	107.60	
143	铜铝过渡线夹（并沟）	16~35mm^2	个	12.08	
144	铜铝过渡线夹（并沟）	95mm^2	个	23.93	
145	铜铝过渡线夹（并沟）	150mm^2	个	29.11	
146	铜焊丝	（综合）	kg	66.41	
147	铜焊粉		kg	40.09	

材料价格表（续表）

序号	名称	规格	单位	单价（元）	附注
148	铁绑线	*D*1	m	0.20	
149	铁绑线	*D*1.6	m	0.36	
150	铁绑线	*D*2	m	0.42	
151	塑料胀管	*D*6	个	0.21	
152	塑料胀管	*D*6~8	个	0.31	
153	塑料软管	*De*5	m	0.41	
154	塑料软管	*De*6	m	0.47	
155	塑料软管	*De*8	m	0.60	
156	塑料软管	*De*10	m	0.78	
157	塑料软管	*De*15	m	0.53	
158	塑料软管	*De*25	m	0.78	
159	塑料软管	*De*30	m	1.01	
160	塑料软管	（综合）	kg	15.62	
161	钳接管	JT–35mm^2	个	6.24	
162	钳接管	JT–95mm^2	个	12.82	
163	钳接管	JT–150mm^2	个	19.51	
164	钳接管	QL–35mm^2	个	2.73	
165	钳接管	QL–95mm^2	个	3.79	
166	难燃塑料管弯头	15mm	个	1.38	
167	难燃塑料管弯头	20mm	个	1.98	
168	难燃塑料管弯头	25mm	个	3.37	

材料价格表（续表）

序号	名称	规格	单位	单价（元）	附注
169	难燃塑料管弯头	32mm	个	3.68	
170	难燃塑料管弯头	50mm	个	4.35	
171	难燃塑料管弯头	65mm	个	4.83	
172	难燃塑料管伸缩接头	15mm	个	1.29	
173	难燃塑料管伸缩接头	20mm	个	1.48	
174	难燃塑料管伸缩接头	25mm	个	1.61	
175	难燃塑料管伸缩接头	32mm	个	1.72	
176	难燃塑料管伸缩接头	50mm	个	2.54	
177	难燃塑料管伸缩接头	65mm	个	2.74	
178	难燃塑料管三通	15mm	个	0.90	
179	难燃塑料管三通	20mm	个	1.34	
180	难燃塑料管三通	25mm	个	1.74	
181	难燃塑料管三通	32mm	个	2.22	
182	难燃塑料管三通	50mm	个	3.82	
183	难燃塑料管三通	65mm	个	4.62	
184	难燃塑料管卡子	15mm	个	0.71	
185	难燃塑料管卡子	20mm	个	0.77	
186	难燃塑料管卡子	25mm	个	1.12	
187	难燃塑料管卡子	32mm	个	1.26	
188	难燃塑料管卡子	50mm	个	1.44	
189	难燃塑料管卡子	65mm	个	1.57	

材料价格表(续表)

序号	名称	规格	单位	单价(元)	附注
190	难燃塑料管接头	15mm	个	0.51	
191	难燃塑料管接头	20mm	个	0.58	
192	难燃塑料管接头	25mm	个	0.67	
193	难燃塑料管接头	32mm	个	0.80	
194	难燃塑料管接头	40mm	个	0.94	
195	难燃塑料管接头	50mm	个	1.16	
196	难燃塑料管接头	65mm	个	1.42	
197	膨胀螺栓	M8	套	0.55	
198	膨胀螺栓	M10	套	1.53	
199	膨胀螺栓	M12	套	1.75	
200	膨胀螺栓	M14	套	3.31	
201	膨胀螺栓	M16	套	4.09	
202	铝包带	1 × 10	kg	20.99	
203	铝绑线	*D*2	m	0.27	
204	铝绑线	*D*3.2	m	1.19	
205	铝板		kg	20.81	
206	镀锌电线管塑料护口	*DN*15~20	个	0.23	
207	镀锌电线管塑料护口	*DN*25~32	个	0.36	
208	镀锌电线管塑料护口	*DN*40~50	个	0.42	
209	镀锌电线管卡子	15mm	个	0.81	
210	镀锌电线管卡子	20mm	个	0.87	

材料价格表（续表）

序号	名称	规格	单位	单价（元）	附注
211	镀锌电线管卡子	25mm	个	1.01	
212	镀锌电线管卡子	32mm	个	1.20	
213	镀锌电线管卡子	40mm	个	1.83	
214	镀锌地线夹	15mm	套	0.13	
215	镀锌地线夹	20mm	套	0.18	
216	镀锌地线夹	25mm	套	0.23	
217	镀锌地线夹	32mm	套	0.27	
218	镀锌地线夹	40mm	套	0.37	
219	镀锌地线夹	50mm	套	0.46	
220	镀锌地线夹	65mm	套	0.74	
221	镀锌地线夹	80mm	套	0.91	
222	镀锌地线夹	100mm	套	1.83	
223	镀锌地线夹	125mm	套	2.65	
224	镀锌地线夹	150mm	套	3.38	
225	汽油	60#~70#	kg	6.67	
226	汽油	100#	kg	8.11	
227	汽油	（综合）	kg	7.74	
228	酚醛调和漆		kg	10.70	
229	酚醛防锈漆		kg	17.27	
230	酚醛磁漆		kg	14.23	
231	酚醛层压布板	δ10~20	kg	79.90	

材料价格表（续表）

序号	名称	规格	单位	单价（元）	附注
232	防锈漆	C53-1	kg	13.20	
233	防锈漆		kg	15.51	
234	防水橡胶圈		个	2.07	
235	防水弯头		个	11.09	
236	防水灯头		个	1.05	
237	防火涂料		kg	13.63	
238	防护网		m^2	24.62	
239	防腐油		kg	0.52	
240	凡士林		kg	11.12	
241	端子号牌		个	0.94	
242	金属软管卡子	*DN*15	个	0.32	
243	金属软管卡子	*DN*20	个	0.40	
244	金属软管卡子	*DN*25	个	0.51	
245	金属软管卡子	*DN*32	个	0.57	
246	焊接钢管	*DN*15	m	4.84	
247	焊接钢管	*DN*20	m	6.32	
248	焊接钢管	*DN*25	m	9.32	
249	焊接钢管	*DN*100	m	41.28	
250	焊接钢管	*DN*150	m	68.51	
251	焊接钢管	（综合）	kg	4.23	
252	合金钢钻头	*D*10	个	8.21	

材料价格表(续表)

序号	名称	规格	单位	单价(元)	附注
253	合金钢钻头	*D*16	个	15.13	
254	焊锡丝		kg	60.79	
255	焊锡膏	50g 瓶装	kg	49.90	
256	醇酸清漆		kg	13.59	
257	醇酸防锈漆	C53-1	kg	13.20	
258	醇酸磁漆		kg	16.86	
259	冲击钻头	*D*8	个	5.44	
260	冲击钻头	*D*10	个	7.47	
261	冲击钻头	*D*12	个	8.00	
262	冲击钻头	*D*14	个	8.58	
263	冲击钻头	*D*16	个	9.52	
264	冲击钻头	*D*6~12	个	6.33	
265	沉头螺钉	M10 × 53	套	0.65	
266	沉头螺钉	M6 × 55~65	套	0.15	
267	固定卡子	*D*40	个	0.55	
268	固定卡子	*D*90	个	1.01	
269	鼓形绝缘子	G38	个	0.41	
270	鼓形绝缘子	G50	个	1.03	
271	钢线卡子	*D*6	个	2.92	
272	钢线卡子	*D*10~20	个	4.33	
273	钢线卡子	*D*25	个	7.44	

材料价格表(续表)

序号	名称	规格	单位	单价(元)	附注
274	钢肋板		kg	5.12	
275	钢锯条		条	4.33	
276	自攻螺钉	M4 × 30	个	0.06	
277	紫铜皮		kg	86.14	
278	紫铜电焊条	T107 *D*3.2	kg	51.27	
279	油漆溶剂油		kg	6.10	
280	油麻		kg	16.48	
281	硬脂酸		kg	8.20	
282	银粉漆		kg	22.81	
283	异型塑料管	*D*2.5~5.0	m	0.89	
284	乙炔气		m^3	16.13	
285	液压油		kg	9.44	
286	氧气		m^3	2.88	
287	氩气		m^3	18.60	
288	无缝钢管	*D*159 × 6	kg	3.92	
289	无缝钢管	*D*219 × 6	kg	4.45	
290	铁砂布	0#~2#	张	1.15	
291	铁钉	70 以内	kg	6.68	
292	碳钢平垫铁		kg	5.32	
293	锁紧螺母	(15~20)× 1.5	个	0.22	
294	塑料圆台		块	1.53	

材料价格表(续表)

序号	名称	规格	单位	单价(元)	附注
295	塑料台		个	1.40	
296	塑料手套	ST 型	个	4.80	
297	塑料软线	RVS2 × 0.5	m	1.10	
298	塑料接线柱	双线	个	4.33	
299	塑料胶布带	25 × 10	卷	2.17	
300	塑料护口	15~20	个	0.20	
301	塑料护口		个	0.32	
302	塑料管卡子	(综合)	个	0.37	
303	塑料吊线盒		个	1.73	
304	塑料导线	BV-105℃ 2.5mm^2	m	2.11	
305	塑料带	20mm × 40m	卷	4.73	
306	双头螺栓	M16 × 340	10 套	5.02	
307	双叉连接器	*D*32	个	3.37	
308	铈钨棒		g	16.37	
309	石墨块		kg	7.44	
310	石膏粉		kg	0.94	
311	砂子	中砂	m^3	89.44	
312	砂轮片	*D*100	片	3.83	
313	砂轮片	*D*400	片	19.56	
314	砂布		张	0.93	
315	热轧圆盘条	*D*10 以内	kg	1.82	

材料价格表（续表）

序号	名称	规格	单位	单价（元）	附注
316	热轧角钢	<60	kg	3.72	
317	清油		kg	15.06	
318	氢氧化钠（烧碱）		kg	7.24	
319	青壳纸	δ0.1~1.0	kg	4.80	
320	铅油		kg	11.17	
321	破布		kg	5.07	
322	平垫铁	（综合）	kg	7.42	
323	硼砂		kg	4.46	
324	尼龙扎扣		个	0.49	
325	尼龙砂轮片	*D*400	片	15.64	
326	尼龙卡带	4×50	个	0.18	
327	木炭		kg	4.76	
328	木螺钉	M（2~4）×（6~65）	个	0.06	
329	木螺钉	M（4.5~6）×（15~100）	个	0.14	
330	木螺钉	M4×50	个	0.10	
331	棉纱		kg	16.11	
332	麻绳		kg	9.28	
333	麻布		m^2	15.22	
334	滤油纸	300×300	张	0.93	
335	六氟化硫		kg	27.26	
336	沥青漆		kg	11.34	

材料价格表（续表）

序号	名称	规格	单位	单价（元）	附注
337	沥青绝缘漆		kg	17.57	
338	拉紧绝缘子	J–2	个	2.35	
339	绝缘导线		m	3.63	
340	聚乙烯薄膜	$\delta0.05$	m^2	2.98	
341	聚四氟乙烯带		kg	46.22	
342	锯条		根	0.42	
343	胶木线夹		个	0.68	
344	机油		kg	7.21	
345	黄油		kg	15.77	
346	黄漆布带	20mm × 40m	卷	19.00	
347	黄腊带	20mm × 10m	卷	13.40	
348	滑石粉		kg	0.59	
349	花线	$2\times23\times0.15mm^2$	m	1.14	
350	红丹防锈漆		kg	21.35	
351	黑铁丝	$8^{\#}$~$12^{\#}$	kg	6.91	
352	黑胶布	20mm × 20m	卷	2.74	
353	焊锡		kg	59.85	
354	钢管	*D*25	kg	3.85	
355	钢管	*D*32	kg	3.84	
356	封铅	含铅 65% 锡 35%	kg	29.99	
357	镀锌自攻螺钉	ST（4~6）×（10~16）	个	0.17	

材料价格表（续表）

序号	名称	规格	单位	单价（元）	附注
358	镀锌铁拉板	40×4×（200~350）	块	6.14	
359	镀锌铁拉板	50×6×650	块	9.68	
360	镀锌锁紧螺母	*DN*15×1.5	个	0.22	
361	镀锌锁紧螺母	*DN*15×3	个	0.33	
362	镀锌锁紧螺母	*DN*20×1.5	个	0.22	
363	镀锌锁紧螺母	*DN*20×3	个	0.33	
364	镀锌锁紧螺母	*DN*25×3	个	0.67	
365	镀锌锁紧螺母	*DN*32×3	个	0.67	
366	镀锌锁紧螺母	*DN*40×3	个	1.25	
367	镀锌锁紧螺母	*DN*50×3	个	1.25	
368	镀锌锁紧螺母	*DN*65×3	个	1.56	
369	镀锌锁紧螺母	*DN*80×3	个	2.06	
370	镀锌锁紧螺母	*DN*100×3	个	2.08	
371	镀锌六角螺栓带螺母	M8×（16~25）	套	0.30	
372	镀锌六角螺栓带螺母	M8×（30~60）	10 套	5.90	
373	镀锌六角螺栓带螺母	M10×100	套	1.15	
374	镀锌六角螺栓带螺母	M16×（85~100）	套	3.10	
375	镀锌钢丝网	*D*2×22	m^2	12.55	
376	镀锌钢绞线	*D*6	kg	6.31	
377	镀锌槽型吊码	单边 δ=3	个	1.07	
378	镀锌槽型吊码	双边 δ=3	个	1.61	

材料价格表（续表）

序号	名称	规格	单位	单价（元）	附注
379	镀锌扁钢抱箍	40×4	副	5.59	
380	镀锌扁钢	（综合）	kg	5.32	
381	镀锌 U 形抱箍		套	3.46	
382	蝶式绝缘子	ED–1	个	3.27	
383	蝶式绝缘子	ED–2	个	2.92	
384	蝶式绝缘子	ED–3	个	2.31	
385	蝶式绝缘子	大号	个	4.30	
386	角钢吊架	36×3×135	kg	5.25	
387	电珠	2.5V	个	0.37	
388	电气绝缘胶带	18mm×10m×0.13mm	卷	4.55	
389	电力复合脂		kg	22.43	
390	电焊条	E4303 *D*3.2	kg	7.59	
391	电焊条	E4303 *D*4.0	kg	7.58	
392	地脚螺栓	M10×100	套	0.98	
393	地脚螺栓	M12×160	套	1.97	
394	地脚螺栓	M16×（120~300）	套	3.14	
395	地脚螺栓	M16×230	套	3.44	
396	地脚螺栓	M25×250	套	9.40	
397	低碳钢焊条	J422 *D*3.2	kg	3.60	
398	低碳钢焊条	（综合）	kg	6.01	
399	弹簧垫圈	M12~22	10 个	1.40	

材料价格表（续表）

序号	名称	规格	单位	单价（元）	附注
400	瓷管头	D（10~16）× 25	个	0.23	
401	瓷插式熔断器	5A	个	1.99	
402	丙酮		kg	9.89	
403	标准砖	240 × 115 × 53	块	0.51	
404	标志牌	塑料扁形	个	0.45	
405	变压器油		kg	8.87	
406	扁钢卡子	25 × 4	kg	6.58	
407	保险丝管	10A	个	10.38	
408	板方材	Ⅲ等	m^3	2716.33	
409	白纱布带	20mm × 20m	卷	2.88	
410	白布		m^2	10.34	